高职高专机电类专业规划教材

传感器
应用技术

单振清　张朝霞　主　编
赵　浔　宋雪臣　副主编

CHUANGANQI YINGYONG JISHU

化学工业出版社

·北京·

本书从实用角度出发，以项目为载体，采用任务驱动方式编写。主要介绍常用传感器的工作原理、基本结构、信号处理及基本应用，全书共分 16 个项目。每个项目分项目描述、相关知识与技能、项目实施、项目拓展、项目总结和项目训练六个部分，并以传感器的应用为主线展开，书中给出了较多的应用实例。

该教材适用于高职高专机电一体化技术专业、应用电子技术专业和电气自动化技术专业等，也可作为相近专业的教学用书，同时可作为工程检测技术人员学习的参考书。

图书在版编目（CIP）数据

传感器应用技术/单振清，张朝霞主编．—北京：化学工业出版社，2017.12（2022.9重印）
高职高专机电类专业规划教材
ISBN 978-7-122-30998-3

Ⅰ．①传⋯　Ⅱ．①单⋯②张⋯　Ⅲ．①传感器-高等职业教育-教材　Ⅳ．①TP212

中国版本图书馆 CIP 数据核字（2017）第 277566 号

责任编辑：潘新文　　　　　　装帧设计：韩　飞
责任校对：宋　夏

出版发行：化学工业出版社（北京市东城区青年湖南街 13 号　邮政编码 100011）
印　　刷：三河市航远印刷有限公司
装　　订：三河市宇新装订厂
787mm×1092mm　1/16　印张 14¼　字数 347 千字　2022 年 9 月北京第 1 版第 3 次印刷

购书咨询：010-64518888　　　　　　　　售后服务：010-64518899
网　　址：http://www.cip.com.cn
凡购买本书，如有缺损质量问题，本社销售中心负责调换。

定　　价：32.00 元　　　　　　　　　　　　　　　　　　　版权所有　违者必究

前言

本教材是根据教育部最新教学改革要求，结合专业建设和课程改革成果进行编写的。全书采用项目引导、任务驱动的形式编写，着重体现"淡化理论，够用为度，培养技能，重在运用"的指导思想，以培养社会急需的实用型应用技术人才。在编写过程中，针对高职高专教育的特点，压缩了大量的理论推导，重点放在实用技术的掌握和运用上。编者具有多年教学经验，并精选教学内容，突出技术的实用性，加强了项目实训及应用案例的介绍。

本书在编写过程中注重项目教学的特点，既要符合教育教学的规律，又要满足企业的岗位需求。全书共分16个教学项目，每个项目共分项目描述、相关知识与技能、项目实施、项目拓展、项目总结和项目训练六个部分。项目描述中提出实施的具体项目、项目实施的原理和项目特点以及通过本项目的学习所要达到的要求；相关知识和技能中对项目实施所用到的相关知识、技能进行详细的介绍，为项目的实施打下理论基础；项目实施是根据相关知识和项目要求进行设计、安装和调试；项目拓展则是对本项目所涉及的知识进行延伸，介绍了和项目内容相关的其他方面的应用以及当今最新技术的发展、应用；项目总结和项目训练供学生们复习、巩固。

在内容编写方面，我们注意难点分散、循序渐进；在文字叙述方面，我们注意言简意赅、重点突出；在实例选取方面，我们注意选用最新传感器及检测系统，实用性强、针对性强。

本教材主要作为职业院校机电一体化专业、应用电子技术专业以及电气自动化专业等专业的教材用书。教材中各项目的内容具有一定的独立性，因此也可作为相近专业的选修课用书。

本书由山东水利职业学院单振清、湖南化工职业技术学院张朝霞主编，赵浔、宋雪臣为副主编，赵浩明、郭宇参与编写。其中单振清编写项目一至项目五；张朝霞编写项目六至项目八；赵浔编写项目九、项目十；宋雪臣编写项目十一至项目十三；赵浩明编写项目十四、项目十五；郭宇编写项目十六。感谢日照裕鑫动力有限公司和杭州英联科技有限公司的支持！

由于时间仓促，加之水平有限，书中难免存在不妥之处，敬请广大读者批评指正。

编者

传感器应用技术

目 录

项目一 汽车衡称重系统功能分析 … 1

【项目描述】… 1
【相关知识与技能】… 1
一、传感器基本概念和特性 … 1
二、自动检测系统 … 6
三、传感器检测技术发展趋势 … 6
【项目实施】… 9
【项目拓展】… 11
一、测量方法 … 11
二、测量误差及表达方式 … 13
三、测量误差的分类 … 14
【项目小结】… 15
【项目训练】… 16

项目二 简易电子秤的安装、调试与标定 … 18

【项目描述】… 18
【相关知识与技能】… 18
一、弹性元件 … 18
二、电阻应变式传感器 … 24
三、测量转换电路 … 28
【项目实施】… 30
【项目拓展】… 32
【项目小结】… 34
【项目训练】… 35

项目三 压阻式压力传感器的安装与测试 … 36

【项目描述】… 36
【相关知识与技能】… 36

一、压阻式传感器基本概念和分类 ……………………………………… 36
　　二、压阻式传感器基本结构和工作原理 ………………………………… 37
　【项目实施】……………………………………………………………… 39
　【项目拓展】……………………………………………………………… 41
　　一、压阻式传感器发展状况 ……………………………………………… 41
　　二、压阻式传感器应用前景 ……………………………………………… 41
　【项目小结】……………………………………………………………… 41
　【项目训练】……………………………………………………………… 42

项目四　Pt100热电阻测温传感器的安装与调试 …………………… 43

　【项目描述】……………………………………………………………… 43
　【相关知识与技能】……………………………………………………… 43
　　一、热电阻传感器 ………………………………………………………… 43
　　二、半导体热敏电阻和集成温度传感器 ………………………………… 46
　【项目实施】……………………………………………………………… 49
　【项目拓展】……………………………………………………………… 51
　　一、金属热电阻的应用 …………………………………………………… 51
　　二、热敏电阻的应用 ……………………………………………………… 51
　【项目小结】……………………………………………………………… 53
　【项目训练】……………………………………………………………… 53

项目五　湿敏电阻传感器的测试 ……………………………………… 55

　【项目描述】……………………………………………………………… 55
　【相关知识与技能】……………………………………………………… 55
　　一、湿敏电阻传感器 ……………………………………………………… 55
　　二、气敏电阻传感器 ……………………………………………………… 59
　【项目实施】……………………………………………………………… 63
　【项目拓展】……………………………………………………………… 64
　　一、湿敏电阻传感器的应用 ……………………………………………… 64
　　二、气敏传感器的应用 …………………………………………………… 64
　【项目小结】……………………………………………………………… 66
　【项目训练】……………………………………………………………… 66

项目六　电容式位移传感器的安装与调试 …………………………… 68

　【项目描述】……………………………………………………………… 68
　【相关知识与技能】……………………………………………………… 68
　　一、电容式传感器工作原理及结构 ……………………………………… 68
　　二、电容式传感器的特点 ………………………………………………… 72
　　三、电容式传感器的转换电路 …………………………………………… 73

【项目实施】 …… 77
【项目拓展】 …… 79
【项目小结】 …… 81
【项目训练】 …… 82

项目七　差动变压器位移传感器的安装与测试 …… 84

【项目描述】 …… 84
【相关知识与技能】 …… 84
一、自感式传感器 …… 84
二、差动变压器式传感器 …… 90
【项目实施】 …… 94
【项目拓展】 …… 95
一、自感式传感器的应用 …… 95
二、差动变压器式传感器的应用 …… 96
【项目小结】 …… 97
【项目训练】 …… 97

项目八　电涡流位移传感器的安装与测试 …… 99

【项目描述】 …… 99
【相关知识与技能】 …… 99
一、电涡流传感器工作原理和基本结构 …… 99
二、电涡流传感器测量电路 …… 103
【项目实施】 …… 103
【项目拓展】 …… 104
【项目小结】 …… 106
【项目训练】 …… 107

项目九　热电偶测温传感器的安装与测试 …… 108

【项目描述】 …… 108
【相关知识与技能】 …… 108
一、热电效应及基本概念 …… 108
二、热电偶基本定律 …… 110
三、热电偶类型和基本结构 …… 111
四、热电偶材料 …… 112
五、常用热电偶及安装 …… 113
六、热电偶实用测温线路 …… 114
七、热电偶的冷端迁移 …… 115
八、热电偶的温度补偿 …… 115
【项目实施】 …… 117

【项目拓展】 ……………………………………………………………… 119
【项目小结】 ……………………………………………………………… 120
【项目训练】 ……………………………………………………………… 121

项目十　光电转速传感器的安装与测试 …………………………… 123

【项目描述】 ……………………………………………………………… 123
【相关知识与技能】 ……………………………………………………… 123
一、光电效应及分类 ……………………………………………………… 124
二、光电管及基本测量电路 ……………………………………………… 124
三、光电倍增管及基本测量电路 ………………………………………… 126
四、光敏电阻及基本测量电路 …………………………………………… 127
五、光敏晶体管及基本测量电路 ………………………………………… 129
六、光电池及基本测量电路 ……………………………………………… 132
七、光电开关和光电断续器 ……………………………………………… 134
【项目实施】 ……………………………………………………………… 135
【项目拓展】 ……………………………………………………………… 136
【项目小结】 ……………………………………………………………… 139
【项目训练】 ……………………………………………………………… 139

项目十一　光纤位移传感器的安装与调试 ………………………… 141

【项目描述】 ……………………………………………………………… 141
【相关知识与技能】 ……………………………………………………… 141
一、光纤的结构 …………………………………………………………… 141
二、光纤的传光原理 ……………………………………………………… 142
三、光纤的主要参数 ……………………………………………………… 143
四、光纤传感器 …………………………………………………………… 144
【项目实施】 ……………………………………………………………… 147
【项目拓展】 ……………………………………………………………… 148
【项目小结】 ……………………………………………………………… 150
【项目训练】 ……………………………………………………………… 150

项目十二　热释电红外传感器的安装与测试 ……………………… 152

【项目描述】 ……………………………………………………………… 152
【相关知识与技能】 ……………………………………………………… 152
一、红外辐射 ……………………………………………………………… 152
二、红外传感器的类型 …………………………………………………… 153
三、热释电红外传感器 …………………………………………………… 153
【项目实施】 ……………………………………………………………… 155
【项目拓展】 ……………………………………………………………… 156

【项目小结】 ………………………………………………………………… 159
【项目训练】 ………………………………………………………………… 159

项目十三　霍尔传感器的安装与调试 …………………………… **161**

【项目描述】 ………………………………………………………………… 161
【相关知识与技能】 ………………………………………………………… 161
一、霍尔效应及霍尔元件 ………………………………………………… 161
二、集成霍尔传感器 ……………………………………………………… 165
【项目实施】 ………………………………………………………………… 166
【项目拓展】 ………………………………………………………………… 167
一、霍尔传感器的应用 …………………………………………………… 167
二、磁电感应式传感器 …………………………………………………… 170
三、其他磁敏传感器 ……………………………………………………… 173
【项目小结】 ………………………………………………………………… 176
【项目训练】 ………………………………………………………………… 176

项目十四　压电式振动传感器的安装与测试 …………………… **178**

【项目描述】 ………………………………………………………………… 178
【相关知识与技能】 ………………………………………………………… 178
一、压电效应 ……………………………………………………………… 178
二、压电材料 ……………………………………………………………… 180
三、压电式传感器的等效电路 …………………………………………… 182
四、压电式传感器测量电路 ……………………………………………… 183
【项目实施】 ………………………………………………………………… 184
【项目拓展】 ………………………………………………………………… 185
一、压电传感器的基本连接 ……………………………………………… 185
二、压电传感器的应用 …………………………………………………… 185
【项目小结】 ………………………………………………………………… 187
【项目训练】 ………………………………………………………………… 187

项目十五　超声波测距传感器的安装与调试 …………………… **189**

【项目描述】 ………………………………………………………………… 189
【相关知识与技能】 ………………………………………………………… 189
一、超声波的概念和波形 ………………………………………………… 189
二、声速、波长与指向性 ………………………………………………… 190
三、超声波的反射和折射 ………………………………………………… 191
四、超声波的衰减 ………………………………………………………… 191
五、超声波探头 …………………………………………………………… 191
六、超声波探头耦合剂 …………………………………………………… 194

【项目实施】 …………………………………………………… 194
【项目拓展】 …………………………………………………… 195
【项目小结】 …………………………………………………… 199
【项目训练】 …………………………………………………… 199

项目十六　数控机床光栅位移传感器的安装与调试 …………… 200

【项目描述】 …………………………………………………… 200
【相关知识与技能】 …………………………………………… 200
一、栅式数字传感器 …………………………………………… 200
二、数字编码器 ………………………………………………… 205
三、感应同步器 ………………………………………………… 208
四、频率式数字传感器 ………………………………………… 211
【项目实施】 …………………………………………………… 213
【项目拓展】 …………………………………………………… 214
【项目小结】 …………………………………………………… 215
【项目训练】 …………………………………………………… 216

参考文献 …………………………………………………………… 217

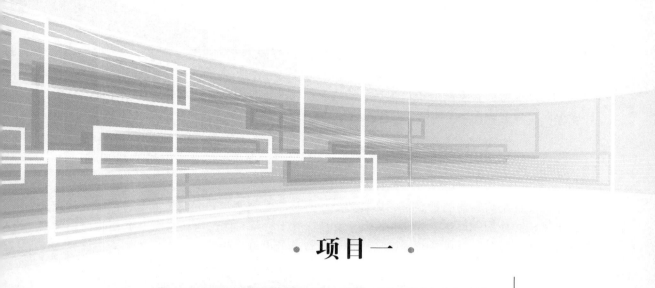

项目一

汽车衡称重系统功能分析

【项目描述】

汽车衡也被称为地磅，是用于大宗货物计量的主要称重设备。本项目通过对汽车衡称重系统功能分析，使大家熟悉传感器的概念、检测系统的组成以及测量误差的表示方法等基本知识。

【相关知识与技能】

一、传感器基本概念和特性

传感器技术是现代科技的前沿技术，是现代信息技术的三大支柱之一。传感器技术的水平高低是衡量一个国家科技发展水平的主要标志之一。传感器已广泛应用于工业自动化、航天技术、军事领域、机器人开发、环境检测、医疗卫生、家电行业等各学科和工程领域，据有关资料统计，一台大型发电机组需要约 3000 个传感器，一个大型石油化工厂需要大约 6000 个传感器，一个钢铁厂需要约 20000 个，一个电站需要约 5000 个。阿波罗宇宙飞船用了 1200 多个传感器，其运载火箭用了 2000 多个传感器。

1. 传感器的定义、组成和分类

（1）传感器的定义

传感器是能感受规定的被测量并按照一定的规律将其转换成可用输出信号的器件或装置。它获取的信息可以为各种物理量、化学量和生物量，而转换后的信息也可以有各种形式。但目前，传感器转换后的信号大多为电信号。因而从狭义上讲，传感器是把外界输入的非电信号转换成电信号的装置。一般也称传感器为变换器、换能器和探测器，其输出的电信号陆续输送给后续配套的测量电路及终端装置，以便进行电信号的调理、分析、记录或显示等。

传感器通常由直接响应于被测量的敏感元件和产生可用信号输出的转换元件以及相应的转换电路组成。如图 1-1 所示。

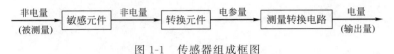

图 1-1　传感器组成框图

敏感元件是传感器的核心,它在传感器中直接感受被测量,并转换成与被测量有确定关系、更易于转换的非电量。如图 1-2 中弹簧管就属于敏感元件。当被测压力 p 增大时,弹簧管撑直,通过齿条带动齿轮转动,从而带动电位器的电刷产生角位移。

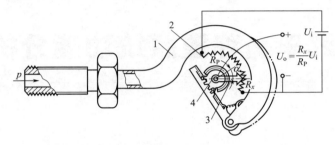

图 1-2　测量压力的电位器式压力传感器
1—弹簧管；2—电位器；3—指针；4—齿轮

被测量通过敏感元件转换后,再经转换元件转换成电参量,如图 1-2 中的电位器,通过机械传动结构将角位移转化成电阻的变化。

测量转换电路的作用是将转换元件输出的电参量转换成易于处理的电压、电流或频率量。在图 1-2 中,当电位器的两端加上电源后,电位器就组成分压比电路,它的输出量是与压力成一定关系的电压 U_o。

（2）传感器分类

传感器的种类繁多,分类不尽相同。

按被测的量分类,可分为位移、力、力矩、转速、加速度、温度、流量、流速等传感器。这种分类明确表明了传感器的用途,便于使用者选用。

按测量原理分类,可分为电阻、电容、电感、光栅、热电偶、超声波、激光、红外、光导纤维等传感器,这种分类表明了传感器的工作原理,有利于传感器的设计和应用。

按传感器能量转换形式分类,可分为能量变换型（发电型）和能量控制型（参量型）两种。

能量变换型传感器在进行信号转换时不需另外提供能量,就可将输入信号能量变换为另一种能量形式输出,例如热电偶传感器、压电式传感器等。图 1-3 所示为能量变换型热电偶传感器。能量控制型传感器工作时必须有外加电源,例如电阻、电感、电容、霍尔式等传感器。图 1-4 所示为霍尔式传感器。

按传感器工作机理分类,分为结构型传感器和物性型传感器。

结构型传感器在被测量变化时传感器结构发生改变,从而引起输出电量变化。图 1-5 所示传感器就属于这种传感器,当外加压力变化时,电容极板发生位移,引起电容值变化,输出电压也发生变化。物性型传感器利用物质的物理或化学特性随被测参数变化而变化的原理制

项目一　汽车衡称重系统功能分析

图 1-3　能量变换型热电偶传感器

图 1-4　霍尔式传感器

成，一般没有可动结构部分，易小型化，例如各种半导体传感器，图 1-6 所示为物性型光电管。

图 1-5　结构型电容式差压变送器

图 1-6　物性型光电管

（3）传感器的命名和代号

传感器的命名由主题词加四级修饰语构成。主题词为传感器；第一级修饰语描述被测量；第二级修饰语描述转换原理；第三级修饰语描述特征，包括传感器结构、性能、材料、敏感元件及其它必要的性能特征；第四级修饰语描述主要技术指标，包括量程、精确度、灵敏度等。

例：传感器 CWY—YB—20，C 表示传感器，WY 表示被测量是位移，YB 表示转换原理是应变式，20 表示传感器序号。

2. 传感器的基本特性

传感器的特性主要指输出与输入之间的关系，它有静特性、动特性之分。静特性是指当输入量为常量或变化极慢时，被测量各个值处于稳定状态时的输入输出关系；动特性是指输入量随时间变化的响应特性。这里仅介绍传感器静特性的一些指标。

传感器输入输出作用图如图 1-7 所示。

（1）线性度

传感器的线性度是指传感器的输出与输入之间关系的线性程度。输出与输入关系可分为线性特性和非线性特性。实际的传感器大多为非线性，如果不考虑迟滞和蠕变等因素，传感器的输出与输入关系可用一个多项式表示为

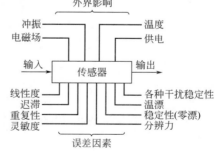

图 1-7　传感器的输入输出作用图

$$y = a_0 + a_1 x + a_2 x^2 + \cdots + a_n x^n \tag{1-1}$$

式中　　a_0——输入量 x 为零时的输出量；

$a_1, a_2, \cdots, a_n$——非线性项系数。

3

静特性曲线可通过实际测试获得。在实际使用中,为了标定和数据处理的方便,希望得到线性关系,因此引入各种非线性补偿环节,如采用非线性补偿电路或利用计算机软件进行线性化处理,从而使传感器的输出与输入关系为线性或接近线性。但如果传感器非线性的程度不高,输入量变化范围较小时,可用一条直线(切线或割线)近似地代表实际曲线的一段,使传感器的输出—输入特性线性化,所采用的直线称为拟合直线。实际特性曲线与拟合直线之间的偏差称为传感器的非线性误差(或线性度),通常用相对误差 r_L 表示,即

$$r_L = \pm \frac{\Delta L_{\max}}{Y_{FS}} \times 100\% \tag{1-2}$$

式中　$\Delta L_{\max}$——最大非线性绝对误差;
　　　Y_{FS}——满量程输出。

图 1-8 所示是常用的几种直线拟合方法。从图中可以看出,即使是同类传感器,拟合直线不同,其线性度也是不同的。选取拟合直线的方法很多,用最小二乘法求取的拟合直线的拟合精度最高。

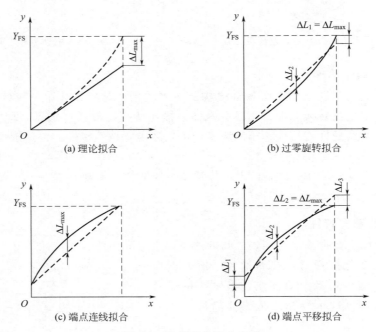

图 1-8　几种直线拟合方法

(2) 灵敏度

灵敏度 S 是指传感器的输出量增量 Δy 与引起输出量增量 Δy 的输入量增量 Δx 的比值,即

$$S = \Delta y / \Delta x \tag{1-3}$$

对于线性传感器,它的灵敏度就是它的静态特性曲线的斜率,即 S 为常数,而非线性传感器的灵敏度为一变量,用 $S = \mathrm{d}y/\mathrm{d}x$ 表示。传感器的灵敏度如图 1-9 所示。

(3) 迟滞

传感器在正(输入量增大)反(输入量减小)行程期间,其输出—输入特性曲线不重合的现象称为迟滞,如图 1-10 所示,对于同一大小的输入信号,传感器的正反行程输出信号

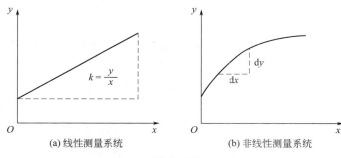

图 1-9 传感器的灵敏度

大小不相等。产生这种现象的主要原因是传感器敏感元件材料的物理性质和机械零部件的缺陷，例如弹性敏感元件的弹性滞后，运动部件摩擦，传动机构存在间隙、紧固件松动等。

迟滞大小通常由实验确定。迟滞误差 γ_H 可由下式计算

$$\gamma_H = \pm \frac{\Delta H_{max}}{y_{FS}} \times 100\% \tag{1-4}$$

（4）重复性

重复性是指传感器在输入量按同一方向作全量程连续多次变化时，所得特性曲线不一致的程度，如图 1-11 所示。重复性误差属于随机误差，常用标准偏差表示：

$$r_R = \pm \frac{(2\sim 3)\sigma}{Y_{FS}} \times 100\% \tag{1-5}$$

也可用正反行程中的最大偏差表示，即

$$r_R = \pm \frac{1}{2} \frac{\Delta R_{max}}{Y_{FS}} \times 100\% \tag{1-6}$$

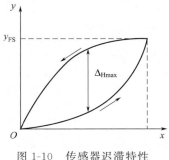
图 1-10 传感器迟滞特性

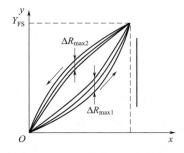
图 1-11 传感器重复性

（5）分辨力与阈值

分辨力是指传感器能检测到被测量的最小增量。分辨力可用绝对值表示，也可用满量程的百分数表示。当被测量的变化小于分辨力时，传感器对输入量的变化无任何反应。在传感器输入零点附近的分辨力称为阈值。

对数字仪表而言，如果没有其他附加说明，一般可认为该仪表的最末位的数值就是该仪表的分辨力。

（6）稳定性

稳定性包括稳定度和环境影响量两方面。

稳定度是指传感器在所有条件均不变情况下，能在规定的时间内维持其示值不变的能

力。稳定度以示值的变化量与时间的比值来表示。例如，某传感器中仪表输出电压在 4h 内的最大变化量为 1.2mV，则用 1.2mV/4h 表示稳定度。

环境影响量是指由于外界环境变化而引起的示值的变化量。示值变化由两个因素组成：零点漂移和灵敏度漂移。零点漂移是指在受外界环境影响后，已调零的仪表的输出不再为零。零点漂移在测量前是可以发现的，应重新调零，但在不间断测量过程中，零点漂移是在附加在读数上的，因而很难发现。

二、自动检测系统

1. 检测

所谓检测，就是人们借助于仪器、设备，利用各种物理效应，采用一定的方法，将客观世界的有关信息通过检查与测量获取定性或定量信息的过程。这些仪器和设备的核心部件就是传感器。传感器是感知被测量（多为非电量），并把它转化为电量的一种器件或装置。检测包含检查与测量两个方面，检查往往是获取定性信息，而测量则是获取定量信息。

2. 自动检测系统的组成

在现代自动检测系统中，各个组成部分常常以信息流的过程来划分，一般可分为信息的获得、信息的转换、信息的处理和信息的输出等几个部分。作为一个完整的自动检测系统，首先应获得被测量的信息，并通过信息的转换把获得的信息变换为电量，然后进行一系列的处理，再用指示仪或显示仪将信息输出，或用计算机对数据进行处理。

自动检测系统的组成如图 1-12 所示。

图 1-12　自动检测系统的组成

三、传感器检测技术发展趋势

1. 传感器的发展方向

当今传感器技术的主要发展方向有三个：一是重点研究传感器的新材料和新工艺；二是实现传感器的智能化；三是向集成化方向发展。

（1）利用新发现的材料和新发现的生物、物理、化学效应开发出新型传感器

目前国际上凡出现一种新材料、新元件或新工艺，往往会很快地应用于传感器技术，得到一种新的传感器。例如，半导体材料与工艺的发展，促成了一批能测很多参数的半导体传感器问世；大规模集成电路的设计成功，导致了有测量、运算、补偿功能的智能传感器的出现；生物技术的发展造就了利用生物功能的生物传感器。这说明各个学科技术的发展。促进了传感器技术的不断发展。而各种新型传感器的问世，又不断为各个领域的科学技术服务，促进现代科学技术进步，它们是相互依存、相互促进的。图 1-13 所示为利用某些材料的化学反应制成的能识别气体的电子鼻传感器。图 1-14 所示为利用生物效应制成的生物酶血样分析传感器。

图1-13 电子鼻传感器

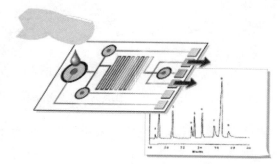
图1-14 生物酶血样分析传感器

(2) 传感器逐渐向集成化、组合式、数字化方向发展

传统的传感器与信号调理电路分开，微弱的传感器信号在通过电缆传输的过程中容易受到各种电磁干扰信号的影响，随着大规模集成电路技术与产业的迅猛发展，采用贴片封装方式、体积大大缩小的通用和专用集成电路愈来愈普遍，如图1-15、图1-16所示，目前已有不少传感器实现了敏感元件与信号调理电路的集成化，对外直接输出标准的 4～20mA 电流信号，这对检测仪器整机研发与系统集成提供了很大的方便。

图1-15 贴片式 NTC 热敏电阻

图1-16 集成温度传感器 AD590

目前一些厂商把两种或两种以上的敏感元件集成于一体，成为可实现多种功能的新型组合式传感器，例如，将热敏元件和湿敏元件以及信号调理电路集成在一起，一个传感器可同时完成温度和湿度的测量。如图1-17所示。

(3) 发展智能型传感器

智能型传感器是一种带有微处理器的兼有检测和信息处理功能的传感器。智能型传感器被称为第四代传感器，具备感觉、辨别、判断、自诊断等功能，是传感器发展的主要方向，如图1-18、图1-19所示。

传感器技术与计算机技术在现代科学技术的发展中有着密切的关系。目前，计算机在很多方面已具有大脑的思维功能，甚至在有些方面的功能已超过了大脑，但现代科学技术在某些方面因计算机技术与传感器技术未能取得协调发展而面临着许多问题。目前，世界上许多国家都在努力研究各种新型传感器，开发和利用各种新型传感器已成为当前发展科学技术的重要课题。

图 1-17　电子式温湿度计　　　图 1-18　智能压力网络传感器　　　图 1-19　全智能点钞机

我国近 20 年来传感器技术有了较快的发展，有不少传感器产品走上国际市场，但大多数只能用于测量常用的参数、常用的量程、中等的精度，远远满足不了市场的要求。与国际水平相比，我国的传感器不论在品种、数量、质量等方面，都有较大的差距，努力开发各种高质量新型传感器，是摆在我国科技工作者面前的紧迫任务。

2. 检测技术的发展趋势

随着世界各国现代化步伐的加快，检测技术的发展越来越快，而科学技术，尤其是大规模集成电路技术、微型计算机技术、机电一体化技术、微机械和新材料技术的不断进步，大大促进了现代检测技术的发展。目前，现代检测技术发展的总趋势大体有以下几个方面。

① 不断提高检测系统的测量精度、量程范围，延长使用寿命，提高可靠性。随着科学技术的不断发展，人们对检测系统的测量精度要求也在提高。近年来，人们研制出许多高精度和宽量程的检测仪器，以满足各种需要；人们还对传感器的可靠性和故障率的数学模型进行了大量的研究，使得检测系统的可靠性及寿命大幅度提高。现在，许多检测系统可以在极其恶劣的环境下连续工作数十万小时。目前，人们正在不断努力，进一步提高检测系统的各项性能指标。

随着生产自动化程度不断提高，各种检测、控制设备的安全可靠变得越来越重要。在复杂和恶劣测量环境下能满足用户所需精度要求，且能长期稳定工作的检测仪器和检测系统，是检测技术的发展方向之一。例如，对于数控机床的检测仪器，要求在振动环境中可靠地工作，如图 1-20 所示；在人造卫星（图 1-21）上安装的检测仪器，不仅要求体积小、重量轻，而且既要能耐高温，又要能在极低温和强辐射的环境下长期稳定工作，因此，所有检测仪器都应有极高的可靠性和尽可能长的使用寿命。

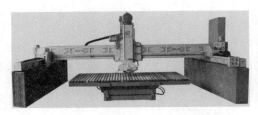 

图 1-20　装有磁栅传感器的数控磨床　　　　　图 1-21　人造卫星

② 重视非接触式检测技术研究。在有些被测对象上，不允许或不可能在上面直接安装传感器，例如测量高速旋转轴的振动、转矩，因此各种可行的非接触式检测技术的研究愈来愈受到重视。目前已商品化的光电式传感器、电涡流式传感器、超声波检测仪表、红外检测仪表等都属于非接触式检测仪器，如图 1-22、图 1-23 所示。

图 1-22　非接触型手掌静脉身份识别

图 1-23　红外测温仪

③ 检测系统智能化。近十年来，由于大规模集成电路的成本和价格不断降低，功能和集成度不断提高，许多现代检测仪器（系统）实现了智能化。这些现代检测仪器通常具有自诊断、自调零、自校准、自选量程、自动测试和自动分选、自校正功能、数据处理和统计功能、远距离数据通信和输入输出功能，可配置各种数字通信接口，传递检测数据和各种操作命令等，可方便地接入不同规模的自动检测、控制与管理信息网络系统。图 1-24 所示为楼宇自动化系统。

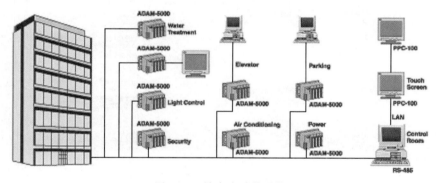
图 1-24　楼宇自动化系统

④ 检测系统网络化。随着网络技术的高速发展，网络化检测技术与具有网络通信功能的现代网络检测系统应运而生。例如，基于现场总线技术的网络化检测系统，由于其组态灵活、综合功能强、运行可靠性高，已逐步取代相对封闭的集散检测系统。又如，面向 Internet 的网络化检测系统，利用 Internet 丰富的硬件和软件资源，可实现远程数据采集与控制，并可实现高档智能仪器的远程实时调用和远程监测系统的故障诊断等功能，如图 1-25 所示。

【项目实施】

现代自动检测系统各个组成部分常常按信息流过程来划分，一般可分为信息的获得、信息的转换、信息的处理和信息的输出等几个部分。作为一个完整的自动检测系统，首先应获

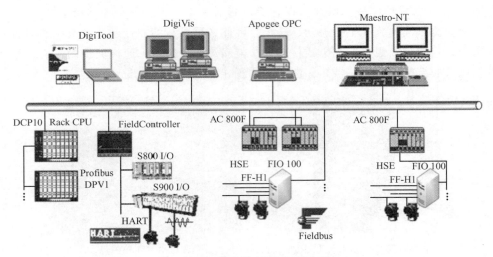

图 1-25 网络化传感器及检测系统

得被测量的信息,并通过信息的转换把获得的信息变换为电量,然后进行一系列的处理,再用指示仪或显示仪将信息输出,或用计算机对数据进行处理等。

图 1-26 所示为汽车衡称重系统。

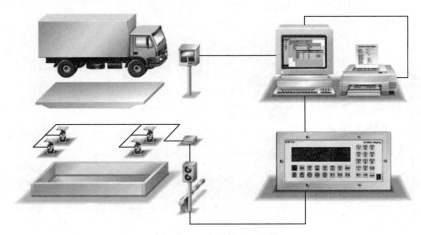

图 1-26 汽车衡称重系统

1. 传感器

传感器是获得信息的重要设备,它所获得的信息的正确与否关系到整个检测系统的精度,因而在非电量检测系统中占有重要的地位。

2. 信号处理电路

传感器输出的信号需要加工和处理,如放大、调制、解调、滤波、运算以及数字化等,通常由信号处理电路来完成。信号处理电路的主要作用是把传感器输出的电学量变成要求的模拟电压(电流)信号或数字信号,以推动后级的显示或记录设备、数据处理装置及执行机构。

3. 显示装置

测量的目的是使人们了解被测量的数值,所以必须有显示装置。目前常用的显示装置有四种类型：模拟显示、数字显示、图像显示和记录仪。模拟显示利用指针对标尺的相对位置来表示读数，如毫伏表、毫安表等；数字显示是指用数字形式来显示读数，目前大多用 LED 或 LCD 数码管来显示；图像显示是指用屏幕显示被测参数变化的图形；记录仪主要用来记录被测量的动态变化情况，包括笔式记录仪、光线示波器、打印机等。

4. 数据处理装置和执行机构

数据处理装置用来对被测结果进行处理、运算、分析，对动态测试结果作频谱分析、能量谱分析等。

在自动控制系统中，经信号处理电路输出的与被测量对应的电压或电流信号还可以驱动某些执行机构动作，为自动控制系统提供控制信号。

随着计算机技术的飞速发展，微机在自动检测系统中已经得到广泛的应用。微机在检测系统中可以控制信号采集，实施快速、多点巡回检测，记录被测信号，处理被测数据，还可以根据要求对被测对象进行自动控制。

【项目拓展】

一、测量方法

把被测量与标准量相比较，得出比值的方法，称为测量方法。针对不同测量任务找出切实可行的测量方法，对测量工作是十分重要的。

对于测量方法，从不同角度有不同的分类方法，下面介绍几种常用的分类方法。

1. 按测量手续分类

按测量手续不同可分为直接测量、间接测量和联立测量。

（1）直接测量

直接测量就是用预先标定好的测量仪表直接读取被测量的测量结果。例如用万用表测量电压、电流、电阻等。这种测量方法的优点是简单而迅速，缺点是精度一般不高，但这种测量方法在工程上广泛采用。

（2）间接测量

间接测量就是利用被测量与某中间量的函数关系，先测出中间量，然后通过相应的函数关系计算出被测量的数值。例如导线电阻率的测量就是间接测量，由于 $\rho = R\pi d^2/4l$，其中 R、l、d 分别表示导线的电阻值、长度和直径，只有先经过直接测量，得到导线的 R、l、d 以后，才能经计算得到最后所需要的 ρ 值。在这种测量过程中，手续较多，花费时间较长，有时可以得到较高的测量精度。间接测量多用于科学实验测量。

（3）联立测量

联立测量又叫组合测量。如果被测量有多个，而被测量又与其他量存在一定的函数关系，则可先测量这几个量，再求解根据函数关系组成的联立方程组，从而得到多个被测量的数值。例如，在研究热电阻 R_t 随温度 t 变化的规律时，在一定的温度范围内，有下列关系式：

$$R_t = R_{20} + \alpha(t-20) + \beta(t-20)^2$$

式中，R_{20}、α、β 是三个待测的量，R_{20} 是电阻在 20℃时的数值，α、β 是电阻的温度系

数。依据此关系式，测出在 t_1、t_2、t_3 三个不同测试温度时导体的电阻 R_{t1}、R_{t2}、R_{t3}，代入联立方程组，通过求解联立方程组便可得到 R_{20}、α、β 的数值。

2. 按测量时是否与被测对象接触分类

根据测量时是否与被测对象相互接触，可划分为接触式测量和非接触式测量。

（1）接触式测量

传感器直接与被测对象接触，承受被测参数的作用，感受其变化，从而获得信号，并测量信号大小的方法，称为接触测量法，例如用体温计测体温等。

（2）非接触式测量

传感器不与被测对象直接接触，而是间接承受被测参数的作用，感受其变化，从而获得信号，并测量信号大小的方法，称为非接触测量法。例如用辐射式温度计测量温度，用光电转速表测量转速等。非接触测量法不干扰被测对象，既可对局部点检测，又可对整体扫描检测，特别是对于运动对象、腐蚀性介质及危险场合的参数检测，它更方便、安全和准确。

3. 按被测信号的变化情况分类

根据被测信号的变化情况不同，分为静态测量和动态测量。

（1）静态测量

静态测量是指测量那些不随时间变化或变化很缓慢的物理量。如超市中物品的称重属于静态测量，温度计测气温也属于静态测量。

（2）动态测量

动态测量是指测量那些随时间变化的物理量。如地震仪测量地震波形就属于动态测量。

4. 按输出信号的性质分类

根据输出信号的性质不同，分为模拟式测量和数字式测量。

（1）模拟式测量

模拟式测量是指测量结果可根据仪表指针在标尺上的定位进行连续读取的测量方式，如指针式电压表测电压。

（2）数字式测量

数字式测量是指以数字的形式直接给出测量结果的测量方式，如用数字式万用表测量电压等。

5. 按测量方式分类

按测量方式不同，可分为偏差式测量、零位式测量与微差式测量。

（1）偏差式测量

用仪表指针的位移（即偏差）确定被测量的量值，这种测量方法称为偏差式测量。应用这种方法测量时，仪表刻度事先用标准器具标定，在测量时输入被测量，按照仪表指针在标尺上的示值，读取被测量的数值。如指针式电压表测电压，指针式电流表测电流等。这种方法的测量过程比较简单、迅速，但测量结果精度较低。

（2）零位式测量

用指零仪表的零位指示检测测量系统的平衡状态，在测量系统平衡时，用已知的标准量确定被测量的量值，这种测量方法称为零位式测量。在测量时，将已知标准量直接与被测量相比较，已知量应连续可调，指零仪表指零时，被测量与已知标准量相等，例如物理天平、电位差计等。零位式测量的优点是可以获得比较高的测量精度，但测量过程比较复杂，费时较长，不适用于测量迅速变化的信号。

（3）微差式测量

微差式测量综合了偏差式测量与零位式测量的优点，它将被测量与已知的标准量相比较，取得差值后，再用偏差法测得此差值。应用这种方法测量时，不需要调整标准量，而只需测量两者的差值。例如：设 N 为标准量，x 为被测量，Δx 为二者之差，则 $x = N + \Delta x$。由于 N 是标准量，其误差很小，因此可选用高灵敏度的偏差式仪表测量 Δx，即使测量 Δx 的精度较低，但因 Δx 值较小，它对总测量值的影响较小，故总的测量精度仍很高。微差式测量的优点是反应快，而且测量精度高，特别适用于在线控制参数的测量。

二、测量误差及表达方式

在一定条件下被测物理量客观存在的实际值，称为真值，真值是一个理想的概念。在实际测量时，由于实验方法和实验设备的不完善、周围环境的影响以及人们认识能力所限等因素，使得测量值与其真值之间不可避免地存在着差异。测量值与真值之间的差值称为测量误差。

测量误差可用绝对误差表示，也可用相对误差表示。

1. 绝对误差

绝对误差是指测量值与真值之间的差值，它反映了测量值偏离真值的多少，即

$$\Delta x = A_x - A_0 \tag{1-7}$$

式(1-1)中，A_0 为被测量真值，A_x 为被测量实际值。由于真值的不可知性，在实际应用时，常用实际真值（或约定真值）A 代替，即用被测量多次测量的平均值或上一级标准仪器测得的示值作为实际真值，故有

$$\Delta x = A_x - A \tag{1-8}$$

2. 相对误差

相对误差能够反映测量值偏离真值的程度，用相对误差通常比其绝对误差能更好地说明不同测量的精确程度。它有以下三种常用形式。

（1）实际相对误差

实际相对误差是指绝对误差 Δx 与被测真值 A_0 的百分比，用 γ_A 表示，即

$$\gamma_A = \frac{\Delta x}{A_0} \times 100\% \tag{1-9}$$

（2）示值（标称）相对误差

示值相对误差是指绝对误差 Δx 与被测量值 A_x 的百分比，用 γ_x 表示，即

$$\gamma_x = \frac{\Delta x}{A_x} \times 100\% \tag{1-10}$$

（3）引用（满度）相对误差

引用相对误差是指绝对误差 Δx 与仪表满度值 A_m 的百分比，用 γ_m 表示，即

$$\gamma_m = \frac{\Delta x}{A_m} \times 100\% \tag{1-11}$$

由于 γ_m 是用绝对误差 Δx 与一个常量 A_m（量程上限）的比值所表示的，所以实际上

给出的是绝对误差,这也是应用最多的表示方法。当 $|\Delta x|$ 取最大值时,其满度相对误差常用来确定仪表的精度等级 S,精度等级数值就是取 γ_m 绝对值并省略百分号得到的。例如,若 $\gamma_m=1.5\%$,则精度等级 S 为 1.5 级。为统一和方便使用,国家标准 GB 776—76《测量指示仪表通用技术条件》规定,测量指示仪表的精度等级 S 分为 0.1、0.2、0.5、1.0、1.5、2.5、5.0 七个等级,这也是工业检测仪器(系统)常用的精度等级。例如用 5.0 级的仪表测量,其绝对误差的绝对值不会超过仪表量程的 5%。满度相对误差中的分子、分母均由仪表本身性能所决定,所以它是衡量仪表性能优劣的一种简便实用的方法。

例 1.1 某温度计的量程范围为 0~500℃,校验时该表的最大绝对误差为 6℃,试确定该仪表的精度等级。

解:根据题意知 $|\Delta x|_m=6℃$,$A_m=500℃$,代入式(1-5)中可得

$$\gamma_m = \frac{|\Delta x|_m}{A_m} \times 100\% = \frac{6}{500} \times 100\% = 1.2\%$$

该温度计的基本误差介于 1.0% 与 1.5% 之间,因此该表的精度等级应定为 1.5 级。

例 1.2 现有 0.5 级的 0~300℃ 和 1.0 级的 0~100℃ 的两个温度计,欲测量 80℃ 的温度,试问选用哪一个温度计好?为什么?

解:0.5 级温度计测量时可能出现的最大绝对误差、测量 80℃ 可能出现的最大示值相对误差分别为

$$|\Delta x|_{m1} = \gamma_{m1} \cdot A_{m1} = 0.5\% \times (300-0) = 1.5(℃)$$

$$\gamma_{x1} = \frac{|\Delta x|_{m1}}{A_x} \times 100\% = \frac{1.5}{80} \times 100\% = 1.875\%$$

1.0 级温度计测量时可能出现的最大绝对误差、测量 80℃ 时可能出现的最大示值相对误差分别为

$$|\Delta x|_{m2} = \gamma_{m2} \cdot A_{m2} = 10\% \times (100-0) = 1(℃)$$

$$\gamma_{x2} = \frac{|\Delta x|_{m2}}{A_x} \times 100\% = \frac{1}{80} \times 100\% = 1.25\%$$

计算结果,显然用 1.0 级温度计比 0.5 级温度计测量时,示值相对误差反而小。因此在选用仪表时,不能单纯追求高精度,而是应兼顾精度等级和量程。

对于同一仪表,所选量程不同,可能产生的最大绝对误差也不同。而当仪表准确度等级选定后,测量值越接近满度值时,测量相对误差越小,测量越准确。因此,一般情况下应尽量使指针处在仪表满度值的 2/3 以上区域。但该结论只适用于正向线性刻度的一般电工仪表。对于万用表电阻挡等这样的非线性刻度电工仪表,应尽量使指针处于满度值的 1/2 左右的区域。

三、测量误差的分类

1. 按误差表现的规律划分

根据测量数据中的误差所呈现的规律,将误差分为三种,即系统误差、随机误差和粗大误差。这种分类方法便于测量数据的处理。

(1) 系统误差

对同一被测量进行多次重复测量时,若误差固定不变或者按照一定规律变化,这种误差称为系统误差。

系统误差是有规律性的。按其表现的特点可分为固定不变的恒值系差和遵循一定规律变化的变值系差。系统误差一般可通过实验或分析的方法，查明其变化的规律及产生的原因，因此它是可以预测的，也是可以消除的。例如，标准量值的不准确及仪表刻度的不准确而引起的误差。

（2）随机误差

对同一被测量进行多次重复测量时，若误差的大小随机变化、不可预知，这种误差称为随机误差。随机误差是测量过程中，许多独立的、微小的、偶然的因素引起的综合结果。

对随机误差的某个单值来说，是没有规律、不可预料的，但从多次测量的总体上看，随机误差又服从一定的统计规律，大多数服从正态分布规律。因此可以用概率论和数理统计的方法，从理论上估计其对测量结果的影响。

（3）粗大误差

测量结果明显地偏离其实际值所对应的误差，称为粗大误差或疏忽误差，又叫过失误差。这类误差是由于测量者疏忽大意或环境条件的突然变化而引起的。例如，测量人员工作时疏忽大意，出现了读数错误、记录错误、计算错误或操作不当等。另外，测量方法不恰当，测量条件意外的突然变化，也可能造成粗大误差。

含有粗大误差的测量值称为坏值或异常值。坏值应从测量结果中剔除。

2. 按被测量与时间关系划分

（1）静态误差

被测量稳定不变时所产生的测量误差称为静态误差。

（2）动态误差

被测量随时间迅速变化时，系统的输出量在时间上跟不上输入的变化，这时所产生的误差称为动态误差。

此外，按测量仪表的使用条件分类，可将误差分为基本误差和附加误差；按测量技能和手段分类，误差又可分为工具误差和方法误差等。

【项目小结】

本项目主要学习有关传感器的概念、类型及其命名方法，检测技术的相关概念，误差理论等内容，重点是传感器的命名及性能特点、相对误差概念。

传感器与检测技术几乎渗透到人类的一切活动领域，在国民经济中占有极其重要的地位。传感器是一种能够感觉外界信息并按一定规律将其转换成可用输出信号的器件或装置。一般由敏感元件、转换元件和转换电路三部分组成。有时还要加上辅助电源。传感器的静态特性反映了输入信号处于稳定状态时的输出/输入关系。衡量静态特性的主要指标有精确度、稳定性、灵敏度、线性度、迟滞和可靠性等。传感器的动态特性是指传感器对于随时间变化的输入信号的响应特性。

作为一个完整的自动检测系统，首先应获得被测量的信息，并通过信息的转换把获得的信息变换为电量，然后进行一系列的处理，再用指示仪或显示仪将信息输出，或由计算机对数据进行处理等。

测量就是通过实验对客观事物取得定量数值的过程。测量方法有多种分类方法：直接测量、间接测量和联立测量；静态测量和动态测量；接触式测量和非接触式测量；模拟式测量和数字式测量等。测量误差是客观存在的，可用绝对误差、相对误差和引用误差表示。按照误差的表现规律，主要包括系统误差和随机误差。

【项目训练】

一、单项选择

1. 某压力仪表厂生产的压力表满度相对误差均控制在 0.4%～0.6%，该压力表的精度等级应定为_____级，另一家仪器厂需要购买压力表，希望压力表的满度相对误差小于 0.9%，应购买_____级的压力表。
   A. 0.2　　　　　B. 0.5　　　　　C. 1.0　　　　　D. 1.5
2. 传感器中直接感受被测量的部分是_____。
   A. 转换元件　　　B. 转换电路　　　C. 敏感元件　　　D. 调理电路
3. 属于传感器静态特性指标的是_____。
   A. 固有频率　　　B. 临界频率　　　C. 重复性　　　　D. 阻尼比
4. 重要场合使用的元器件或仪表，购入后需进行高、低温循环老化试验，其目的是为了_____。
   A. 提高精度　　　　　　　　　　　B. 加速其衰老
   C. 测试其各项性能指标　　　　　　D. 提高可靠性
5. 有一温度计，它的测量范围为 0～200℃，精度为 0.5 级，该表可能出现的最大绝对误差为_____。
   A. 1℃　　　　　B. 0.5℃　　　　C. 10℃　　　　 D. 200℃
6. 某采购员分别在三家商店购买 100kg 大米、10kg 苹果、1kg 巧克力，发现均缺少约 0.5kg，但该采购员对卖巧克力的商店意见最大，在这个例子中，产生此心理作用的主要因素是_____。
   A. 绝对误差　　　B. 示值相对误差　C. 满度相对误差　D. 精度等级
7. 欲测 240V 左右的电压，要求测量示值相对误差的绝对值不大于 0.6%，若选用量程为 250V 电压表，其精度应选_____级。
   A. 0.25　　　　B. 0.5　　　　　C. 0.2　　　　　D. 1.0
8. 下列不属于检测误差的是_____。
   A. 随机误差　　　B. 引用误差　　　C. 系统误差　　　D. 粗大误差
9. 下列哪一项特性不是传感器的静态特性_____。
   A. 灵敏度　　　　B. 线性度　　　　C. 迟滞　　　　　D. 频率响应
10. 传感器能感知的输入变化量越小，表示传感器的_____。
    A. 线性度越好　　B. 迟滞越小　　　C. 重复性越好　　D. 分辨力越高

二、简答

1. 传感器有哪几部分组成？各自的作用是什么？
2. 传感器是如何分类的？
3. 传感器的型号有几部分组成，各部分有何意义？
4. 传感器静态特性主要有哪些？

5. 检测系统由哪几部分组成？说明各部分的作用。
6. 测量的定义是什么？如何表示测量结果？
7. 测量方法是如何分类的？它们各有什么特点？
8. 测量误差有哪几种表示方法？分别写出其表达式。
9. 根据误差呈现的规律，将误差分为几种？每种误差有什么特点？

三、计算

1. 某线性位移测量仪，当被测位移由 4.5mm 变到 5.0mm 时，位移测量仪的输出电压由 3.5V 减至 2.5V，求该仪器的灵敏度。

2. 有一温度计，它的测量范围为 0～200℃，精度为 0.5 级，求：

(1) 该表可能出现的最大绝对误差。

(2) 当示值分别为 20℃、100℃时的示值相对误差。

3. 某测温系统由以下四个环节组成，各自的灵敏度如下：

铂电阻温度传感器： $0.45\Omega/℃$

电桥： $0.02V/\Omega$

放大器： 100（放大倍数）

笔式记录仪： $0.2cm/V$

求：(1) 测温系统的总灵敏度；

(2) 记录仪笔尖位移 4cm 时，所对应的温度变化值。

四、分析

1. 现有精度为 0.5 级的电压表，有 150V 和 300V 两个量程，欲测量 110V 的电压，问采用哪一个量程为宜？为什么？

2. 欲测 240V 左右的电压，要求测量示值相对误差的绝对值不大于 0.6%。问：若选用量程为 250V 电压表，其精度应选用哪一级？若选用量程为 300V 和 500V 的电压表，其精度应选用哪一级？

3. 有三台测温仪表，量程均为 0～800℃，精度等级分别为 2.5 级、2.0 级和 1.5 级，现要测量 500℃的温度，要求相对误差不超过 2.5%，选那台仪表合理？

项目二

简易电子秤的安装、调试与标定

【项目描述】

电子秤是大家非常熟悉的称重设备，它不但体积小，而且功能强。本项目通过安装、调试与标定原始电子秤，使大家学习和掌握电阻应变式传感器的结构组成、工作原理和应用。

【相关知识与技能】

一、弹性元件

物体在外力作用下改变原来尺寸或形状的现象称为变形。若外力去掉后物体又能完全恢复其原来的尺寸或形状，这种变形称为弹性变形，具有弹性变形特性的物体称为弹性元件。

弹性元件在传感器技术中占有极其重要的地位，它可以把力、力矩转换成相应的应变或位移，然后配合各种形式的传感元件，将被测力、力矩变换成电量。

根据弹性元件在传感器中的作用，可以将其分为两种类型：弹性敏感元件和弹性支承。弹性敏感元件感受力、力矩等被测参数，将被测量变换为应变、位移等。

1. 弹性敏感材料的弹性特性

作用在弹性敏感元件上的外力与由该外力所引起的相应变形（应变、位移或转角）之间的关系称为弹性元件的弹性特性。

（1）刚度

刚度是弹性敏感元件在外力作用下抵抗变形的能力，用 k 表示。

$$k = \lim_{\Delta x \to 0} \frac{\Delta F}{\Delta x} = \frac{\mathrm{d}F}{\mathrm{d}x} \tag{2-1}$$

在图 2-1 中，弹性特性曲线上某点 A 的刚度可通过在 A 点作曲线的切线求得，此切线与水平线夹角的正切就代表该元件在 A 点处的刚度，即 $k = \tan\theta = \mathrm{d}F/\mathrm{d}x$。如果弹性特性是线性的，它的刚度是一个常数。当测量较大的力时，必须选择刚度大的弹性元件，使 x 不致太大。

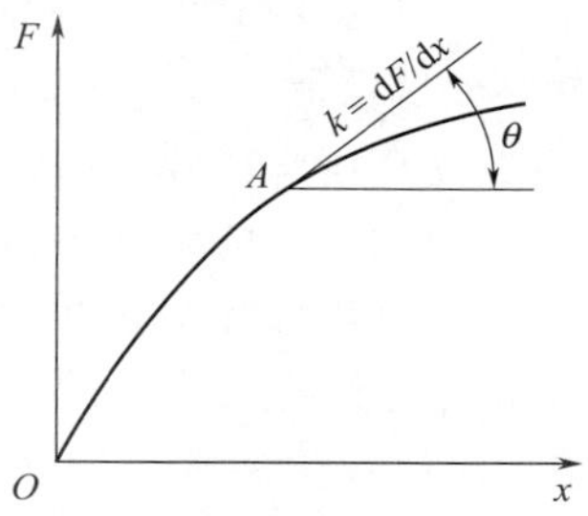

（2）灵敏度

灵敏度是弹性敏感元件在单位力作用下产生变形的大小，它是刚度的倒数，即

$$K = \frac{\mathrm{d}x}{\mathrm{d}F} \quad (2\text{-}2)$$

图 2-1 弹性元件的弹性特性曲线

与刚度相似，如果元件弹性特性是线性的，则灵敏度为常数；若弹性特性是非线性的，则灵敏度为变数。

（3）弹性滞后

实际的弹性元件在加载、卸载的正、反行程中变形曲线是不重合的，这种现象称为弹性滞后现象，如图 2-2 所示。图中曲线 1 是加载曲线，曲线 2 是卸载曲线，曲线 1、2 所包围的范围称为滞环。产生弹性滞后的主要原因是弹性敏感元件在工作过程中存在内摩擦。

（4）弹性后效

弹性敏感元件在所加载荷改变后，不是立即完成相应的变形，而是在一定时间间隔中逐渐完成变形的现象称为弹性后效现象。由于弹性后效的存在，弹性敏感元件的变形不能迅速地随作用力的改变而改变，从而引起测量误差。如图 2-3 所示，当作用在弹性敏感元件上的力由零快速升到 F_0 时，弹性敏感元件的变形首先由零迅速增加至 x_1，然后在载荷未改变的情况下继续变形，直到 x_0 为止。由于弹性后效的存在，弹性敏感元件的变形始终不能迅速地跟上力的改变。

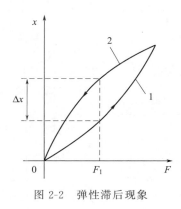

图 2-2 弹性滞后现象

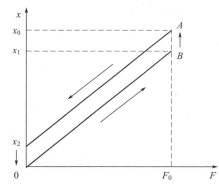

图 2-3 弹性后效现象

（5）固有振动频率

弹性敏感元件的动态特性与它的固有振动频率 f_0 有很密切的关系。固有振动频率通常由实验测得。传感器的工作频率应避开弹性敏感元件的固有振动频率。

在实际选用或设计弹性敏感元件时，常常遇到线性度、灵敏度、固有振动频率之间相互矛盾、相互制约的问题，因此必须根据测量的对象和要求加以综合考虑。

2. 弹性敏感元件材料的基本要求

对弹性敏感元件材料的基本要求有以下几项：

① 具有良好的机械特性（强度高、抗冲击、韧性好、疲劳强度高等）和良好的机械加工及热处理性能；

② 具有良好的弹性特性（弹性极限高、弹性滞后和弹性后效小等）；

③ 弹性模量的温度系数小且稳定，材料的线膨胀系数小且稳定；

④ 抗氧化性和抗腐蚀性等化学性能良好。

弹性敏感元件材料种类繁多，一般使用合金材料，例如中碳铬镍钼钢、中碳铬锰硅钢、弹簧钢等。我国通常使用合金钢，有时也使用碳钢、铜合金和铌基合金，其中65Mn弹簧钢、35CrMnSiA合金结构钢、40Cr钢都是常用材料，50CrMn弹簧钢和50CrV弹簧钢由于具有良好的力学性能，可用来制作承受交变载荷的弹性敏感元件。此外，镍铬结构钢、镍铬钼结构钢、铬钼钒工具钢也是优良的弹性敏感元件材料。铍青铜具有优良的性能，弹性好，强度高，弹性滞后和蠕变小，抗磁性好，耐腐蚀，焊接性能好，使用温度可达100～150℃，也是常用的材料。特殊情况下，也使用石英玻璃、单晶硅及陶瓷材料等。

3. 变换力的弹性敏感元件

所谓变换力的弹性敏感元件，是指输入量为力 F，输出量为应变或位移的弹性敏感元件。常用的变换力的弹性敏感元件有实心轴、空心轴、等截面圆环、变截面圆环、悬臂梁、扭转轴等，如图 2-4 所示。

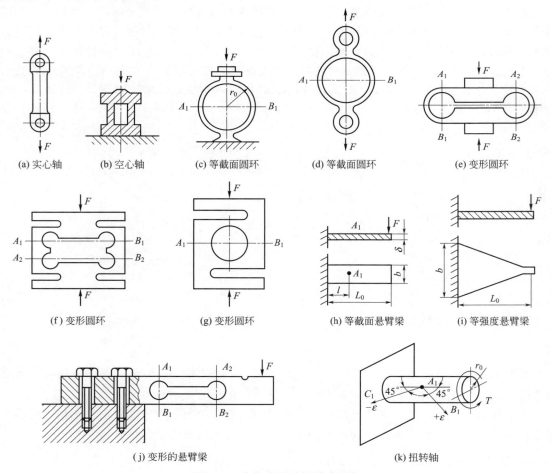

图 2-4　变换力的弹性敏感元件

（1）等截面轴

实心等截面轴又称柱式弹性敏感元件，如图 2-4(a) 所示。在力的作用下，它的位移量很小，所以往往用它的应变作为输出量，在它的表面粘贴应变片，可以将应变进一步变换为电量。

设实心等截面轴的横截面积为 A，轴材料的弹性模量为 E，材料的泊松比为 μ，当等截面轴承受轴向拉力或压力 F 时，轴向应变（有时也称为纵向应变）ε_x 为

$$\varepsilon_x = \frac{\Delta l}{l} = \frac{F}{AE} \tag{2-3}$$

与轴向垂直方向的径向应变（有时也称为横向应变）ε_y 为

$$\varepsilon_y = \frac{\Delta r}{r} = -\mu\varepsilon_x = -\frac{\mu F}{AE} \tag{2-4}$$

等截面轴的特点是加工方便，加工精度高，但灵敏度小，适用于载荷较大的场合。

空心轴如图 2-4(b) 所示，它在同样的截面积下，轴的直径可加大，可提高轴的抗弯能力。

当被测力较大时，一般多用钢材料制作弹性敏感元件，钢的弹性模量约为 $2\times10^{11}\ \text{N/m}^2$。当被测力较小时，可用铝合金或铜合金。铝的弹性模量约为 $0.7\times10^{11}\ \text{N/m}^2$。材料越软，弹性模量也越小，其灵敏度也越高。

（2）环状弹性元件

环状弹性元件多做成等截面圆环，如图 2-4(c)、(d) 所示。圆环受力后较易变形，因而它多用于测量较小的力。当力 F 作用在圆环上时，环上的 A_1、B_1 点处可产生较大的应变。当环的半径比环的厚度大得多时，A_1、B_1 点内外表面的应变大小相等、符号相反。

图 2-4(e) 是变形圆环，与上述圆环不同之处是增加了中间过载保护缝隙。它的线性较好，加工方便，抗过载能力强。在该环的 A_1 点至 B_1 点（或 A_2 点至 B_2 点）之间可得到较大的应变，且内外表面的应力大小相等、符号相反。目前研制出许多变形的环状弹性元件，如图 2-4(f)、(g) 所示，它们的特点是加工方便、过载能力强、线性好等，其厚度决定灵敏度的大小。

（3）悬臂梁

悬臂梁是一端固定、一端自由的弹性敏感元件，它的特点是灵敏度高，它的输出量可以是应变，也可以是挠度（位移）。由于它在相同力作用下的变形比等截面轴及圆环都大，所以多应用于较小力的测量。根据截面形状，它又可以分为等截面悬臂梁和等强度悬臂梁。

图 2-4(h) 为等截面梁的侧视图及俯视图。当力 F 以图中所示的方向作用于悬臂梁的末端时，梁的上表面产生应变，下表面也产生应变。对于任一指定点来说，上、下表面的应变大小相等、符号相反。设梁的截面厚度为 δ，宽度为 b，总长为 l_0，则在距离固定端 l 处沿长度方向的应变为

$$\varepsilon = \frac{6(l_0-l)}{Eb\delta^2}F \tag{2-5}$$

从式(2-5)可知，最大应变产生在梁的根部，该部位是结构最薄弱处。在实际应用中，还常把悬臂梁自由端的挠度作为输出，在自由端装上电感传感器、电涡流传感器或霍尔传感器，就可进一步将挠度变为电量。

从上面分析可知，在等截面梁的不同部位产生的应变是不相等的，在传感器设计时必须

精确计算粘贴应变片的位置。设梁的长度为 l_0，根部宽度为 δ，则梁上任一点沿长度方向的应变为

$$\varepsilon = \frac{6l_0}{Eb\delta^2}F \qquad (2-6)$$

由分析可知，当梁的自由端有力 F 作用时，沿梁的整个长度上的应变处处相等，即它的灵敏度与梁长度方向坐标无关，因此称其为等强度悬臂梁。

必须说明的是，这种变截面梁的尖端部必须有一定的宽度才能承受作用力，如图 2-4(j) 所示，这种梁加工方便，刚度较好，实际应用时多采用类似结构。

（4）扭转轴

使机械部件转动的力矩叫做转动力矩，简称转矩。任何部件在转矩的作用下，都会产生某种程度的扭转变形。因此，习惯上又常把转动力矩叫做扭转力矩。在试验和检测各类回转机械时，力矩通常是一个重要的必测参数，专门用于测量力矩的弹性敏感元件称为扭转轴。

在扭矩 T 的作用下，扭转轴的表面将产生拉伸或压缩应变。在轴表面上与轴线成 45°方向的应变为

$$\varepsilon = \frac{2T}{\pi E r_0^3}(1+\mu) \qquad (2-7)$$

4. 变换流体压力的弹性敏感元件

在工业生产中，经常需要测量气体或液体的压力。变换流体压力的弹性敏感元件形式很多，如图 2-5 所示，由于这些元件的变形计算复杂，故本节只对它们作定性的分析。

（1）弹簧管

弹簧管又称波登管（法国人波登发明），它可弯成各种形状（大多数弯成 C 形）。它一端固定，一端自由，见图 2-5(a)。弹簧管能将压力转换为位移，压力 p 通过弹簧管的固定端导入弹簧管的内腔。弹簧管的自由端与传感器相连。在压力作用下，弹簧管的截面变成圆形，截面形状的改变导致弹簧管趋向伸直，一直到与压力的作用相平衡为止，因此利用弹簧管可以把压力变换为位移。C 形弹簧管的刚度较大，过载能力较强，常作为测量较大压力的

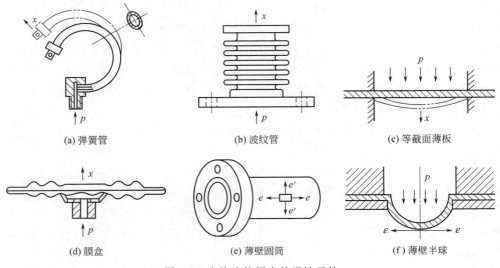

图 2-5 变换流体压力的弹性元件

弹性敏感元件。

(2) 波纹管

波纹管是一种表面上有许多同心环波纹的薄壁圆管,它的一端与被测物相通,另一端密封,如图 2-5(b) 所示。波纹管在压力作用下将伸长或缩短,所以利用波纹管可以把压力变换成位移,它的灵敏度比弹簧管高得多。在非电量测量中,波纹管的直径为 12～160mm,测压范围约为 $10^2 \sim 10^6$ Pa。

(3) 等截面薄板

等截面薄板又称平膜片,如图 2-5(c) 所示,它是周边固定的圆薄板。当它的上下两面承受均匀分布的压力时,薄板的位移或应变为零。将应变片粘贴在薄板表面,可以组成电阻应变式压力传感器,利用薄板的位移(挠度)可以组成电容式、霍尔式压力传感器。平膜片沿径线方向上各点的应变是不同的。设膜片的半径为 R_0,在半径小于 $R_0/\sqrt{3}$ 处的径向应变 ε_R 是正的(拉应变),在 $R_0/\sqrt{3}$ 处,$\varepsilon_R = 0$。在半径大于 $R_0/\sqrt{3}$ 区域的径向应变 ε_R 是负的(压应变),如图 2-6 所示。圆心附近以及膜片的边缘区域的应变均较大,但符号相反,这一特性在压阻传感器中得到应用。

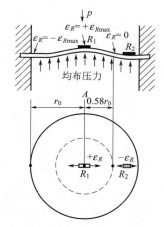
(a) 应变片的粘贴位置及平膜片的变形

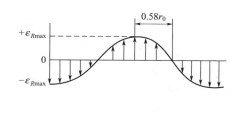
(b) 应变分布

图 2-6 平膜片的各点应变

平膜片中心的位移与压力 p 之间成非线性关系。只有当位移量比薄板的厚度小得多时才能获得较小的非线性误差。当中心位移量等于薄板厚度的 1/3 时,非线性误差可达 5%。

(4) 波纹膜片和膜盒

波纹膜片是一种压有同心波纹的圆形薄膜,如图 2-7 所示。为了便于和传感元件相连接,在膜片中央留有一个光滑的部分,有时还在中心上焊接一块圆形金属片,称为膜片的硬心。当膜片弯向压力低的一侧时,能够将压力变换为位移。波纹膜片比平膜片柔软得多,因

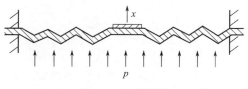

图 2-7 波纹膜片

此多用作测量较小压力的弹性敏感元件。

为了进一步提高灵敏度,常把两个膜片焊接在一起,制成膜盒,它中心的位移量为单个膜片的两倍。由于膜盒本身是一个封闭的整体,所以密封性好,周边不需固定,给安装带来方便,它的应用比波纹膜片广泛得多。

膜片的波纹形状可以有很多形式,图 2-7 所示的是锯齿波纹,有时也采用正弦波纹。波纹的形状对膜片的输出特性有影响。在一定的压力作用下,正弦波纹膜片输出的位移最大,但线性较差;锯齿波纹膜片输出的位移最小,但线性较好;梯形波纹膜片的特性介于上述两者之间,膜片厚度通常为 0.05~0.5mm。

(5) 薄壁圆筒和薄壁半球

它们的外形如图 2-5(e)、(f) 所示,厚度一般约为直径的 1/20,内腔与被测物相通,均匀地向外扩张,产生拉伸应力和应变。

二、电阻应变式传感器

1. 应变效应与应变片

电阻应变片是能将被测件的应变量转换成电阻变化量的敏感元件,它是基于电阻应变效应而制成的。

(1) 电阻应变效应

导体、半导体材料在外力作用下发生机械形变,导致其电阻值发生变化的物理现象称为电阻应变效应。

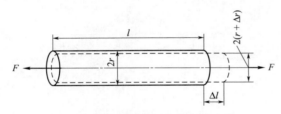

图 2-8 金属丝伸长后几何尺寸变化

设一根长度为 l,截面积为 S,电阻率为 ρ 的金属丝,如图 2-8 所示。其电阻 R 的阻值为

$$R = \rho \frac{l}{S} \tag{2-8}$$

当金属丝受拉时,其长度伸长 dl,横截面将相应减小 dS,电阻率也将改变 $d\rho$,这些量的变化,必然引起金属丝电阻改变 dR,即

$$dR = \frac{\rho}{S}dl - \frac{\rho l}{S^2}dS + \frac{l}{S}d\rho \tag{2-9}$$

令 $\dfrac{dl}{l} = \varepsilon_x$,$\varepsilon_x$ 为金属丝的轴向应变量;$\dfrac{dr}{r} = \varepsilon_y$,$\varepsilon_y$ 为金属丝的径向应变量。

根据材料力学原理,金属丝受拉时,沿轴向伸长,而沿径向缩短,二者之间应变的关系为

$$\varepsilon_y = -\mu \varepsilon_x \tag{2-10}$$

$$\frac{dR}{R} = (1+2\mu)\varepsilon_x + \frac{d\rho}{\rho} \tag{2-11}$$

令

$$K = \frac{dR/R}{\varepsilon_x}(1+2\mu) + \frac{d\rho/\rho}{\varepsilon_x}$$

称 K 为金属丝的灵敏系数,表示金属丝产生单位变形时,电阻相对变化的大小。显然,K 值越大,单位变形引起的电阻相对变化越大,故灵敏度越高。

实验证明,在金属丝变形的弹性范围内,电阻的相对变化 $\Delta R/R$ 与应变 ε_x 是成正比,即

$$\frac{\Delta R}{R}=K\varepsilon_x \tag{2-12}$$

(2) 电阻应变片的结构与类型

电阻应变片由敏感栅、基片、覆盖层和引线等部分组成。其中,敏感栅是应变片的核心部分,它是用直径约为 0.025mm 的具有高电阻率的电阻丝制成的,为了获得高的电阻值,电阻丝排列成栅网状,故称为敏感栅。将敏感栅粘贴在绝缘的基片上,两端焊接引出导线,其上再粘贴上保护用的覆盖层,即可构成电阻丝应变片,基本结构如图 2-9 所示。图中 L 为敏感栅沿轴向测量变形的有效长度(即应变片的栅距),b 为敏感栅的宽度(即应变片的基宽)。

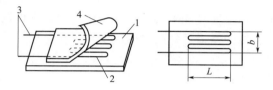

图 2-9 电阻丝式应变片基本结构
1—基底;2—敏感栅;3—引线;4—覆盖层

应变片主要有金属应变片和半导体应变片两类。金属应变片有丝式、箔式、薄膜式三种,其结构如图 2-10 所示。其中金属丝式应变片使用最早,有纸基型、胶基型两种,蠕变较大,金属丝易脱落,但其价格便宜,广泛用于应变、应力的大批量、一次性低精度的实验。

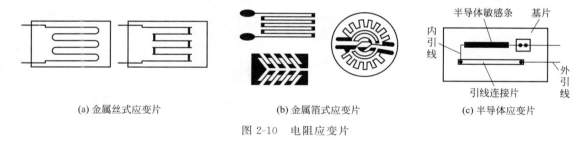

(a) 金属丝式应变片 (b) 金属箔式应变片 (c) 半导体应变片

图 2-10 电阻应变片

金属箔式应变片是通过光刻、腐蚀等工艺,将电阻箔片在绝缘基片上制成各种图案而形成的应变片,其厚度通常在 0.001~0.01mm 之间。因其面积比金属丝式大得多,所以散热效果好,通过电流大,横向效应小,柔性好,寿命长,工艺成熟,且适于大批量生产,得到广泛使用。

金属薄膜式应变片是薄膜技术发展的产物,它是采用真空蒸镀的方法成形的,因其灵敏系数高,又易于批量生产而备受重视。

半导体应变片是用半导体材料作为敏感栅而制成的,其灵敏度高(一般比金属丝式、箔式高几十倍),横向效应小,故它的应用日趋广泛。

应变片的参数主要有以下几项。

① 标准电阻值(R_0) 标准电阻值指的是在无应变(即无应力)的情况下的电阻值,单位为欧姆(Ω),主要规格有 60、90、120、150、350、600、1000 等。

② 绝缘电阻(R_G) 应变片绝缘电阻是指已粘贴的应变片的引线与被测试件之间的电阻值,通常要求在 50~100 MΩ 以上。R_G 的大小取决于黏合剂及基底材料的种类和固化工艺,在常温条件下要采取必要的防潮措施,而在中温或高温条件下,要注意选取电绝缘性能

良好的黏合剂和基底材料。

③ 灵敏度系数（K）　灵敏度系数是指应变片安装到被测物体表面后，在其轴线方向上的单位应力作用下，应变片阻值的相对变化与被测物表面上安装应变片区域的轴向应变之比。

④ 应变极限（ε_{max}）　在恒温条件下，使非线性达到10％时的真实应变值，称为应变极限。应变极限是衡量应变片测量范围和过载能力的指标。

⑤ 允许电流（I_e）　允许电流是指应变片允许通过的最大电流。

⑥ 机械滞后、蠕变及零漂　机械滞后是指所粘贴的应变片在温度一定时，在增加或减少机械应变过程中真实应变与约定应变（即同一机械应变量下所指示的应变）之间的最大差值。蠕变是指已粘贴好的应变片，在温度一定并承受一定机械应变时，指示应变值随时间变化而产生变化。零漂是指已粘贴好的应变片，在温度一定且又无机械应变时，指示的应变值发生变化。

2. 应变片的粘贴工艺

应变片在使用时通常是用粘合剂粘贴在弹性元件或试件上。正确的粘贴工艺对保证粘贴质量、提高测试精度起着重要的作用。进行应变片粘贴时，应严格按粘贴工艺要求进行，工艺基本步骤如下。

（1）应变片的检查

对所选用的应变片进行外观和电阻的检查。观察线栅或箔栅的排列是否整齐、均匀，是否有锈蚀以及短路、断路和折弯现象。测量应变片的电阻值，检查阻值、精度是否符合要求，对桥臂配对用的应变片，电阻值要尽量一致。

（2）试件的表面处理

为了保证一定的粘合强度，必须将试件表面处理干净，清除杂质、油污及表面氧化层等。粘贴表面应保持平整，表面光滑。最好在表面打光后，采用喷砂处理，面积为应变片的3～5倍。

（3）确定贴片位置

在应变片上标出敏感栅的纵、横向中心线，粘贴时应使应变片的中心线与试件的定位线对准。

（4）粘贴应变片

用甲苯、四氯化碳等溶剂清洗试件表面和应变片表面，然后在试件表面和应变片表面上各涂一层薄而均匀的胶粘剂，将应变片粘贴到试件的表面上。同时在应变片上加一层玻璃纸或透明的塑料薄膜，并用手轻轻滚动压挤，将多余的胶水和气泡排出。

（5）固化处理

根据所使用的黏合剂的固化工艺要求进行固化处理和时效处理。

（6）质量检查

检查粘贴位置是否正确，黏合层是否有气泡和漏贴，有无短路、断路现象，应变片的电阻值有无较大的变化。应变片与被测物体之间的绝缘电阻应进行检查，一般应大于200MΩ。

（7）引出线的固定与保护

将粘贴好的应变片引出线用导线焊接好，为防止应变片电阻丝和引出线被拉断，需用胶布将导线固定在被测物体表面，且要处理好导线与被测物体之间的绝缘问题。

（8）防潮防蚀处理

为防止因潮湿引起绝缘电阻变小、黏合强度下降，或因腐蚀而损坏应变片，应在应变片上涂一层凡士林、石蜡、蜂蜡、环氧树脂、清漆等，厚度一般为 1～2mm。

3. 应变片的贴片方式

应变片的贴片方向和组桥方式对输出信号有较大的影响。电阻应变片的贴片方式是由载荷类型和弹性体的形状所决定。当载荷类型确定时，弹性体的形状对测量精度影响很大。

（1）测拉压正应变的贴片方式

当弹性体或被测构件处于拉伸或压缩受力状态时，测拉压正应变的贴片方式和组桥电路如图 2-11 所示。

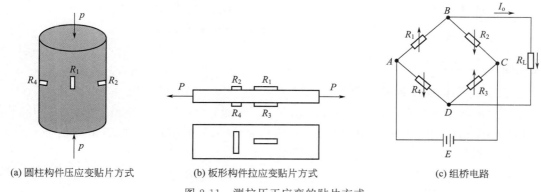

(a) 圆柱构件压应变贴片方式　　(b) 板形构件拉应变贴片方式　　(c) 组桥电路

图 2-11　测拉压正应变的贴片方式

基于上面的贴片方式的组桥电路见图 2-12，设计贴片方向和组桥方式的原则是"对臂相加，邻臂相减"。

（2）弯曲正应变的贴片方式

当弹性体或被测构件处于弯曲受力状态，其贴片方式和组桥电路如图 2-12 所示。

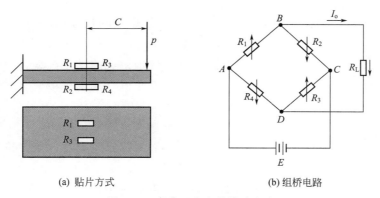

(a) 贴片方式　　　　　　　　(b) 组桥电路

图 2-12　弯曲正应变的贴片方式

（3）压力弹性敏感元件的贴片方式

压力弹性敏感元件为一周边固定的圆形金属平膜片，如图 2-13(a) 所示。膜片弹性元件承受压力 p 时的应力分布可参考图 2-6，根据其受力特点，一般在平膜片圆心处沿切向粘贴 R_1、R_4 两个应变片，在边缘处沿径向粘贴 R_2、R_3 两个应变片，见图 2-13(b)，然后接成全桥测量电路，见图 2-13(c)。

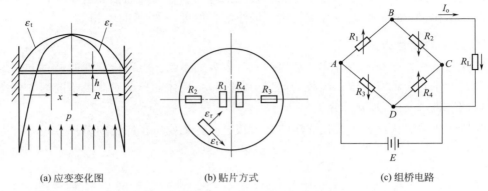

(a) 应变变化图　　　(b) 贴片方式　　　(c) 组桥电路

图 2-13　压力弹性敏感元件的贴片方式

三、测量转换电路

1. 应变片测量应变的基本原理

用应变片测量应变或应力时，在外力作用下，被测对象产生微小机械变形，应变片随着发生相同的变化，同时应变片电阻值也发生相应变化。当测得应变片电阻值变化量 ΔR 时，便可得到被测对象的应变值。根据应力与应变的关系，得到应力值 σ 为

$$\sigma = E \cdot \varepsilon \tag{2-13}$$

式中　σ——试件的应力；

　　　ε——试件的应变；

　　　E——试件材料的弹性模量。

由此可知，应力值 σ 正比于应变 ε，而试件应变 ε 正比于电阻值的变化，所以应力 σ 正比于电阻值的变化，这就是利用应变片测量应变的基本原理。

2. 测量转换电路

由于机械应变一般在 $10\sim3000\mu\varepsilon$ 之间，而应变灵敏度 K 值较小，因此电阻相对变化是很小的，用一般测量电阻的仪表是难直接测出来，必须用专门的电路来测量这种微弱的变化，最常用的电路为直流电桥和交流电桥。下面以直流电桥电路为例，简要介绍其工作原理及有关特性。

(1) 直流电桥电路

如图 2-14 所示，直流电桥电路的 4 个桥臂由 R_1、R_2、R_3、R_4 组成，其中 a、c 两端加直流电压 U_i，而 b、d 两端为输出端，其输出电压为 U_o。在测量前，取 $R_1R_3 = R_2R_4$，输出电压 $U_o = 0$。当桥臂电阻发生变化，且 $\Delta R_i \ll R_i$，在电桥输出端的负载电阻为无限大时，电桥输出电压可近似表示为

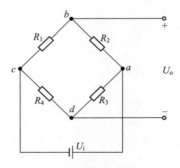

图 2-14　直流电桥电路

$$U_o = \frac{R_1 R_2}{(R_1+R_2)^2}\left(\frac{\Delta R_1}{R_1} - \frac{\Delta R_2}{R_2} + \frac{\Delta R_3}{R_3} - \frac{\Delta R_4}{R_4}\right)U_i \tag{2-14}$$

一般采用全等臂形式，即 $R_1=R_2=R_3=R_4=R$，上式可变为

$$U_o=\frac{U_i}{4}\left(\frac{\Delta R_1}{R_1}-\frac{\Delta R_2}{R_2}+\frac{\Delta R_3}{R_3}-\frac{\Delta R_4}{R_4}\right) \quad (2-15)$$

（2）电桥工作方式

根据可变电阻在电桥电路中的分布方式，电桥的工作方式有以下 3 种类型。

① 半桥单臂工作方式　这种方式只有一个应变片接入电桥，在工作时，其余 3 个桥臂电阻的阻值没有变化（即 $\Delta R_2=\Delta R_3=\Delta R_4=0$），如图 2-15(a) 所示。设 R_1 为接入的应变片，测量时的变化为 ΔR，电桥的输出电压为

$$U_o=\frac{U_i}{4}\times\frac{\Delta R}{R} \quad (2-16)$$

灵敏度 $K=\dfrac{U_i}{4}$。

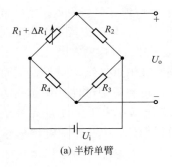
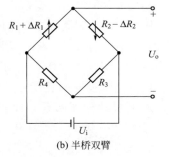
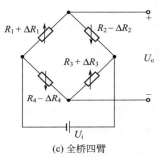

(a) 半桥单臂　　　　　　(b) 半桥双臂　　　　　　(c) 全桥四臂

图 2-15　3 种桥式工作电路

② 半桥双臂工作方式　如图 2-15(b) 所示，在试件上安装两个工作应变片，一个受拉应变，一个受压应变，接入电桥相邻桥臂，称为半桥差动电路，电桥的输出电压为

$$U_o=\frac{U_i}{2}\times\frac{\Delta R}{R} \quad (2-17)$$

灵敏度 $K=\dfrac{U_i}{2}$，U_o 与 $\Delta R/R$ 呈线性关系，差动电桥无非线性误差，而且电桥电压灵敏度比单臂工作时提高一倍，同时还具有温度补偿作用。

③ 全桥四臂工作方式　若将电桥四臂接入 4 片应变片，如图 2-15（c）所示，即 2 个受拉应变，2 个受压应变，将 2 个应变符号相同的接到相对桥臂上，构成全桥差动电路。电桥的 4 个桥臂的电阻值都发生变化，电桥的输出电压为

$$U_o=\frac{\Delta R U_i}{R} \quad (2-18)$$

灵敏度 $K=U_i$，此时全桥差动电路不仅没有非线性误差，而且电压灵敏度是单片的 4 倍，同时仍具有温度补偿作用。

（3）电桥的线路补偿

在无应变的状态下，要求电桥的 4 个桥臂电阻值相同是不可能的，这样就使电桥不能满足初始平衡条件（即 $U_o\neq 0$）。为了解决这一问题，可以在一对桥臂电阻乘积较小的任一桥臂中串联一个可调电阻进行调节补偿，如图 2-16 所示，当 $R_1R_3<R_2R_4$ 时，可在 R_1 或 R_3 桥臂上接入 R_p，使电桥输出达到平衡。

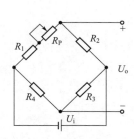
图 2-16 串联可调电阻补偿

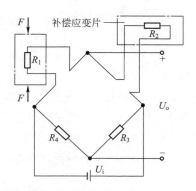
图 2-17 采用补偿应变片的温度补偿

环境温度的变化也会引起电桥电阻的变化，导致电桥的零点漂移，这种因温度变化产生的误差称为温度误差。产生的原因有：电阻应变片的电阻温度系数不一致；应变片材料与被测试件材料的线膨胀系数不同，使应变片产生附加应变。因此有必要进行温度补偿，以减少或消除由此而产生的测量误差。电阻应变片的温度补偿方法通常有线路补偿法和应变片自补偿两大类。

在只有一个应变片工作的桥路中，可用补偿片法。在另一块和被测试件结构材料相同而不受应力的补偿块上贴上和工作片规格完全相同的补偿片，使补偿块和被测试件处于相同的温度环境，工作片和补偿片分别接入电桥的相邻两臂，如图 2-17 所示。由于工作片和补偿片所受温度相同，两者产生的热应变相等。因为是处于电桥的两臂，所以不影响电桥的输出。补偿片法的优点是简单、方便，在常温下补偿效果比较好，缺点是温度变化梯度较大时，比较难以掌握。

当测量桥路处于双臂半桥和全桥工作方式时，电桥相邻两臂受温度影响，同时产生大小相等、符号相同的电阻增量而互相抵消，从而达到桥路温度自补偿的目的。

【项目实施】

图 2-18 所示为电子秤安装示意图。

本实训项目需用器件与单元：应变式传感器模块、应变式传感器、砝码、±15V 电源、±4V 电源、数显表（主控台电压表）。图 2-19 所示为应变传感器模块。

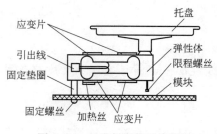
图 2-18 电子秤安装示意图

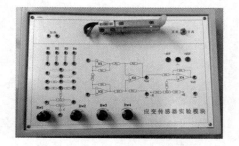
图 2-19 应变传感器模块

实训步骤如下。

① 检查应变传感器的安装。传感器中各应变片已接入模块的左上方的 R_1、R_2、R_3、

R_4,见图 2-20。各应变片初始阻值 $R_1 = R_2 = R_3 = R_4 = 350\Omega$。当传感器托盘支点受压时,$R_1$、$R_3$ 阻值增加,R_2、R_4 阻值减小,4 个应变片接成全桥四臂工作方式。

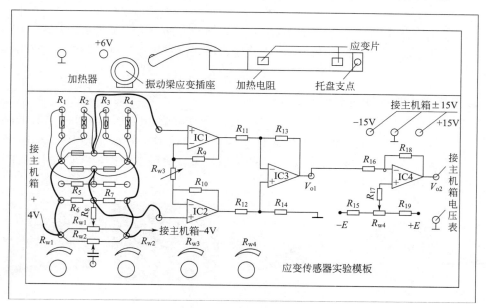

图 2-20 电子秤接线图

② 差动放大器的调零。首先将实训模块调节增益电位器 R_{w3} 顺时针拨到底,即此时放大器增益最大,然后将差动放大器的正、负输入端相连并与地短接,输出端与主控台上的电压表输入端 V_i 相连。检查无误后从主控台上接入 ±15V 模块电源以及地线。合上主控台电源开关,调节实训模块上的调零电位器 R_{w4},使电压表显示为零(电压表的切换开关打到 2V 挡)。关闭主控箱电源。(注意:R_{w4} 的位置一旦确定,就不能改变,一直到做完实训为止)

③ 电桥调零。适当调小增益 R_{w3}(顺时针旋转 3~4 圈),接上桥路 ±4V 电源(从主控箱引入),同时,将模块左上方拨段开关拨至左边"直流"挡(直流挡和交流挡调零电阻阻值不同)。检查接线无误后,合上主控箱电源开关。调节电桥调零电位器 R_{w1},使数显表显示 0.00V。

④ 将 10 只砝码全部置于传感器的托盘上,调节电位器 R_{w3},使数显表显示为 0.200V 或 -0.200V。

⑤ 撤去托盘上的所有砝码,调节电位器 R_{w4}(零位调节),使数显表显示为 0.000V 或 -0.000V。

⑥ 重复步骤④、⑤的标定过程,一直到精确为止,把电压量纲 V 改为重量量纲 g,就可称重,成为一台原始的电子秤。

⑦ 把砝码依次放在托盘上,将测量数据填入表 2-1。

表 2-1 数据记录表

重量/g									
电压/mV									

【项目拓展】

电阻应变片除直接用以测量机械、仪器及工程结构等的应力、应变外,还常与某种形式的弹性敏感元件相配合,制成各种应变式传感器,用来测量力、压强、扭矩、位移和加速度等物理量。

1. 应变式测力与荷重传感器

电阻应变式传感器的最大用武之地是在称重和测力领域。应变式测力传感器由应变计、弹性元件、测量电路等组成,根据弹性元件结构形式(柱形、筒形、环形、梁式、轮辐式等)和受载性质(拉、压、弯曲、剪切等)的不同,可分为许多种类,常见的有柱式、悬臂梁式、环式等,如图 2-21 所示。

(a) 应变式荷重传感器外形

(b) 悬臂梁

(c) 汽车衡

图 2-21 应变式测力及荷重传感器

(1)柱式力传感器

柱式力传感器的应变片粘贴在弹性体外壁应力分布均匀的中间部分,通常对称地粘贴多片,横向贴片作温度补偿用,如图 2-22 所示。柱式力传感器结构简单、紧凑,可承受很大载荷。用柱式力传感器可制成称重式料位计,如图 2-23 所示。

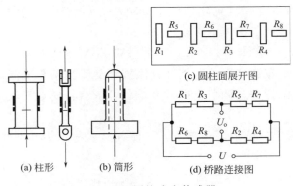

图 2-22 圆柱式力传感器

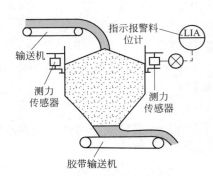

图 2-23 称重式料位计

(2)梁式力传感器

常用的梁式力传感器有等截面梁应变式力传感器、等强度梁应变式力传感器以及一些特殊梁式力传感器(如双端固定梁、双孔梁、单孔梁应变式力传感器等)。梁式力传感器结构较简单,一般用于测量 500kg 以下的载荷。与柱式相比,应力分布变化大,有正有负。

梁式力传感器可制成称重电子秤,如图 2-24(a)所示,原理图如图 2-24(b)所示。当力作用于电子秤中的铝质悬臂梁的末端时,梁的上表面产生拉应变,下表面产生压应变,上

 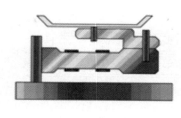

(a) 电子秤外形　　　　　　(b) 电子秤结构示意图

图 2-24　称重电子秤

下表面的应变大小相等，符号相反，粘贴在上下表面的应变片也随之拉伸和缩短，产生电阻值的变化，接入桥路后，就能产生输出电压。

2. 压力传感器

压力传感器主要用于测量流体的压强，根据其弹性体的结构形式可分为单一式和组合式 2 种。图 2-25 所示为筒式应变压力传感器。在流体压力作用于筒体内壁时，筒体空心部分发生变形，产生周向应变 ε_t，测出 ε_t 即可算出压强 p，这种压力传感器结构简单，制造方

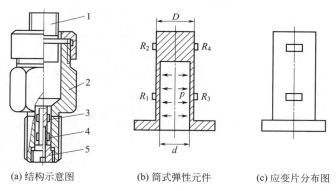

(a) 结构示意图　　　(b) 筒式弹性元件　　　(c) 应变片分布图

图 2-25　筒式应变压力传感器

便，常用于较大压力测量。

3. 位移传感器

应变式位移传感器把被测位移量转变成弹性元件的变形和应变，然后通过应变计和应变电桥，输出正比于被测位移的电量。它可用于近测或远测静态或动态的位移量。图 2-26(a) 所示为国产 YW 型应变式位移传感器。这种传感器由于采用了悬臂梁—螺旋弹簧串联的组合结构，因此它适用于 10～100mm 位移的测量。

其工作原理如图 2-26(b) 所示。拉伸弹簧的一端与测量杆相连，另一端与悬臂梁上端相连。测量时，当测量杆随被测件产生位移 d 时，就要带动弹簧，使悬臂梁弯曲变形，产生应变，其弯曲应变量与位移量呈线性关系。

4. 加速度传感器

图 2-27 为应变式加速度传感器的结构图。在应变梁 2 的一端固定惯性质量块 1，梁的上下侧粘贴应变片 4，传感器内腔充满硅油，以产生必要的阻尼。测量时，将传感器壳体与被

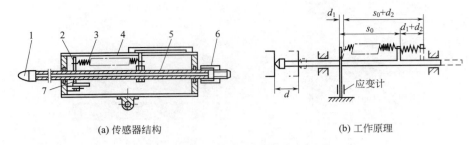

(a) 传感器结构　　　　　　　(b) 工作原理

图 2-26　YW 型应变式位移传感器

1—测量头；2—弹性元件；3—弹簧；4—外壳；5—测量杆；6—调整螺母；7—应变计

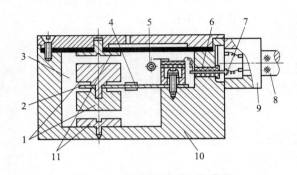

图 2-27　应变式加速度传感器

1—质量块；2—应变梁；3—硅油阻尼液；4—应变片；5—温度补偿电阻；
6—绝缘套管；7—接线柱；8—电缆；9—压线板；10—壳体；11—保护块

测对象刚性连接。当被测物体以加速度 a 运动时，质量块受到一个与加速度方向相反的惯性力作用，使悬臂梁变形，该变形被粘贴在悬臂梁上的应变片感受到，并随之产生应变，从而使应变片的电阻发生变化，电阻的变化引起应变片组成的桥路出现不平衡，从而输出电压，即可得出加速度 a 值的大小。

【项目小结】

通过本项目的学习，重点掌握弹性敏感元件的作用，电阻应变效应、压阻效应，电阻应变片结构和粘贴工艺，电桥的工作方式及特点等。

弹性敏感元件在传感器技术中占有极其重要的地位。它把力、力矩转换成相应的应变或位移，然后配合各种形式的传感元件，将被测力、力矩转换成电量。

导体、半导体材料在外力作用下发生机械形变，导致其电阻值发生变化的物理现象称为电阻应变效应。应变片主要有金属应变片和半导体应变片两类。

应变式电阻传感器是目前用于测量力、力矩、加速度、质量等参数的传感器之一，它是基于电阻应变效应制成的一种测量微小机械变量的传感器。应变式电阻传感器采用测量电桥，把应变电阻的变化转换成电压或电流变化。

根据可变电阻在电桥电路中的分布方式，电桥的工作方式分 3 种类型：半桥单臂工作方式、半桥双臂工作方式和全桥 4 臂工作方式。

【项目训练】

一、填空

1. 弹性敏感元件将_____或_____变换成_____或_____。
2. 弹性敏感元件形式上基本分成两大类,即把力变换成应变或位移的_____和把压力变换成应变或位移的_____。
3. 导体或半导体材料在外界力作用下产生机械变形,其_____发生变化的现象称为应变效应。
4. 按照敏感栅材料不同,应变片可分为_____和_____两种。
5. 金属应变片可分为_____、_____、_____三种。
6. 电桥电路可分为_____、_____、_____,属于差动工作方式的是_____和_____。

二、简答

1. 应变片产生温度误差的原因及减小或补偿温度误差的方法是什么?
2. 简述电阻式应变片的粘贴步骤,对于多个电阻式应变片,在粘贴时其粘贴位置及方向应注意哪些问题?

三、计算

1. 采用阻值为 120Ω、灵敏度系数 $K=2.0$ 的金属电阻应变片和阻值为 120Ω 的固定电阻组成电桥,供桥电压为 $4V$,并假定负载电阻无穷大。当应变片上的应变分别为 $1\mu\varepsilon$ 和 $1000\mu\varepsilon$ 时,试求单臂、双臂和全桥工作时的输出电压,并比较三种情况下的灵敏度。

2. 图 2-28 所示为一直流电桥,供电电源电动势 $E=3V$,$R_3=R_4=100\Omega$,R_1 和 R_2 为同型号的电阻应变片,其电阻均为 50Ω,灵敏度系数 $K=2.0$。两只应变片分别粘贴于等强度梁同一截面的正反两面。设等强度梁在受力后产生的应变为 $5000\mu\varepsilon$,试求此时电桥输出端电压 U_o。

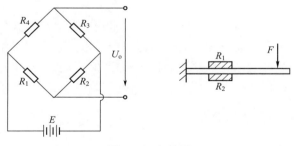

图 2-28 电路图

项目三

压阻式压力传感器的安装与测试

【项目描述】

压阻式压力传感是利用单晶硅材料的压阻效应和集成电路技术制成的传感器。单晶硅材料在受到力的作用后，电阻率发生变化，通过测量电路就可得到正比于力变化的电信号输出。压阻式传感器常用于压力、拉力、压力差以及可以转变为力的变化的其他物理量（如液位、加速度、重量、应变、流量、真空度）的测量和控制。

【相关知识与技能】

压阻式传感器具有灵敏度高、动态响应快、测量精度高、稳定性好、工作温度范围宽等特点，因此获得广泛的应用，而且发展非常迅速，同时由于它易于批量生产，能够方便地实现微型化、集成化，甚至可以在一块硅片上将传感器和计算机处理电路集成在一起，制成智能型传感器，因此它是一种具有很大发展前途的传感器。

一、压阻式传感器基本概念和分类

1. 压阻效应

当固体材料在某一方向承受应力时，其电阻率（或电阻值）发生变化的现象，称为压阻效应。

2. 半导体压阻效应

半导体晶片受到外力作用时，会产生肉眼无法察觉的极微小应变，其材料内部的电子能级状态发生变化，从而导致其电阻率产生剧烈的变化，表现在由其制成的电阻器阻值发生极大变化，这种现象称为半导体压阻效应。

当力作用于硅晶体时，晶体的晶格产生变形，使载流子从一个能谷向另一个能谷散射，

引起载流子的迁移率发生变化，扰动了载流子纵向和横向的平均量，从而使硅的电阻率发生变化，这种变化随晶体的取向不同而异，因此硅的压阻效应与其晶体的取向有关。

电阻应变效应的分析也适用于半导体电阻材料，即有

$$\frac{\mathrm{d}R}{R} = (1+2\mu)\varepsilon + \frac{\mathrm{d}\rho}{\rho} \tag{3-1}$$

硅的压阻效应不同于金属应变效应，前者电阻随压力的变化主要取决于电阻率的变化，后者电阻的变化则主要取决于几何尺寸的变化（应变），而且前者的灵敏度比后者大 50～100 倍。因此，对于金属材料来说，$\mathrm{d}\rho/\rho$ 比较小，但对于半导体材料，$\mathrm{d}\rho/\rho \gg (1+2\mu)\varepsilon$，即因机械变形引起的电阻变化可以忽略，电阻的变化主要是由电阻率 ρ 变化引起的。

由半导体理论可知：

$$\frac{\mathrm{d}R}{R} \approx \frac{\mathrm{d}\rho}{\rho} = \pi E\varepsilon = \pi\sigma \tag{3-2}$$

式中　π——沿某晶向的压阻系数；
　　　σ——沿某晶向的应力；
　　　E——半导体材料的弹性模量。

影响压阻系数大小的主要因素是扩散杂质的表面浓度和环境温度。压阻系数随扩散杂质浓度的增加而减小；表面杂质浓度相同时，P 型硅的压阻系数值比 N 型硅的值高，因此选 P 型硅有利于提高敏感元件的灵敏度。当表面杂质浓度较低时，随着温度的升高，压阻系数下降较快；当提高表面杂质浓度时，随着温度的升高，压阻系数下降趋缓。

由（3-2）式可知，半导体材料的灵敏系数 K 为

$$K = \frac{\mathrm{d}R/R}{E} = \pi E$$

在弹性变形限度内，硅的压阻效应是可逆的，即在应力作用下硅的电阻发生变化，而当应力除去时，硅的电阻又恢复到原来的数值。虽然半导体压敏电阻的灵敏系数比金属高很多，但有时还觉得不够高，因此，为了进一步增大灵敏度，压敏电阻常常扩散（安装）在薄的硅膜上，压力的作用先引起硅膜的形变，形变使压敏电阻承受压应力，该应力比压力直接作用在压敏电阻上产生的应力要大得多，好像硅膜起了放大作用一样。

3. 压敏电阻的分类

利用压阻效应制成的电阻称为固态压敏电阻，也叫力敏电阻。用压敏电阻制成的器件有两类：一种是利用半导体材料制成粘贴式的应变片；另一种是在半导体的基片上采用集成电路工艺制成扩散性压敏电阻，用它作传感器元件制成的传感器，称为固态压阻传感器，也叫扩散型压阻式传感器。

二、压阻式传感器基本结构和工作原理

1. 体型半导体电阻应变片

（1）结构形式及特点

体型半导体电阻应变片是从单晶硅或锗上切下薄片而制成，其基本结构如图 3-1 所示。其主要优点是灵敏系数大，横向效应和机械滞后极小，温度稳定性和线性度比金属电阻应变片差得多。

（2）测量电路

半导体应变电桥的非线性误差很大，故半导体应变电桥除了提高桥臂比、采用差动电桥

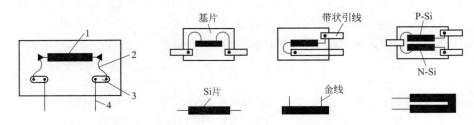

图 3-1 体型半导体电阻应变片的结构
1—单晶硅硅条；2—内引线；3—焊接电极；4—外引线

等措施外，一般还采用恒流源，如图 3-2 所示。

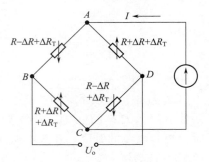

假设两个支路的电阻相等，即

$$R_{ABC}=R_{ADC}=2(R+\Delta R_T) \quad (3-3)$$

有

$$I_{ABC}=I_{ADC}=\frac{1}{2}I$$

电桥的输出为

$$U_\circ=U_{BD}=\frac{1}{2}I(R+\Delta R+\Delta R_T)-\frac{1}{2}I(R-\Delta R+\Delta R_T)$$

$$=I\Delta R \quad (3-4)$$

图 3-2 恒流源供电的全桥差动电路

电桥的输出电压与电阻变化成正比，与恒流源电流成正比，但与温度无关，因此测量不受温度的影响。

若用恒压源给电桥供电，设扩散电阻起始阻值都为 R，当有应力作用时，两个电阻阻值增加，两个减小；温度变化引起的阻值变化为 ΔR_t，经分析可知：

$$U_\circ=U\Delta R/(R+\Delta R_t) \quad (3-5)$$

式中，R 为应变片阻值，ΔR 为应变片阻值变化，ΔR_t 为受环境温度引起阻值的变化。当 $\Delta R_t\neq 0$ 时，$U_\circ$ 与 ΔR_t 是非线性关系，因此恒压源供电不能消除温度影响。

2. 扩散型压阻式压力传感器

（1）扩散型压阻式压力传感器结构

扩散型压阻式压力传感器主要由外壳、硅膜片和引线组成，其结构如图 3-3 所示。扩散型压阻式压力传感器的核心部分是一块圆形或方形的硅膜片，通常叫硅杯。在硅膜片上，利用集成电路工艺制作四个阻值相等的电阻。硅膜片的表面用 SiO_2 薄膜加以保护，并用铝质导线做全桥的引线，硅膜片底部被加工成中间薄（用于产生应变）、周边厚（起支撑作用）的形状，四个压敏电阻在膜片上的位置应满足两个条件：一是四个压敏电阻组成的桥路的灵敏度最高，二是四个压敏电阻的灵敏系数相同。

硅杯在高温下用玻璃粘接剂粘贴在热胀冷缩系数相近的玻璃基板上。将硅杯和玻璃基板紧密地安装到壳体中，就制成了压阻式压力传感器。

（2）测量原理

在一块圆形的单晶硅膜片上，布置四个扩散电阻，组成一个全桥测量电路。膜片用一个圆形硅杯固定，将两个气腔隔开，当存在压差时，膜片产生变形，使两对电阻的阻值发生变化，电桥失去平衡，其输出电压反映膜片承受的压差的大小。

（3）扩散型压阻式压力传感器的特点

扩散型压阻式压力传感器的主要优点有体积小、结构简单、动态响应好、灵敏度高、固有频率高、工作可靠、测量范围宽、重复性好等，能测出十几帕斯卡的微压，它是目前发展和应用较为迅速的一种压力传感器，特别适合在中、低温度条件下的中、低压测量。其主要缺点是测量准确度受到非线性误差和温度的影响，但智能压阻式压力传感器可利用微处理器对非线性误差和温度进行补偿。

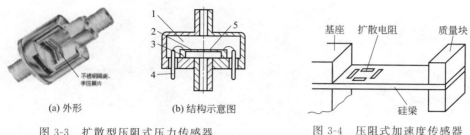

图 3-3　扩散型压阻式压力传感器
1—低压腔；2—高压腔；3—硅杯；
4—引线；5—硅膜片

图 3-4　压阻式加速度传感器

3. 压阻式加速度传感器

压阻式加速度传感器采用硅悬臂梁结构，在硅悬臂梁的自由端装有敏感质量块，在梁的根部，安装四个性能一致的压敏电阻，四个压敏电阻连接成电桥，构成扩散硅压阻器件，见图 3-4。当悬臂梁自由端的质量块产生加速度时，悬臂梁受到弯矩的作用产生应力，该应力使扩散电阻阻值发生变化，使电桥产生不平衡，从而输出与外界的加速度成正比的电压值。

在制作压阻式加速度传感器时，若恰当地选择尺寸和阻尼系数，可以用它测量较低的加速度，这是它的一个优点。由于固态压阻式传感器具有频率响应高、体积小、精度高、灵敏度高等优点，在航空、航海、石油、化工、动力机械、兵器工业以及医学等方面得到了广泛的应用。

【项目实施】

本实训项目需用器件与单元：主机箱、压阻式压力传感器、压力传感器实训模板、引压胶管，如图 3-5 所示。

实训步骤如下。

① 将压力传感器安装在实训模板的支架上，根据图 3-6 连接管路和电路（主机箱内的气源部分、压缩泵、储气箱、流量计已接好）。引压胶管一端插入主机箱面板上气源的快速接口中（注意，管子拆卸时，用双指按住气源快速接口边缘往内压，则可轻松拉出），另一端口与压力传感器相连。压力传感器引线为 4 芯线。

② 实训模板上 R_{w2} 用于调节放大器零位，R_{w1} 调节放大器增益。按图 3-6 将实训模板的放大器输出端 V_{o2} 接到主机箱（电压表）的 V_{in} 插孔，将主机箱中的显示选择开关拨到 2V 挡，合上主机箱电源开关，R_{w1} 旋到满度的 1/3 位置（即逆时针旋到底再顺时针旋 2 圈），仔细调节 R_{w2} 使主机箱电压表显示为零。

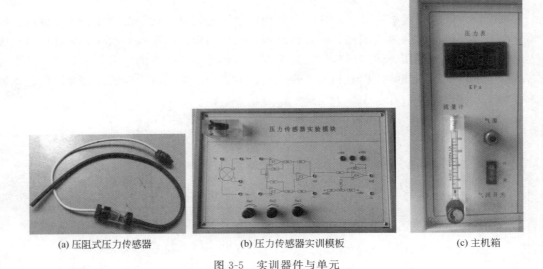

(a) 压阻式压力传感器　　(b) 压力传感器实训模板　　(c) 主机箱

图 3-5　实训器件与单元

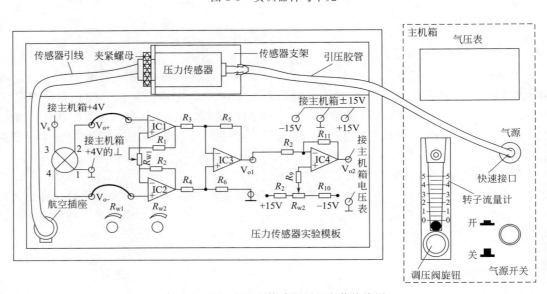

图 3-6　压阻式压力传感器测压安装接线图

③ 合上主机箱上的气源开关，启动压缩泵，逆时针旋转转子流量计下端调压阀的旋钮，此时可看到流量计中的滚珠在向上浮起，悬于玻璃管中，同时观察气压表和电压表的变化。

④ 调节流量计旋钮，使气压表显示某一值，观察电压表显示的数值。

⑤ 仔细地逐步调节流量计旋钮，使压力在 2~18kPa 之间变化，每上升 1kPa，分别读取电压表读数，将数值填入表 3-1。

表 3-1　电压表读数

P/kPa									
V_o/V									

最后画出曲线，计算本系统的灵敏度和非线性误差。

【项目拓展】

一、压阻式传感器发展状况

1954 年，C. S. 史密斯详细研究了硅的压阻效应，从此开始研制硅压力传感器。早期的硅压力传感器是半导体应变计式的。后来在 N 型硅片上定域扩散 P 型杂质，形成电阻条，并接成电桥，制成芯片。此芯片仍需粘贴在弹性元件上才能感应压力的变化。采用这种芯片作为敏感元件的传感器称为扩散型压力传感器。这两种传感器都同样采用粘片结构，因而存在滞后和蠕变大、固有频率低、不适于动态测量以及难于小型化和集成化、精度不高等缺点。后来制成了周边固定支撑的电阻和硅膜片的一体化硅杯式扩散型压力传感器，克服了粘片结构的固有缺陷，将电阻条、补偿电路和信号调整电路集成在一块硅片上，甚至将微型处理器与传感器集成在一起，制成智能传感器，这种新型传感器的优点是：①频率响应高（例如有的产品固有频率达 1.5MHz 以上），适于动态测量；②体积小（例如有的产品外径可达 0.25mm），适于微型化；③精度高，可达 0.01%；④灵敏度高，比金属应变计高出很多倍，有些应用场合可不加放大器；⑤无活动部件，可靠性高，能工作于振动、冲击、腐蚀、强干扰等恶劣环境。其缺点是温度影响较大（有时需进行温度补偿）、工艺较复杂和造价高等。

二、压阻式传感器应用前景

压阻式传感器广泛地应用于航天、航空、航海、石油化工、动力机械、生物医学工程、气象、地质、地震测量等各个领域。

在航天和航空工业中，压力是一个关键参数，对静态和动态压力都要求具有很高的测量精度，压阻式传感器是用于这方面的较理想的传感器，例如它可用于测量直升机机翼的气流压力分布，测试发动机进气口的动态畸变、叶栅的脉动压力和机翼的抖动等。在飞机喷气发动机中心压力的测量中，使用专门设计的硅压力传感器，其工作温度达 500℃ 以上。在波音客机的大气数据测量系统中，采用了精度高达 0.05% 的配套硅压力传感器。在尺寸缩小的风洞模型试验中，压阻式传感器能密集安装在风洞进口处和发动机进气管道模型中，单个传感器直径仅 2.36mm，固有频率高达 300kHz，非线性和滞后均为全量程的 ±0.22%。

在生物医学方面，压阻式传感器也是理想的检测工具。人们已制成扩散硅膜薄为 $10\mu m$、外径仅 0.5mm 的注射针型压阻式压力传感器和能测量心血管、颅内、尿道、子宫和眼球内压力的传感器。

压阻式传感器还有效地应用于爆炸压力和冲击波的测量、真空测量、枪炮膛内压力的测量等方面。

此外，在油井压力测量、随钻测向和地下密封电缆故障点的检测以及流量和液位测量等方面，都广泛应用压阻式传感器。随着微电子技术和计算机的进一步发展，压阻式传感器的应用还将迅速发展。

【项目小结】

半导体材料受到应力作用时，其电阻率会发生变化，这种现象称为压阻效应。实际上，任何材料都不同程度地呈现压阻效应，但半导体材料的这种效应特别明显。

半导体压阻效应不同于金属应变效应。半导体电阻随压力的变化主要取决于电阻率的变化，而金属应变效应电阻的变化则主要取决于几何尺寸的变化（应变），而且前者的灵敏度比后者大 50～100 倍。

利用压阻效应制成的电阻称为固态压敏电阻，也叫力敏电阻。用压敏电阻制成的器件有两类：一种是利用半导体材料制成粘贴式的应变片；另一种是在半导体的基片上采用集成电路工艺制成扩散性压敏电阻，用它作为传感器元件制成的传感器称为固态压阻传感器，也叫扩散型压阻式传感器。

【项目训练】

一、名词解释
1. 压阻效应
2. 半导体压阻效应
3. 压敏电阻

二、简答
1. 硅的压阻效应与金属应变效应有何相同点和不同点？
2. 影响压阻系数大小的主要因素有哪些？它们对压阻系数是如何影响的？
3. 利用压阻效应制成的传感器器件有哪些类型？
4. 半导体电阻应变片组成的差动电桥为什么采用恒流源供电？
5. 扩散型压阻式压力传感器有何特点？

项目四
Pt100 热电阻测温传感器的安装与调试

【项目描述】

热电阻传感器主要利用电阻值随温度变化而变化这一特性来测量温度及与温度有关的参数。在温度检测精度要求比较高的场合，这种传感器比较适用。目前应用较为广泛的热电阻材料为铂、铜、镍等，它们具有电阻温度系数大、线性好、性能稳定、使用温度范围宽、加工容易等特点，适于测量 $-200 \sim +500℃$ 范围内的温度。

通过本项目的学习，掌握工业上常用的温度检测方法，熟悉常用热电阻温度检测组件的基本组成、工作原理、安装和调试方法，掌握热电阻与显示仪表的连接方法，能够判断热电阻温度检测系统的简单故障。

【相关知识与技能】

一、热电阻传感器

热电阻传感器是利用电阻随温度变化的特性而制成的，它在工业上被广泛用来进行对温度和温度有关参数的检测。按热电阻性质的不同，热电阻传感器可分为金属热电阻和半导体热电阻两大类，前者通常简称为热电阻，后者称为热敏电阻。下面先介绍金属热电阻传感器。

1. 金属热电阻工作原理

金属热电阻是利用电阻与温度成一定函数关系的特性，由金属材料制成的感温元件。当被测温度变化时，金属导体的电阻随温度变化而变化，通过测量电阻值变化的大小而得出温度变化的情况及数值大小，这就是热电阻测温的基本工作原理。

作为测温的热电阻应达到下列基本要求：电阻温度系数（即温度每升高一度时，电阻增大的百分数，常用α表示）要大，以获得较高的灵敏度；电阻率ρ要高，以便使元件尺寸小；电阻值随温度变化尽量呈线性关系，以减小非线性误差；在测量范围内，物理化学性能稳定；材料工艺性好、价格便宜等。

2. 常用热电阻及特性

常用热电阻材料有铂、铜、铁和镍等，它们的电阻温度系数在（3~6）×10^{-3}/℃范围内，下面分别介绍它们的使用特性。

（1）铂电阻

铂的熔点1772℃，沸点3827℃，是目前公认的制造热电阻的最好材料，它性能稳定，重复性好，测量精度高，其电阻值与温度之间有很近似的线性关系。缺点是电阻温度系数小，价格较高。铂电阻主要用于制造标准电阻温度计，其测量范围一般为-200~+850℃。图4-1所示为铂电阻的构造。

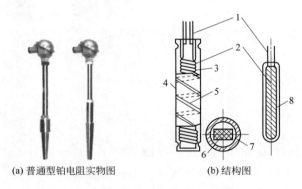

(a) 普通型铂电阻实物图　　(b) 结构图

图4-1　铂电阻的构造

1—银引出线；2—铂丝；3—锯齿形云母骨架；4—保护用云母片；
5—银绑带；6—铂电阻横断面；7—保护套管；8—石英骨架

当温度t在-200~0℃范围内时，铂的电阻与温度的关系可表示为

$$R_t = R_0[1 + At + Bt^2 + C(t-100)t^3] \tag{4-1}$$

当温度t在0~850℃范围内时，铂的电阻值与温度的关系为

$$R_t = R_0(1 + At + Bt^2) \tag{4-2}$$

式中　R_0——温度为0℃时的电阻值；

R_t——温度为t℃时的电阻值；

A——常数（$A = 3.96847 \times 10^{-3}$　1/℃）；

B——常数（$B = -5.847 \times 10^{-7}$　1/℃^{2}）；

C——常数（$C = -4.22 \times 10^{-12}$　1/℃^{4}）。

由式(4-1)和式(4-2)可知，热电阻R_t不仅与t有关，还与其在0℃时的电阻值R_0有关，即在同样温度下，R_0取值不同，R_t的值也不同。目前国内统一设计的工业用铂电阻的R_0值有46Ω和100Ω等几种，并将R_0与t相应关系列成表格形式，称为分度表，如表4-1所示。使用分度表时，只要知道热电阻R_t值，便可查得对应温度值。

项目四 Pt100热电阻测温传感器的安装与调试

表 4-1 铂热电阻分度表

工作端温度/℃	电阻/Ω	工作端温度/℃	电阻/Ω	工作端温度/℃	电阻/Ω
−50	80.31	100	138.51	250	194.10
−40	84.27	110	142.29	260	197.71
−30	88.22	120	146.07	270	201.31
−20	92.16	130	149.83	280	204.90
−10	96.09	140	153.58	290	208.48
0	100.00	150	157.33	300	212.05
10	103.90	160	161.05	310	215.61
20	107.79	170	164.77	320	219.15
30	111.67	180	168.48	330	222.68
40	115.54	190	172.17	340	226.21
50	119.40	200	175.86	350	229.72
60	123.24	210	179.53	360	233.21
70	127.08	220	183.19	370	236.70
80	139.90	230	186.84	380	240.18
90	134.71	240	190.47	390	243.64

(2) 铜电阻

铜电阻的特点是价格便宜，纯度高，重复性好，电阻温度系数大，其测温范围为−50～+150℃，当温度再高时，裸铜就氧化了。

在一定的测温范围内，铜的电阻值与温度呈线性关系，可表示为

$$R_t = R_0(1 + \alpha t) \tag{4-3}$$

铜电阻的主要缺点是电阻率小（仅为铂的一半左右），所以制成一定电阻时，与铂材料相比，铜电阻要细，机械强度不高，而且铜电阻容易氧化，测温范围小。因此，铜电阻常用于介质温度不高、腐蚀性不强、测温元件体积不受限制的场合。铜电阻的 R_0 值有 50Ω 和 100Ω 两种，分度号分别为 Cu50、Cu100。

(3) 其他热电阻

除了铂和铜热电阻外，还有镍和铁材料的热电阻。镍和铁的电阻温度系数大，电阻率高，可用于制成体积大、灵敏度高的热电阻。但由于容易氧化，化学稳定性差，不易提纯，重复性和线性度差，目前应用还不多。

近年来在低温和超低温测量方面开始采用一些较为新颖的热电阻，例如铑铁电阻、铟电阻、锰电阻、碳电阻等。铑铁电阻常用于测量 0.3～20K 范围内的温度，具有较高的灵敏度和稳定性，重复性较好。

3. 热电阻的测温电路

最常用的热电阻测温电路是电桥电路，如图 4-2 所示。图中 R_1、R_2、R_3 和 R_t（或 R_q、R_M）组成电桥的四个桥臂，其中 R_t 是热电阻，R_q 和 R_M 分别是调零和调满刻度的调整电阻。测量时先将切换开关 S 扳到"1"位置，调节 R_q 使仪表指示为零，然后将 S 扳到"3"位置，调节 R_M 使仪表指示到满刻度，再将 S 扳到"2"位置，则可进行正常测量。由于热

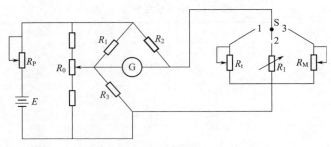

图 4-2 热电阻测温电路

电阻本身电阻值较小（通常约在 100Ω 以内），而热电阻安装处（测温点）距仪表之间总有一定距离，其连接导线的电阻也会因环境温度的变化而变化，从而造成测量误差。为了消除导线电阻的影响，一般采用三线制连接法，如图 4-3 所示。图 4-3（a）的热电阻有三根引出线，而图 4-3（b）的热电阻只有两根引出线，但都采用了三线制连接法。采用三线制接法，引线的电阻分别接到相邻桥臂上，且电阻温度系数相同，因而温度变化时引起的电阻变化亦相同，使引线电阻变化产生的附加误差减小。

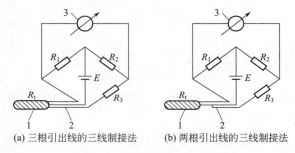

(a) 三根引出线的三线制接法　　(b) 两根引出线的三线制接法

图 4-3 热电阻三线制连接法

1—电阻体；2—引出线；3—显示仪表

在进行精密测量时，常采用四线制连接法，如图 4-4 所示。由图可知，调零电阻 R_q 分为两部分，分别接在两个桥臂上，其接触电阻与检流计 G 串联，接触电阻的不稳定不会影响电桥的平衡和正常工作状态。

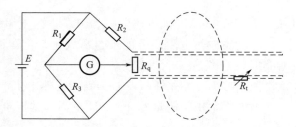

图 4-4 热电阻测温电路的四线制连接法

二、半导体热敏电阻和集成温度传感器

1. 半导体热敏电阻

热敏电阻是用半导体材料制成的热敏器件。相对于一般的金属热电阻而言，它主要具备以下特点：电阻温度系数大，灵敏度比一般金属电阻大 10～100 倍；结构简单，体积小，可

以测量某一点的温度;电阻率高,热惯性小,适宜动态测量;阻值与温度变化呈非线性关系;稳定性和互换性较差。

(1) 半导体热敏电阻结构

大部分半导体热敏电阻是由各种氧化物按一定比例混合,经高温烧结而成,如图4-5所示。多数半导体热敏电阻具有负的温度系数,即当温度升高时,其电阻值下降,同时灵敏度也下降,这个特点限制了它在高温下的使用。

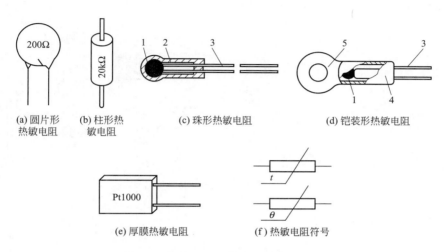

图 4-5 热敏电阻的外形、结构及符号
1—热敏电阻;2—玻璃外壳;3—引出线;4—紫铜外壳;5—传热安装孔

(2) 半导体热敏电阻的热电特性

半导体热敏电阻是一种新型的半导体测温元件,它利用半导体的电阻随温度变化的特性而制成,按温度系数不同,可分为正温度系数热敏电阻(PTC)和负温度系数热敏电阻(NTC)两种,NTC又可分为两大类:第一类电阻值与温度之间呈严格的负指数关系;第二类为突变型,当温度上升到某临界点时,其电阻值突然下降。PTC分为正指数型和突变型。半导体热敏电阻热电特性曲线如图4-6所示。

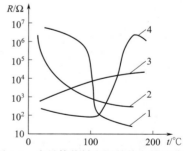

图 4-6 半导体热敏电阻的热电特性曲线
1—突变型(NTC);2—负指数型(NTC);
3—正指数型(PTC);4—突变型(PTC)

2. 集成温度传感器

集成温度传感器是根据半导体PN结的电流电压随温度变化的特性工作的。它在一块极小的半导体芯片上集成了包括敏感器件、信号放大电路、温度补偿电路、基准电源电路等在内的各个单元,使传感器与集成电路融为一体。

集成温度传感器可分为模拟型集成温度传感器和数字型集成温度传感器,模拟型按输出信号形式分电压型和电流型两种;数字型分为开关输出型、并行输出型、串行输出型等。

集成温度传感器输出线性好,测量精度高,传感驱动电路与信号处理电路等都与温度传感部分集成在一起,因而封装后的组件体积非常小,使用方便,价格便宜,在测温技术中得到广泛应用。

（1）模拟型集成温度传感器

① 电流输出型温度传感器。电流输出型温度传感器能产生一个与绝对温度成正比的电流作为输出，AD590、AD592是电流输出型温度传感器的典型产品。

AD590（美国AD公司生产）外形如图4-7所示。器件电源电压为4～30V，测温范围为－55～+150℃。国内同类产品有SG590。AD590伏安特性和温度特性曲线如图4-8所示。由AD590做成的温度控制电路如图4-9所示。

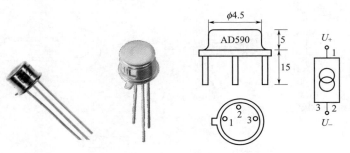

图 4-7　AD590 外形和电路符号

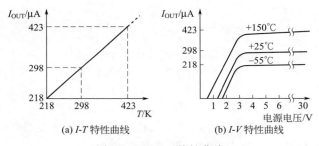

(a) $I\text{-}T$ 特性曲线　　(b) $I\text{-}V$ 特性曲线

图 4-8　AD590 特性曲线

② 电压输出型集成温度传感器。电压输出型集成温度传感器将温度传感器、缓冲放大器集成在同一芯片上，因器件有放大器，故输出电压高，线性输出为 10mV/℃。这类集成温度传感器特别适合于工业现场测量。

LM35 是由 National Semiconductor 生产的广泛使用的温度传感器，其输出电压与摄氏温标呈线性关系。LM35 有多种不同封装型式，如图 4-10 所示。在常温下，LM35 不需要额外的校准处理即可达到 ±1/4℃ 的精度。

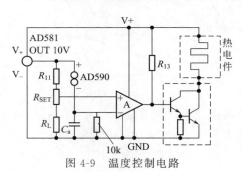

图 4-9　温度控制电路

LM35 的电源供应模式有单电源与正负双电源两种，其接法如图 4-11 所示。正负双电源的供电模式可提供负温度的测量，单电源模式在 25℃ 下电流约为 50mA，非常省电。

（2）数字输出型集成温度传感器

DS1820 是美国 DALLAS 公司生产的单总线数字温度传感器，封装型式如图 4-12 所示。它能将温度信号直接转换成串行数字信号供微机处理。由于每片 DS1820 含有唯一的串行序

项目四 Pt100 热电阻测温传感器的安装与调试

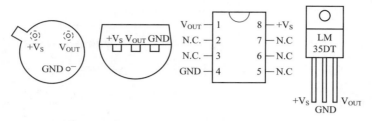

图 4-10 LM35 多种封装型式

列号,所以在一条总线上可挂接任意多个 DS1820 芯片。总线本身也可以向所挂接的 DS1820 供电,而无需额外电源。DS1820 能提供九位温度读数,可构成多点温度检测系统而无需接任何外围硬件。

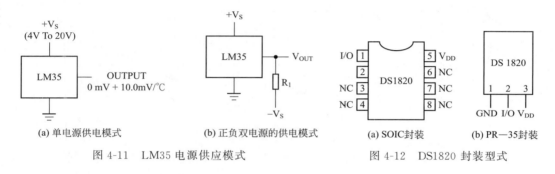

图 4-11 LM35 电源供应模式　　　　　图 4-12 DS1820 封装型式

【项目实施】

本项目需用的器件与单元有：主机箱、温度源、Pt100 热电阻（二支）、温度传感器实训模板、万用表（自备），如图 4-13 所示。

  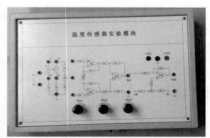

(a) Pt100 热电阻　　　　　(b) 专用温度源　　　　　(c) 温度传感器实训模块

图 4-13 需用的器件与单元

项目安装调试步骤如下。

① 用万用表欧姆挡测出 Pt100 三根线中短接的两根线（同种颜色的线），设这两根线为 1、2，另一根设为 3，并测出它在室温时的大致电阻值。

② 在主机箱总电源、调节仪电源都关闭的状态下，根据图 4-14 示意图接线，温度传感器实训模板中 a、b 两端接传感器，这样传感器 R_t 与 R_3、R_1、R_{w1}、R_4 组成直流电桥，

49

是一种单臂电桥工作形式。

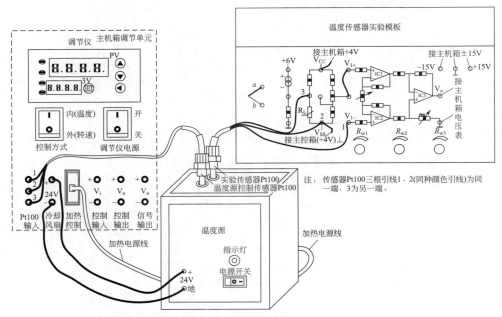

图 4-14　Pt100 铂电阻测温特性实训接线示意图

③ 放大器调零。图 4-14 中的温度传感器实训模板的放大器的两输入端引线暂时不要引入，而用导线直接将放大器的两输入端相连（短接）；将主机箱上的电压表量程切换开关打到 2V 挡，合上主机箱电源开关，调节温度传感器实训模板中的 R_{w2}（逆时针转到底），使放大器增益最小；再调节 R_{w3}（调零电位器），使主机箱的电压表显示为零。

④ 关闭主机箱电源开关，将实训模板中放大器的输入端引线按图 4-14 连接，检查接线无误后，合上主机箱电源开关。

⑤ 将主机箱上的转速调节旋钮顺时针转到底，合上温度源电源开关和调节仪电源开关，将调节仪控制方式开关按到内（温度）位置；在常温基础上，可按 $\Delta t = 5$℃ 增加温度，并在小于 160℃ 范围内设定温度源温度值，待温度源温度达到动态平衡时读取主机箱电压表的显示值，并填入表 4-2。

表 4-2　数据记录表

t/℃									
V/mV									

⑥ 根据表 4-2 中测得的数据值画出实训曲线，并计算其非线性误差。

图 4-15　调节仪的面板

调节仪的面板如图 4-15 所示。

合上主机箱上的电源开关，再合上主机箱上的调节仪电源开关。仪表上电后，仪表上的显示窗口（PV）显示随机数，下显示窗口（SV）显示控制给定值或交替显示控制给定值和"orAL"。按 SET 键并保持约 3 秒钟，即进入参数设置状态。在参数设置状态下按 SET 键，仪表将依次显示各参数，例如上限报警值 HIAL、参数锁 Loc 等等。对于配置好并锁上参数锁的仪表，用▼、▲、◀等键可修改参数值。按◀键并保持不放,可返回显示上一参数。先按◀键不放接着再按 SET 键可退出设置参数状态。如果没有按键操作,约 30 秒钟后会自动退出设置参数状态。如果参数被锁上,则只能显示被 EP 参数定义的参数(可由用户定义的,工作现场经常需要使用的参数及程序),而无法看到其他的参数,不过,至少能看到 Loc 参数显示出来。

【项目拓展】

一、金属热电阻的应用

在工业上广泛应用金属热电阻传感器进行－200～＋500℃范围内的温度测量,在特殊情况下,测量的低温值可达 3.4K 甚至更低(1K 左右),高温端可达 1000℃,甚至更高,而且测量电路也较为简单。金属热电阻传感器的主要特点是精度高,适用于测低温(测高温时常用热电偶传感器),便于远距离、多点、集中测量和自动控制。

1. 温度测量

图 4-16 为热电阻的测量电路图。工业测量中常用三线制接法,标准或实验室精密测量中常用四线制,这样不仅可以消除连接导线电阻的影响,而且还可以消除测量电路中寄生电势引起的误差。在测量过程中需要注意的是,要使流过热电阻丝的电流不要过大,否则会产生过大的热量,影响测量精度。

2. 流量测量

利用热电阻上的热量消耗和介质流速的关系还可以测量流量、流速等。图 4-17 所示就是利用铂热电阻测量气体流量的一个例子。图中热电阻探头 R_{t1} 放置在气体流路中央位置,它所耗散的热量与被测介质的平均流速成正比,另一热电阻 R_{t2} 放置在不受流动气体干扰的平静小室中,它们分别接在电桥的两个相邻桥臂上。测量电路在流体静止时处于平衡状态,桥路输出为零。当气体流动时,介质会将热量带走,从而使 R_{t1} 和 R_{t2} 的散热情况不一样,致使 R_{t1} 的阻值发生相应的变化,使电桥失去平衡,产生一个与流量变化相对应的不平衡信号,并由检流计 P 显示出来,检流计的刻度值可以做成气体流量的相应数值。

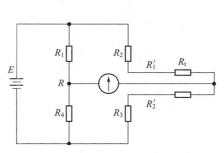

图 4-16 热电阻的测量电路图

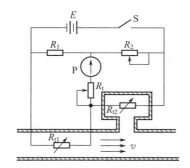

图 4-17 热电阻式流量计电路原理图

二、热敏电阻的应用

热敏电阻用途广泛,可以用做温度测量元件、还可以用来进行温度控制、温度补偿、过载保护等。一般正温度系数的热敏电阻主要用作温度测量,负温度系数的热敏电阻常用作温度控制与补偿,突变型(热敏电阻)主要用作开关元件,组成温控开关电路。

1. 电加热器温度控制

利用热敏电阻作为测量元件可组成温度自动控制系统。图 4-18 是应用热敏电阻电加热器电路原理图。图中热敏电阻 R_t 作为差动放大器（VT_1、VT_2 组成）的偏置电阻。当温度变化时，R_t 的值亦变化，引起 VT_1 集电极电流的变化，经二极管 VD_2，引起电容 C 充电速度的变化，从而使单结晶体管 VJT 的输出脉冲移相，改变了晶闸管 VZ 的导通角，调整了加热电阻丝 R 的电源电压，达到了温度自动控制的目的。

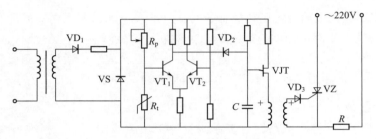

图 4-18 应用热敏电阻的电加热器电路

2. 晶体管的温度补偿

如图 4-19 所示，根据晶体三极管特性，当环境温度升高时，其集电极电流 I_C 上升，这

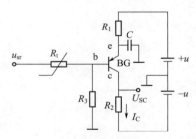

图 4-19 热敏电阻用于晶体管的温度补偿电路

等效于三极管等效电阻下降，U_{SC} 会增大。若要使 U_{SC} 维持不变，则需提高基极 b 电位，减少三极管基流。为此选择负温度系数的热敏电阻 R_t，从而使基极电位提高，达到补偿目的。

3. 电动机的过载保护控制

如图 4-20 所示，R_{t1}、R_{t2}、R_{t3} 是特性相同的 PRC6 型热敏电阻，放在电动机绕组中，用万能胶固定。阻值在 20℃ 时为 10kΩ，100℃ 时为 1kΩ，110℃ 时为 0.6kΩ。正常运行时，三极管 BG 截止，KA 不动作。当电动机过载、断相或一相接地时，电动机温度急剧升高，使 R_t 阻值急剧减小，到一定值时，BG 导通，KA 得电吸合，从而实现保护作用。根据电动机各种绝缘等级的允许温升来调节偏流电阻 R_2 值，从而确定 BG 的动作点，其效果好于熔丝及双金属片热继电器。

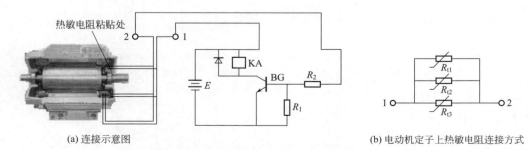

图 4-20 热敏电阻构成的电动机过载保护电路

项目四 Pt100 热电阻测温传感器的安装与调试

【项目小结】

热电阻传感器是利用电阻随温度变化的特性而制成的，它在工业上被广泛用来对温度和温度有关参数进行检测。按热电阻性质的不同，热电阻传感器可分为金属热电阻和半导体热电阻两大类。

金属热电阻是利用金属电阻与温度成一定函数关系的特性，由金属材料制成的感温元件。当被测温度变化时，导体的电阻随温度变化而变化，通过测量电阻值变化的大小而得出温度变化的情况及数值大小，这就是金属热电阻测温的基本工作原理。常用热电阻材料有铂、铜、铁和镍等。

热电阻最常用的测温电路是电桥电路，一般采用三线制连接法，在进行精密测量时，常采用四线制连接法。

热敏电阻是一种新型的半导体测温元件，它是利用半导体的电阻随温度变化的特性而制成的测温元件。按温度系数不同可分为正温度系数热敏电阻（PTC）和负温度系数热敏电阻（NTC）两种。

集成温度传感器可分为模拟型集成温度传感器和数字型集成温度传感器。模拟型的输出信号形式有电压型和电流型两种。数字型又可以分为开关输出型、并行输出型、串行输出型等几种不同的形式。

【项目训练】

一、填空

1. 热电阻按性质不同可分为_____和_____两大类，前者通常称为_____后者称为_____。
2. 目前广泛应用的热电阻材料是_____和_____。
3. 热敏电阻是近几年来出现的一种新型_____测温元件。
4. 热敏电阻一般按温度系数可分为_____和_____。
5. 集成温度传感器可分为_____型集成温度传感器和_____型集成温度传感器。
6. AD590（美国 AD 公司生产）是_____输出型集成温度传感器。
7. LM35 是由 National Semiconductor 所生产的广泛使用的_____输出型温度传感器。

二、简答

1. 热电阻测量时采用何种测量电路？为什么要采用这种测量电路？说明这种电路的工作原理。
2. 图 4-21 给出了一种测温电路。其中 R_t 是感温电阻，$R_t = R_0(1 + 0.005t)$ kΩ；R_B 为可调电阻；E 为工作电压。问：
   (1) 这是什么测温电路？主要特点是什么？
   (2) 电路中的 G 代表什么？如果要提高测温灵敏度，G 的内阻取大些好，还是小些好？
   (3) 基于该电路的工作原理，说明调节电阻 R_B 随温度变化的关系。
3. 请简述图 4-22 所示数字温度计的工作原理。

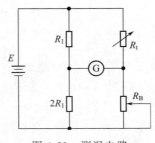

图 4-21 测温电路

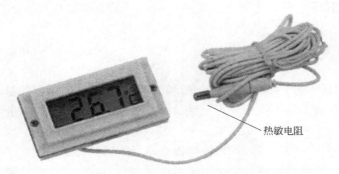

图 4-22 ZHL338 型数字温度计

项目五

湿敏电阻传感器的测试

【项目描述】

湿敏传感器主要有电阻式、电容式两大类。湿敏电阻的特点是在基片上覆盖一层用感湿材料制成的膜,当空气中的水蒸气吸附在感湿膜上时,湿敏电阻的电阻率和电阻值会发生变化。湿敏电容传感器一般是用高分子薄膜电容制成的,当环境湿度发生改变时,湿敏电容的介电常数发生变化,使其电容也发生变化,其电容变化量与相对湿度成正比。

通过本项目的学习,应掌握气敏电阻、湿敏电阻的工作原理和特性,正确选择和调试气敏电阻、湿敏电阻传感器。

【相关知识与技能】

一、湿敏电阻传感器

湿敏传感器是能够感受外界湿度变化,并通过器件材料的物理或化学性质变化,将湿度转化成有用信号的器件。

1. 湿度的概念和表示方法

湿度是指大气中的水蒸气含量,通常采用绝对湿度、相对湿度、露点等表示。

绝对湿度(Absolute Humidity)是指在一定温度和压力条件下,每单位体积的混合气体中所含水蒸气的质量,一般用符号 AH 表示,$AH = \dfrac{m_V}{V}$,单位为 g/m^3。

相对湿度(Relative Humidity)是指被测气体中水蒸气气压和相同温度下饱和水蒸气气压的百分比,一般用符号 RH 表示,$RH = \dfrac{p}{p_s} \times 100\%$。相对湿度给出了大气的潮湿程度,它是一个无量纲的量,在实际使用中多使用相对湿度这一概念。

保持压力一定而降温,使混合气体中的水蒸气达到饱和而开始结露时的温度称为露点温度(单位为℃),通常简称为露点。

空气的相对湿度越高,就越容易结露。混合气体中的水蒸气压就是在该混合气体露点温度下的饱和水蒸气压。因此,通过测定空气露点的温度,就可以测定空气的水蒸气压。

2. 湿度传感器的特性参数

(1) 湿度量程

保证一个湿敏器件能够正常工作所允许环境相对湿度可以变化的最大范围,称为这个湿敏元件的湿度量程。湿度量程越大,其实际使用价值越大。理想的湿敏元件的使用范围应当是 $0\sim100\%RH$ 的全量程。

(2) 感湿特征量

感湿特征量包括电阻、电容、电压、频率等。

(3) 感湿灵敏度

在一定湿度范围内,相对湿度变化 $1\%RH$ 时,其感湿特征量的变化值或变化百分率,称为感湿灵敏度。

(4) 响应时间

在一定温度下,当相对湿度发生跃变时,湿度传感器的电参量达到稳态变化量的规定比例所需要的时间,称为响应时间。响应时间反映湿敏元件在相对湿度变化时输出特征量随相对湿度变化的快慢程度。一般规定,响应相对湿度变化量的 63.2% 时所需要的时间为响应时间。分为吸湿响应时间和脱湿响应时间。大多数湿度传感器脱湿响应时间大于吸湿响应时间,一般以脱湿响应时间作为响应时间。

(5) 湿滞回差

各种湿敏元件吸湿和脱湿的响应时间各不相同,而且吸湿和脱湿的特性曲线也不相同,一般总是脱湿比吸湿滞后,我们称这一特性为湿滞现象。

(6) 感湿温度系数

在两个规定的温度下,湿度传感器的电阻值(或电容值)达到相等时,其对应的相对湿度之差与两个规定的温度变化量之比,称为感湿温度系数。

3. 湿度传感器的分类

湿度传感器主要分为二大类:水分子亲和力型和非水分子亲和力型。具体分类如图 5-1 所示。

4. 常用的湿敏电阻传感器

常用的湿敏电阻传感器主要有电解质湿敏电阻传感器、金属氧化物陶瓷湿敏电阻传感器、金属氧化物膜型湿敏电阻传感器、高分子材料湿敏电阻传感器等。

(1) 氯化锂湿敏电阻传感器

氯化锂湿敏电阻传感器结构如图 5-2 所示,它由引线、基片、感湿层与电极组成。氯化锂通常与聚乙烯醇组成混合体。若环境相对湿度高,氯化锂溶液将吸收水分,使浓度降低,其溶液电阻率增高;反之,环境相对湿度变低时,则溶液浓度升高,其电阻率下降。氯化锂湿敏电阻的湿度—电阻特性曲线如图 5-3 所示。

项目五 湿敏电阻传感器的测试

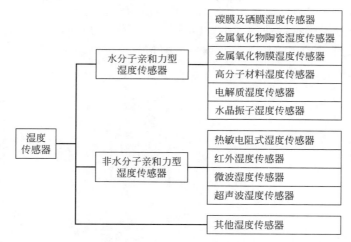

图 5-1 湿度传感器分类

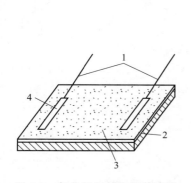

图 5-2 氯化锂湿敏电阻传感器
1—引线；2—基片；3—感湿层；4—金属电极

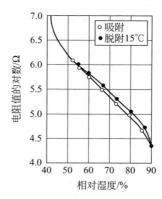

图 5-3 氯化锂湿敏电阻的
湿度—电阻特性曲线

氯化锂湿敏电阻传感器的优点是滞后小，不受测试环境风速影响，检测精度可达±5%，但其耐热性差，不能用于露点以下测量，器件性能的重复性不理想，使用寿命短。

（2）半导体陶瓷湿敏电阻传感器

半导体陶瓷湿敏电阻通常是用两种以上的金属氧化物半导体材料混合烧结而成的多孔陶瓷，这些材料包括 $ZnO\text{-}LiO_2\text{-}V_2O_5$ 系、$Si\text{-}Na_2O\text{-}V_2O_5$ 系、$TiO_2\text{-}MgO\text{-}Cr_2O_3$ 系、Fe_2O_3 等，前三种材料的电阻率随湿度增加而下降，故称为负特性湿敏半导体陶瓷，最后一种材料的电阻率随湿度增大而增大，故称为正特性湿敏半导体陶瓷，下面介绍两种这种类型的湿敏传感器。

① $ZnO\text{-}Cr_2O_3$ 湿敏传感器。$ZnO\text{-}Cr_2O_3$ 湿敏传感器的结构是将多孔材料的电极烧结在多孔陶瓷圆片的两表面上，并焊上铂引线，然后装入有网眼过滤的方形塑料盒中，用树脂固定，其结构如图 5-4 所示。$ZnO\text{-}Cr_2O_3$ 湿度传感器能连续稳定地测量湿度，无需加热除污装置，功耗低于 0.5W，体积小，成本低，是一种常用测湿传感器。

② $MgCr_2O_5\text{-}TiO_2$ 湿敏传感器。$MgCr_2O_5\text{-}TiO_2$ 湿敏传感器的电阻率低，阻值温度特性好，结构如图 5-5 所示。在 $MgCr_2O_5\text{-}TiO_2$ 陶瓷片的两面涂覆有多孔金电极。金电极与引出

线烧结在一起。为了减少测量误差,在陶瓷片外设置由镍铬丝制成的加热线圈,以便对器件加热清洗,排除恶劣气体对器件的污染。整个器件安装在陶瓷基片上,电极引线一般采用铂-铱合金。这种传感器的电阻值既随所处环境的相对湿度的增加而减少,又随周围环境温度的变化而有所变化。

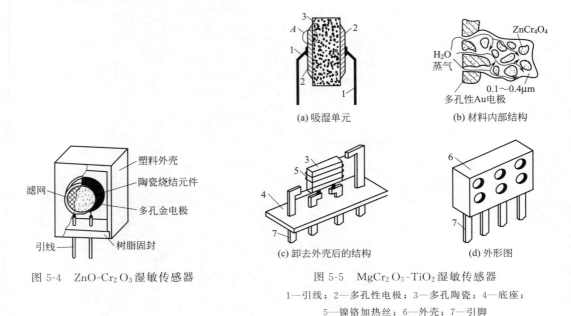

图 5-4 ZnO-Cr$_2$O$_3$ 湿敏传感器

图 5-5 MgCr$_2$O$_5$-TiO$_2$ 湿敏传感器
1—引线;2—多孔性电极;3—多孔陶瓷;4—底座;
5—镍铬加热丝;6—外壳;7—引脚

(3) 金属氧化物膜型湿敏电阻传感器

某些金属氧化物的细粉吸附水分后有速干特性,利用这种现象可以研制生产出金属氧化物膜型湿敏电阻传感器,如图 5-6 所示。将调制好的金属氧化物的糊状物置于在陶瓷基片及电极上,采用烧结或烘干的方法使其固化成膜。这种膜可以吸附或释放水分子而改变其电阻。

5. 高分子薄膜湿敏电容传感器

高分子薄膜湿敏电容传感器如图 5-7 所示,其采用的高分子材料有聚苯乙烯、聚酰亚胺、醋酸纤维等。

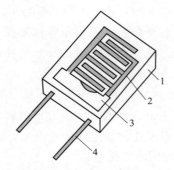

图 5-6 金属氧化物膜型湿敏电阻传感器结构
1—基片;2—电极;3—金属氧化物膜;4—引脚

图 5-7 高分子薄膜湿敏电容传感器

当环境湿度发生改变时，湿敏电容的介电常数发生变化，使其电容也发生变化，其电容变化量与相对湿度成正比。湿敏电容的主要优点是灵敏度高、产品互换性好、响应速度快、湿度的滞后量小、便于制造、容易实现小型化和集成化，其精度一般比湿敏电阻要低一些。同时其具有体积小、感湿范围宽、抗污染能力强、抗结露、性能稳定可靠、性价比高等特点。

6. 集成湿敏传感器简介

近年来，国内外在湿敏传感器研发领域取得了长足进步。湿敏传感器从简单的湿敏元件向集成化、智能化、多参数检测的方向迅速发展。目前，国内外生产的集成湿敏传感器可分成以下三种类型。

(1) 线性电压输出集成湿敏传感器

典型产品有 HSM20、HSM40、HIH3605/3610、HM1500/1520。其主要特点是采用恒压供电，内置放大电路，能输出与相对湿度呈比例关系的伏特级电压信号，响应速度快，重复性好，抗污染能力强。

(2) 线性频率输出集成湿敏传感器

典型产品为 HF3223。它采用模块式结构，当相对湿度从 10% 变化到 95% 时，输出频率从 9560Hz 减小到 8030Hz。这种传感器具有线性度好、抗干扰能力强、便于配数字电路或单片机、价格低等优点。

(3) 频率/温度输出式集成湿敏传感器

典型产品为 HTF3223。它除具有 HF3223 的功能以外，还增加了温度信号输出端，配上二次仪表可测量出温度值。当环境温度变化时，其电阻值也相应改变。

二、气敏电阻传感器

气敏电阻传感器是用来检测气体类别、浓度和成分的传感器，气敏传感器主要用于天然气、煤气等易燃、易爆、有毒、有害气体的监测、预报和自动控制。

由于气体种类繁多，性质各不相同，不可能用一种传感器检测所有类别的气体，因此，能实现气-电转换的传感器种类很多，按构成气敏传感器的材料不同，可分为半导体和非半导体两大类。目前实际使用最多的是半导体气敏电阻传感器。

1. 半导体气敏电阻传感器的原理

半导体气敏电阻传感器包括用氧化物半导体陶瓷材料作为敏感元件制作的气敏电阻传感器以及用单晶半导体器件制作的气敏电阻传感器。

按照半导体变化的物理特征，半导体气敏电阻传感器可分为电阻型和非电阻型两类。前者是利用敏感元件吸附气体后电阻值随着被测气体的浓度不同改变的特性来检测气体的浓度或成分；后者是利用二极管伏安特性和场效应管的阈值电压变化来检测被测气体。其常用分类如表 5-1 所示。

金属氧化物在常温下一般是绝缘体，制成半导体后却显示出气敏特性，其机理是比较复杂的。气敏元件接触气体时，由于表面吸附气体，它的电阻率发生明显的变化，这种对气体的吸附可分为物理吸附和化学吸附。在常温下主要是物理吸附，它们之间没有电子交换，不形成化学键。若气敏电阻温度升高，化学吸附效应就增加，并在某一定温度时达到最大值。化学吸附是气体与气敏材料表面建立离子吸附，它们之间有电子的交换，存在化学键。若气

表 5-1 半导体气敏电阻传感器的分类

类别	主要物理特性		采用材料	工作温度	典型被测气体
电阻式	电阻	表面控制	氧化银、氧化锌	室温～450℃	可燃气体
		体控制	氧化钛、氧化钴、氧化镁、氧化锡	700℃以上	酒精、可燃性气体
非电阻式	表面电位		氧化银	室温	硫化氢、酒精
	二极管整流特性		铂/硫化镉、铂/氧化钛	室温～200℃	氢气、一氧化碳、酒精
	晶体管特性		铂栅 MOS、场效应晶体管	150℃	氢气、硫化氢

敏电阻的温度再升高，由于解吸作用，两种吸附同时减小。例如，用氧化锡（SnO_2）制成的气敏电阻，在常温下吸附某种气体后，其电阻率变化不大，表明此时是物理吸附；若保持这种气体浓度不变，该元件的电导率随元件本身温度的升高而增加，尤其在 100～300℃ 间电导率变化很大，表明此温度范围内化学吸附作用大。通常器件工作在空气中，当 N 型半导体材料遇到离解能较小、易于失去电子的还原性气体（如一氧化碳、氢、甲烷等）后，发生还原反应，电子从气体分子向半导体移动，半导体中的载流子浓度增加，导电性能增强，电阻减小。当 P 型半导体材料遇到氧化性气体（如氧、三氧化硫等）时，会发生氧化反应，半导体中的载流子浓度减小，导电性能减弱，因而电阻增大。对混合型材料，无论吸附氧化性气体还是还原性气体，都将使载流子浓度减小，电阻增大。

气敏元件工作时需要本身的温度比环境温度高很多。为此，气敏元件在结构上要有加热器，通常用电阻丝加热，如图 5-8 所示。氧化锡（SnO_2）、氧化锌（ZnO）气敏元件输出电压与温度的关系曲线如图 5-9 所示。

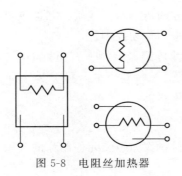

图 5-8　电阻丝加热器　　　　图 5-9　气敏元件输出电压与温度的关系曲线

2. 半导体气敏电阻传感器结构

（1）烧结型气敏电阻

烧结型气敏电阻是将元件的电极和加热器均埋在金属氧化物气敏材料中，经加热成型后低温烧结而成。目前最常用的是 SnO_2 烧结型气敏元件，用来测量还原性气体。它的加热温度较低，一般在 200～300℃，SnO_2 气敏元件对氢气、一氧化碳、甲烷、丙烷、乙醇等都有较高的灵敏度。

直热式 SnO_2 气敏电阻如图 5-10 所示。其元件管芯由三部分组成：SnO_2 基体材料、加热丝、测量丝。工作时加热丝通电加热，测量丝用于测量元件的阻值。

直热式 SnO_2 气敏电阻制作工艺简单，成本低，功耗小，可以在高电压下使用，可用来制作价格低廉的可燃气体泄漏报警器，但它的热容量小，易受环境气流的影响，测量回路与加热回路间没有隔离，互相影响，加热丝在加热和不加热状态下会产生涨缩，易造成接触不良。

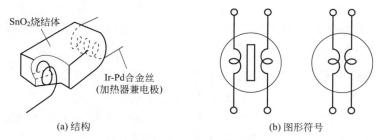

图 5-10　直热式 SnO_2 气敏电阻

旁热式 SnO_2 气敏电阻图如图 5-11 所示。其管芯增加了一个陶瓷管，在管内放进高阻加热丝，管外涂梳状金电极作测量极，在金电极外涂 SnO_2 材料。

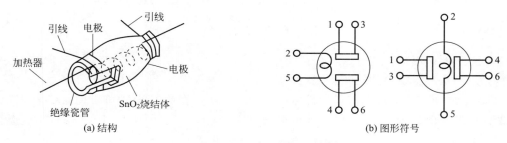

图 5-11　旁热式 SnO_2 气敏电阻

1，3，4，6—测量引脚；2，5—灯丝引脚

旁热式结构克服了直热式的缺点，其测量极与加热丝分开，加热丝不与气敏元件接触，避免了回路间的互相影响；元件热容量大，降低了环境气流对元件加热温度的影响，并保持了材料结构的稳定性。

（2）薄膜型气敏电阻

采用真空镀膜或溅射方法，在石英或陶瓷基片上制成金属氧化物薄膜（厚度 $0.1\mu m$ 以下），构成薄膜型气敏电阻，如图 5-12 所示。

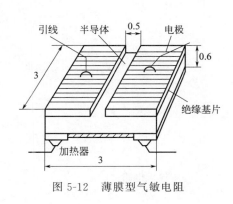

图 5-12　薄膜型气敏电阻

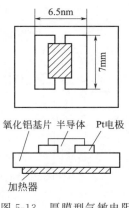

图 5-13　厚膜型气敏电阻

氧化锌（ZnO）薄膜型气敏电阻以石英玻璃或陶瓷作为绝缘基片，通过真空镀膜在基片上蒸镀锌金属，用铂或钯膜作引出电极，最后将基片上的锌氧化。

（3）厚膜型气敏电阻

将气敏材料（如 SnO_2、ZnO）与一定比例的硅凝胶混制成能印刷的厚膜胶，把厚膜胶用丝网印刷到事先安装有铂电极的氧化铝（Al_2O_3）基片上，在 400～800℃ 的温度下烧结 1～2 小时，便制成厚膜型气敏电阻，如图 5-13 所示。用厚膜工艺制成的器件一致性较好，机械强度高，适于批量生产。

3. 烧结型 SnO_2 气敏元件基本测试电路

烧结型 SnO_2 气敏元件基本测试电路如图 5-14 所示。

现以图 5-14（a）为例，说明其测试原理。0～10V 直流稳压电源供给测试回路电压 U_H，0～20V 直流稳压电源与气敏元件及负载电阻组成测试回路，负载电阻 R_L 兼作取样电阻。从测量回路可得到

$$I_c = \frac{U_c}{R_s + R_L} \tag{5-1}$$

$$U_{RL} = I_c R_L = \frac{U_c R_L}{R_s + R_L} \tag{5-2}$$

式中　I_c——回路电流；

　　　U_{RL}——负载电阻上的压降。

由式（5-2）可见，U_{RL} 与气敏元件电阻 R_s 具有对应关系，当 R_s 降低时，U_{RL} 增高，反之亦然。因此，测量 R_L 上电压降，即可得气敏器件电阻 R_s。图 5-14（b）、（c）测试原理与图 5-14（a）相同。

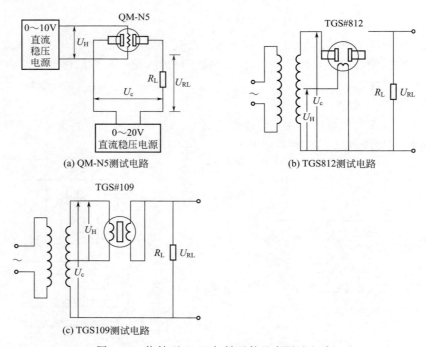

图 5-14　烧结型 SnO_2 气敏元件基本测试电路

【项目实施】

湿敏传感器种类较多，本实训所采用的属于水分子亲和力型中的高分子材料湿敏元件（湿敏电阻），它的原理是将具有感湿功能的高分子聚合物（高分子膜）涂敷在带有导电电极的陶瓷衬底上，水分子被吸附后会影响高分子膜内部导电离子的迁移率，导致其阻抗随相对湿度变化而呈对数关系变化。

本实训中的传感器在 DC +5V 供电情况下的输出特性如图 5-15 所示。

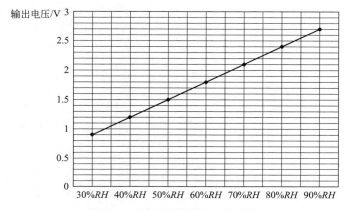

图 5-15　湿敏传感器输出特性图

实训项目需用的器件与单元：主机箱、湿敏传感器、湿敏座、潮湿小棉球（自备）、干燥剂（自备）。

实训步骤如下。

① 根据传感器的引线号码，按图 5-16 接线并将主机箱电压表量程切换到 20V 挡。

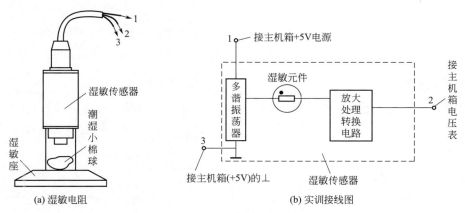

图 5-16　湿敏电阻接线图

② 检查接线无误后，合上主机箱电源开关，传感器通电后预热 5 分钟以上，然后往湿敏座中加入若干量干燥剂，放上传感器，等到电压表显示值稳定后记录显示值，根据图 5-15 可得到湿度值。

③ 倒出湿敏座中的干燥剂，加入潮湿小棉球（可以多准备几个潮湿度不同的小棉球，

分别测量），放上传感器，等到电压表显示值稳定后记录显示值，根据图 5-15 可得到湿度值。实训完毕，关闭所有电源。

【项目拓展】

一、湿敏电阻传感器的应用

汽车驾驶室挡风玻璃自动去湿装置如图 5-17 所示。图 5-17（a）为挡风玻璃示意图，图中 R_s 为嵌入玻璃的加热电阻丝，H 为结露感湿元件。图 5-17（b）为所用的电路。VT_1、VT_2 接成施密特触发电路，VT_2 的集电极负载为继电器 K 的线圈绕组。VT_1 的基极回路的电阻为 R_1、R_2 和湿敏元件 H 的等效电阻 R_p。事先调整好各电阻值，使常温、常温下 VT_1 导通，VT_2 截止（VT_1 的集电极-射极电压接近于零而使 VT_2 截止）；继电器 K 不工作，加热器无电流流过。

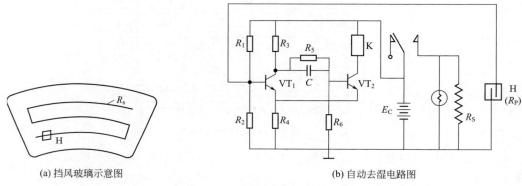

(a) 挡风玻璃示意图　　　　　　　　　　(b) 自动去湿电路图

图 5-17　汽车驾驶室挡风玻璃自动去湿装置

当环境湿度增大时，湿敏电阻阻值变小，致使 VT_1 基极电位降低而截止，输出高电平，从而使 VT_2 导通，继电器线圈得电，常开触点闭合，从而接通加热器的电源和加热指示灯。随着加热时间的增长，湿度逐渐变小，湿敏电阻阻值变大，致使 VT_1 基极电位升高而导通，输出低电平，从而使 VT_2 截止，继电器线圈失电，常开触点断开，停止加热。

二、气敏传感器的应用

气敏电阻传感器主要用于制作报警器及控制器。作为报警器，超过设定浓度时，发出声光报警；作为控制器，超过设定浓度时，输出控制信号，由驱动电路带动继电器或其它元件完成控制动作。

1. 矿灯瓦斯报警器

矿灯瓦斯报警器如图 5-18 所示。瓦斯探头由 QM-N5 型气敏元件、R_1 及 4V 矿灯蓄电池等组成。R_P 为瓦斯报警设定电位器。当瓦斯浓度超过某一设定值时，R_P 输出信号通过二极管 VD_1 加到三极管 VT_1 基极上，VT_1 导通，VT_2、VT_3 便开始工作。VT_2、VT_3 构成互补式自激多谐振荡器，它们的工作使继电器吸合与释放，信号灯闪光报警。

2. 简易酒精测试器

图 5-19 所示为简易酒精测试器。此电路中采用 TGS812 型酒精传感器，对酒精有较高

(a) 矿灯瓦斯报警器

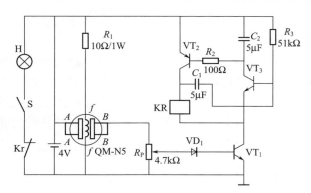
(b) 矿灯瓦斯报警器电原理图

图 5-18 矿灯瓦斯报警器

(a) 实物图

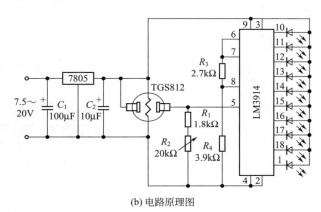
(b) 电路原理图

图 5-19 简易酒精测试器

的灵敏度。其加热及工作电压都是 5V，加热电流约为 125mA。传感器的负载电阻为 R_1 及 R_2，其输出直接接 LED 显示驱动器 LM3914。当无酒精蒸气时，其上的输出电压很低；随着酒精蒸气的浓度增加，输出电压也上升，LM3914 的 LED（共 10 个）点亮的数目也增加。此测试器工作时，被测者只要向传感器呼一口气，根据 LED 亮的数目便可知其是否喝了酒，并可大致了解饮酒量。

3. 自动空气净化换气扇

利用 SnO_2 气敏器件可以设计用于空气净化的自动换气扇。图 5-20 是自动换气扇的电路原理图。当室内空气污浊时，烟雾或其他污染气体使气敏器件阻值下降，晶体管 VT 导通，继电器动作，接通风扇电源，电扇自动启动，排放污浊气体，换进新鲜空气；当

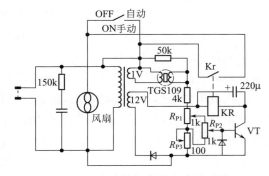

图 5-20 自动换气扇的电路原理图

室内污浊气体浓度下降到希望的数值时，气敏器件阻值上升，VT 截止，继电器断开，风扇电源切断，风扇停止工作。

4. 二氧化钛氧浓度传感器

半导体材料二氧化钛（TiO_2）属于 N 型半导体，对氧气十分敏感。其电阻值的大小取

决于周围环境的氧气浓度。当周围氧气浓度较大时，氧原子进入二氧化钛晶格，改变了半导体的电阻率，使其电阻值增大。

图 5-21 所示是 TiO_2 氧浓度传感器结构及测量转换电路。二氧化钛气敏电阻与补偿热敏电阻同处于陶瓷绝缘体的末端。当氧气含量减少时，TiO_2 的阻值减小，U_o 增大。在图 5-21（c）中，与 TiO_2 气敏电阻串联的热敏电阻 R_t 起温度补偿作用。当环境温度升高时，TiO_2 气敏电阻的阻值会逐渐减小，只要 R_t 也以同样的比例减小，根据分压比定律，U_o 就不受温度影响，从而减小了测量误差。

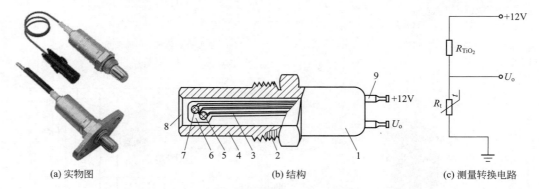

(a) 实物图　　　　(b) 结构　　　　(c) 测量转换电路

图 5-21　TiO_2 氧浓度传感器结构及测量转换电路

1—外壳（接地）；2—安装螺栓；3—搭铁线；4—保护管；5—补偿电阻；
6—陶瓷片；7—TiO_2 氧敏电阻；8—进气口；9—引脚

【项目小结】

湿敏传感器是能够感受外界湿度变化，并通过器件材料的物理或化学性质变化，将湿度转化成有用信号的器件。

湿度是指大气中的水蒸气含量，通常采用绝对湿度、相对湿度、露点等表示。湿敏元件主要分为二大类：水分子亲和力型湿敏元件和非水分子亲和力型湿敏元件。常用的湿敏电阻式传感器主要有：电解质湿敏电阻、金属氧化物陶瓷湿敏电阻式传感器、金属氧化物膜型湿敏电阻式传感器、高分子材料湿敏电阻式传感器等。目前国内外生产的集成湿度传感器种类较多，主要有线性电压输出式、线性频率输出式和频率/温度输出式集成湿度传感器。

气敏电阻传感器是一种将检测到的气体的成分和浓度转换为电信号的传感器。气敏电阻是一种半导体敏感器件，它是利用气体吸附使半导体本身的电导率发生变化来进行检测的。目前实际使用最多的是半导体气敏传感器。气敏元件接触气体时，由于表面吸附气体，它的电阻率发生明显的变化，这种对气体的吸附可分为物理吸附和化学吸附。电阻式气体传感器按结构可分成烧结型、薄膜型和厚膜型三种。

【项目训练】

一、单项选择

1. 气敏元件通常工作在高温状态（200～450℃），目的是_____。

A. 为了加速氧化还原反应
B. 为了使附着在测控部分上的油雾、尘埃等烧掉，同时加速气体氧化还原反应
C. 为了使附着在测控部分上的油雾、尘埃等烧掉

2. 气敏元件开机通电时的电阻很小，经过一定时间后，才能恢复到稳定状态；另一方面也需要加热器工作，以便烧掉油雾、尘埃。因此，气敏检测装置需开机预热_____后，才可投入使用。
　　A. 几小时　　　　B. 几天　　　　C. 几分钟　　　　D. 几秒钟

3. 当气温升高时，气敏电阻的灵敏度将_____，所以必须设置温度补偿电路。
　　A. 减低　　　　B. 升高　　　　C. 随时间漂移　　　　D. 不确定

4. 从图 5-2 所示的氯化锂湿敏元件的湿度—电阻特性曲线可以看出_____。
　　A. 在 50%～80% 相对湿度范围内，电阻值的对数与相对湿度的变化呈线性关系
　　B. 在 50%～80% 相对湿度范围内，电阻值与相对湿度的变化呈线性关系
　　C. 在 50%～80% 相对湿度范围内，电阻值的对数与湿度的变化呈线性关系
　　D. 在 70%～80% 相对湿度范围内，电阻值的对数与相对湿度的变化呈线性关系

5. TiO_2 型气敏电阻使用时一般随气体浓度增加，电阻_____。
　　A. 减小　　　　B. 增大　　　　C. 不变

6. 湿敏电阻使用时一般随周围环境湿度增加，电阻_____。
　　A. 减小　　　　B. 增大　　　　C. 不变

7. MQN 型气敏电阻可测量_____。
　　A. CO_2　　　　B. N_2 的浓度　　　　C. 锅炉烟道中剩余的氧气

8. 湿敏电阻利用交流电作为激励源是为了_____。
　　A. 提高灵敏度
　　B. 防止产生极化、电解作用
　　C. 减小交流电桥平衡难度

9. TiO_2 型气敏电阻可测量_____浓度。
　　A. CO_2　　　　　　　　　　　　B. N_2
　　C. 气体打火机间的有害气体　　　　D. 锅炉烟道中剩余的氧气

10. 下列物理量可以用气敏传感器来测量的是_____。
　　A. 位移量　　　　B. 湿度　　　　C. 烟雾浓度　　　　D. 速度

二、简答

1. 什么是绝对湿度和相对湿度？如何表示绝对湿度和相对湿度？
2. 简述氯化锂湿敏电阻的工作原理。
3. 为什么多数气敏器件都附有加热器？

项目六

电容式位移传感器的安装与调试

【项目描述】

电容式位移传感器是将位移的变化量转化为电容变化量的一种传感器,它结构简单,分辨力高,可进行非接触测量,并能在高温、辐射和强烈振动等恶劣条件下工作。随着集成电路技术和计算机技术的发展,电容式传感器成为一种很有发展前途的传感器。

通过本项目的学习,要求掌握电容式传感器工作原理、基本结构和工作类型,掌握电容传感器常用信号处理电路的特点以及信号处理电路的调试方法,能分析和处理信号电路的常见故障。

【相关知识与技能】

一、电容式传感器工作原理及结构

由绝缘介质分开的两个平行金属板组成的平板电容器,如果不考虑边缘效应,其电容量为

$$C = \frac{\varepsilon A}{d} \tag{6-1}$$

式中 ε——电容极板间介质的介电常数;
A——两平行板所覆盖的面积;
d——两平行板之间的距离。

当被测参数变化,使得式(6-1)中的 A、d 或 ε 发生变化时,电容量 C 也随之变化。如果保持其中两个参数不变,而仅改变其中一个参数,就可把该参数的变化转换为电容量的变化,通过测量电路就可转换为电量输出。因此,电容式传感器工作方式可分为变极距式、变面积式和变介电常数式三种类型。

1. 变极距式电容传感器

如果两极板的有效作用面积及极板间的介质保持不变，则电容量 C 随极距 d 按非线性关系变化，如图 6-1 所示。

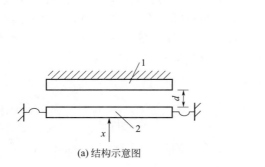
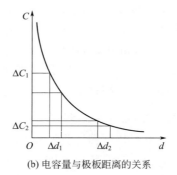

(a) 结构示意图　　　　　　　　(b) 电容量与极板距离的关系

图 6-1　变极距式电容传感器的特性曲线

1—定极板；2—动极板

设极板 2 未动时传感器初始电容为 C_0（$C_0 = \dfrac{\varepsilon A}{d_0}$）。当动极板 2 移动 x 值后，其电容值 C_x 为

$$C_x = \frac{\varepsilon A}{d_0 - x} = \frac{C_0}{1 - \dfrac{x}{d_0}} = C_0 \left(1 + \frac{x}{d_0 - x}\right) \tag{6-2}$$

式中，d_0 为两极板距离初始值，由式(6-2)可知，电容量 C_x 与 x 不是线性关系，其灵敏度也不是常数。

当 $x \ll d_0$ 时

$$C_x \approx C_0 \left(1 + \frac{x}{d_0}\right) \tag{6-3}$$

此时 C_x 与 x 近似呈线性关系，但量程缩小很多，变极距式电容传感器的灵敏度为

$$K = \frac{\mathrm{d}C}{\mathrm{d}x} \approx \frac{C_0}{d_0} = \frac{\varepsilon A}{d_0^2} \tag{6-4}$$

由式(6-4)可见，极距变化型电容传感器的灵敏度与极距的平方成正比，极距越小，灵敏度越高。但 d_0 过小，容易引起电容器击穿或短路。为此，极板间可采用高介电常数的材料（云母、塑料膜等）作介质。

这种传感器由于存在原理上的非线性误差，灵敏度随极距变化而变化，当极距变动量较大时，非线性误差要明显增大。为限制非线性误差，通常是在较小的极距变化范围内工作，以使输入输出特性保持近似的线性关系。一般取极距变化范围 $\Delta x / d_0 \leqslant 0.1$。实际应用的极距变化型传感器常做成差动式，如图 6-2 所示。上下两个极板为固定极板，中间极板为活动极板，当被测量使活动极板移动 Δx 时，由活动极板与两个固定极板所形成的两个平板电容的极距一个减小、一个增大，因此它们的电

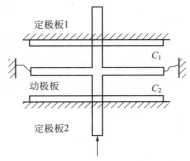

图 6-2　变极距式电容传感器

容量也都发生变化。若 $\Delta x \ll d_0$，则两个平板电容器的变换量大小相等、符号相反。利用转换电路（如电桥等）可以检出两电容的差值，该差值是单个电容传感器电容变化量的两倍。

采用差动工作方式，电容传感器的灵敏度提高了一倍，非线性得到了很大的改善，某些因素（如环境温度变化、电源电压波动等）对测量精度的影响也得到了一定的补偿。

极距变化型电容传感器的优点是可实现动态非接触式测量，动态响应特性好，灵敏度和精度极高（可达 nm 级），适用于较小位移（1nm～1μm）的精度测量。但传感器存在原理上的非线性误差，线路杂散电容（如电缆电容、分布电容等）的影响显著，为改善这些问题而配合使用的电子电路比较复杂。

2. 变面积式电容传感器

变面积式电容传感器工作时极距、介质等保持不变，被测量的变化使其有效作用面积发生改变。变面积式电容传感器的两个极板中，一个是固定不动的，称为定极板，另一个是可移动的，称为动极板。

图 6-3 所示为几种面积变化型电容传感器的原理图。在理想情况下，它们的灵敏度为常数，不存在非线性误差，即输入输出为理想的线性关系。实际上由于电场的边缘效应等因素的影响，仍存在一定的非线性误差。

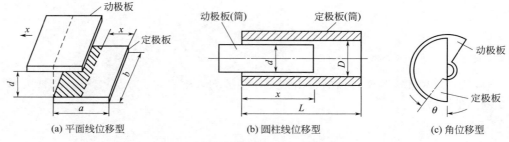

图 6-3　面积变化型电容传感器原理图

图 6-3(a) 所示为平面线位移型电容传感器。设两个相同极板的长为 b，宽为 a，极板间距离为 d，当动极板移动 x 后，电容 C_x 也随之改变：

$$C_x = \frac{\varepsilon(a-\Delta x)b}{d} = \frac{\varepsilon ab}{d} - \frac{\varepsilon \Delta x b}{d} = C_0 - \Delta C \tag{6-5}$$

电容的相对变化量和灵敏度为

$$\frac{\Delta C}{C_0} = \frac{\Delta x}{a} \tag{6-6}$$

$$K = \frac{\Delta C}{\Delta x} = -\frac{\varepsilon b}{d} \tag{6-7}$$

图 6-3(b) 为圆柱线位移型电容传感器，其灵敏度 K 也为一常数。

图 6-3(c) 为角位移型电容传感器。当动片有一角位移 θ 时，两极板的相对面积 A 也发生改变，导致两极板间的电容量发生变化。

当 $\theta = 0$ 时

$$C_0 = \frac{\varepsilon A_0}{d}$$

当 $\theta \neq 0$ 时

$$C_\theta = \frac{\varepsilon A_0 \left(1-\frac{\theta}{\pi}\right)}{d} = C_0\left(1-\frac{\theta}{\pi}\right) \tag{6-8}$$

由式(6-8)可知，电容 C_θ 与角位移 θ 呈线性关系，其灵敏度为

$$K=\frac{\mathrm{d}C_\theta}{\mathrm{d}\theta}=-\frac{\varepsilon A_0}{\pi d} \tag{6-9}$$

由以上分析可知，变面积式电容传感器的输出是线性的，灵敏度 K 是一常数。

在实际应用中，为了提高测量精度，减小动极板与定极板之间的因相对面积变化而引起的测量误差，大都采用差动式结构。图 6-4 是改变极板间遮盖面积的金属圆筒差动电容传感器的结构图。上、下两个金属圆筒是定极片，而中间的为动片，当动片向上移动时，与上极片的遮盖面积增大，而与下极片的遮盖面积减小，两者变化的数值相等，方向相反，两边的电容形成差动变化。

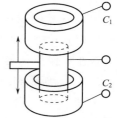

图 6-4 金属圆筒差动电容传感器结构

3. 变介电常数式电容传感器

变介电常数式电容传感器的极距、有效作用面积不变，被测量的变化使其极板之间的介质情况发生变化。这类传感器主要用来测量两极板之间的介质的某些参数的变化，如介质厚度、介质湿度、液位等。

如图 6-5(a) 所示，图中两平行极板固定不动，极距为 δ_0，相对介电常数为 ε_{r2} 的电介质以不同深度插入电容器中，从而改变极板覆盖面积。传感器的总电容 C 为两个电容 C_1 和 C_2 的并联结果，即

$$C=C_1+C_2=\frac{\varepsilon_0 b_0}{\delta_0}[\varepsilon_{r1}(l_0-l)+\varepsilon_{r2}l] \tag{6-10}$$

式中，l_0、b_0 为极板长度和宽度，l 为第二种电介质进入极间的长度。

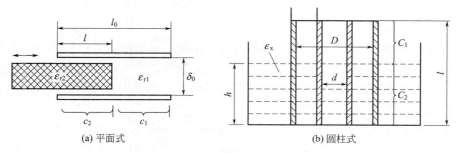

(a) 平面式　　(b) 圆柱式

图 6-5 介质变化型电容传感器

若传感器的极板为两同心圆筒，如图 6-5(b) 所示，其液面部分介质为被测介质，相对介电常数为 ε_x；液面以上部分的介质为空气，相对介电常数近似为 1。传感器的总电容 C 等于上、下部分电容 C_1 和 C_2 的并联值，即

$$C=C_1+C_2=\frac{2\pi\varepsilon_0(l-h)}{\ln(D/d)}+\frac{2\pi\varepsilon_x\varepsilon_0 l}{\ln(D/d)}=\frac{2\pi\varepsilon_0 l}{\ln(D/d)}+\frac{2\pi(\varepsilon_x-1)\varepsilon_0}{\ln(D/d)}h=a+bh \tag{6-11}$$

式中，

$$a=\frac{2\pi\varepsilon_0 l}{\ln(D/d)},\ b=\frac{2\pi(\varepsilon_x-1)\varepsilon_0}{\ln(D/d)}$$

灵敏度为

$$K=\frac{\mathrm{d}C}{\mathrm{d}h}=b \tag{6-12}$$

由此可见，这种传感器的灵敏度为常数，电容 C 理论上与液面 h 呈线性关系，只要测出传感器电容 C 的大小，就可得到液位 h。

二、电容式传感器的特点

1. 电容式传感器的优缺点

电容式传感器的主要优点如下。

（1）温度稳定性好

电容式传感器的电容值一般与电极材料无关，有利于选择温度系数低的材料，又因本身发热极小，温度稳定性好。

（2）结构简单、适应性强

电容式传感器结构简单，易于制造。能在高低温、强辐射及强磁场等各种恶劣的环境条件下工作，适应能力强，尤其可以承受很大的温度变化，在高压力、高冲击、过载等情况下都能正常工作，能测超高压和低压差，也能对带磁工件进行测量。

（3）动态响应好

电容式传感器由于带电极板间的静电引力很小，需要的作用能量极小，又由于它的可动部分可以做得很小很薄，即质量很轻，因此其固有频率很高，动态响应时间短，能在几兆赫兹的频率下工作，特别适用于动态测量。

（4）可以实现非接触测量，具有平均效应

在被测件不能采用接触方式测量的情况下，利用电容传感器可以完成测量任务。当采用非接触方式测量时，电容式传感器具有平均效应，可以减小工件表面粗糙度等对测量的影响。

电容式传感器的主要缺点如下。

（1）输出阻抗高，负载能力差

电容式传感器的容量受其电极板的几何尺寸的限制，输出电容值非常小，一般为几十到几百皮法，传感器的输出阻抗很高，易受外界干扰影响而产生不稳定现象，严重时甚至无法工作，必须采取屏蔽措施，从而给设计和使用带来极大的不便。

（2）寄生电容影响大

电容式传感器的初始电容小，而连接传感器和电子线路的引线电缆电容、电子线路的杂散电容以及传感器内极板与其周围导体构成的电容等所谓"寄生电容"却较大，降低了传感器的灵敏度，而且这些电容常常是随机变化的，使仪器工作很不稳定，影响测量精度。因此对电缆的选择、安装、接法都有要求。

2. 电容式传感器应用中存在的问题

（1）静电击穿问题

解决该问题的具体办法就是在电容中加入高介电常数的材料（云母、塑料膜等）作介质，防止静电击穿。

（2）边缘效应

电容器两极板间的电场分布在中心部分是均匀的，但到了边缘部分是不均匀的，因此边缘效应使设计计算复杂化，消除和减小边缘效应的方法是在结构上增设防护电极，防护电极必须与被防护电极取相同的电位，如图 6-6 所示，这样可以使工作极板全部处于均匀电场的范围内。

应该说明的是，增设防护电极虽然有效地抑制了边缘效应，但也增加了加工工艺难度。另外，为了保持防护电极与被防护电极等电位，一般尽量使二者同为零电位。

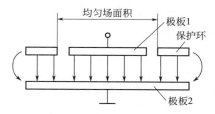

图 6-6　带有保护环的平板电容器

（3）寄生电容

电容式传感器除了极板间的电容外，极板还可能与周围物体（包括仪器中的各种元件，甚至人体）之间产生电容联系，这种电容称为寄生电容。由于传感器本身电容很小，所以寄生电容可能使传感器电容量发生明显改变，而且寄生电容极不稳定，从而导致传感器特性的不稳定。

为了克服寄生电容的影响，必须对传感器进行静电屏蔽，即将电容器极板放置在金属壳体内，并将壳体良好接地。出于同样原因，其电极引出线也必须用屏蔽线，且屏蔽线外套须同样良好接地。由于屏蔽线本身的电容量较大，且因放置位置和形状不同而有较大变化，从而会造成传感器的灵敏度下降和特性不稳定，目前解决这一问题的有效方法是采用驱动电缆技术，也称双层屏蔽等电位传输技术，这一技术的基本思路是将电极引出线进行内外双层屏蔽，使内层屏蔽与引出线的电位相同，从而消除了引出线对内层屏蔽的容性漏电，而外层屏蔽仍接地而起屏蔽作用。

（4）温度误差

当环境温度发生变化时，与电容有关的参量 S 和 d 以及介电常数都会变化，造成温度误差，需作必要的温度补偿，其分析思路可参照电阻应变片。此外，在制造电容传感器时，一般要选用温度膨胀系数小、几何尺寸稳定的材料。例如电极的支架选用陶瓷材料要比选用塑料或有机玻璃好，电极材料以选用铁镍合金为好，近年来采用在陶瓷或石英上喷镀一层金属薄膜来代替电极，效果更好。减小温度误差的另一常用措施是采用差动对称结构，在测量电路中加以补偿。

三、电容式传感器的转换电路

电容传感器将被测量的变化转换成电容的变化后，还需由转换电路将电容的变化进一步转换成电压、电流或频率的变化。测量电路的种类很多，下面介绍常用的几种测量电路。

1. 交流电桥

这种转换电路将电容传感器的两个电容作为交流电桥的两个桥臂，通过电桥把电容的变化转换成电桥输出电压的变化。电桥通常采用由电阻-电容、电感-电容组成的交流电桥，图 6-7 所示为交流电桥转换电路，变压器的两个二次绕组 L_1、L_2 与差动电容传感器的两个电容 C_1、C_2 作为电桥的四个桥臂，由高频稳幅的交流电源为电桥供电。电桥的输出经放大、相敏检波、滤波后，获得与被测量变化相对应的输出，最后由仪表显示记录。

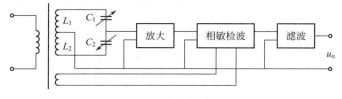

图 6-7　交流电桥转换电路

2. 调频电路

如图 6-8 所示，把传感器接入调频振荡器的 LC 谐振网络中，被测量的变化引起传感器电容的变化，继而导致振荡器谐振频率的变化，振荡器的振荡频率为

$$f=\frac{1}{2\pi(LC)^{1/2}} \tag{6-13}$$

式中　L——振荡回路的电感；
　　　C——振荡回路的总电容，$C=C_1+C_2+C_0\pm\Delta C$，其中 C_1 为振荡回路固有电容，C_2 为传感器引线分布电容，$C_0\pm\Delta C$ 为传感器的电容。

图 6-8　调频电路

当被测信号为 0 时，$\Delta C=0$，则 $C=C_1+C_2+C_0$，所以振荡器有一个固有频率 f_0：

$$f_0=\frac{1}{2\pi[(C_1+C_2+C_0)L]^{1/2}} \tag{6-14}$$

当被测信号不为 0 时，$\Delta C\neq 0$，振荡器频率有相应变化，此时频率为

$$f=\frac{1}{2\pi[(C_1+C_2+C_0\pm\Delta C)L]^{1/2}}=f_0\pm\Delta f \tag{6-15}$$

频率的变化经过鉴频器转换成电压的变化，经过放大器放大后输出。这种测量电路的灵敏度很高，可测 $0.01\mu m$ 的位移变化量，抗干扰能力强（加入混频器后更强），缺点是电缆电容、温度变化的影响很大，输出电压 U_o 与被测量之间的非线性误差一般要靠电路加以校正，因此电路比较复杂。

3. 运算放大式电路

如前所述，极距变化型电容传感器的电容与极距之间的关系为反比关系，传感器存在原理上的非线性误差。利用运算放大器的反相比例运算功能可以使转换电路的输出电压与极距之间的关系变为线性关系，从而使整个测试装置的非线性误差得到很大的减小。图 6-9 所示为电容传感器的运算放大式转换电路。

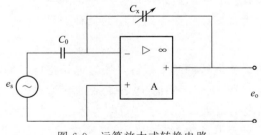

图 6-9　运算放大式转换电路

图中，e_s 为高频稳幅交流电源，C_0 为标准参比电容，接在运算放大器的输入回路中，C_x 为传感器电容，接在运算放大器的反馈回路中。根据运算放大器的反相比例运算关系，有

$$e_o=-\frac{z_f}{z_0}e_s=-\frac{C_0}{C_x}e_s=-\frac{C_0 e_s}{\varepsilon\varepsilon_0 A}\delta \tag{6-16}$$

式中　z_0——C_0 的交流阻抗，$z_0=\frac{1}{j\omega C_0}$；

z_f——C 的交流阻抗，$z_f = \dfrac{1}{j\omega C_x}$，$C_x = \dfrac{\varepsilon \varepsilon_0 A}{\delta}$。

由式(6-16)可见，在其他参数稳定不变的情况下，电路输出电压的幅值 e_o 与传感器的极距 δ 成线性比例关系。与其他转换电路相比，运算式电路的原理较为简单，灵敏度和精度最高，但一般需用"驱动电缆"技术来消除电缆电容的影响，电路较为复杂且调整困难。

4. 脉冲宽度调制电路

脉冲宽度调制电路（PWM）是利用传感器的电容充放电使电路输出脉冲的占空比随电容式传感器的电容量变化而变化，再通过低通滤波器得到对应于被测量变化的直流信号。

图 6-10 为脉冲宽度调制电路。它由电压比较器 A_1、A_2、双稳态触发器及电容充放电回路组成。其中 $R_1 = R_2$，VD_1、VD_2 为特性相同的二极管，C_1、C_2 为一组差动电容传感元件，初始电容值相等，U_R 为比较器 A_1、A_2 的参考比较电压。

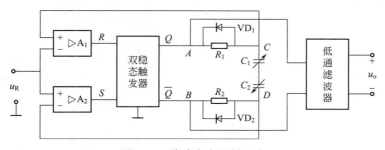

图 6-10 脉冲宽度调制电路

在电路初始状态，设电容 $C_1 = C_2 = C_0$，当接通工作电源后，双稳态触发器的 R 端为高电平，S 端为低电平，双稳态触发器的 Q 端输出高电平，$\overline{Q}$ 端输出低电平，此时 U_A 通过 R_1 对 C_1 充电，C 点电压 U_C 升高，当 $U_C > U_R$ 时，电压比较器 A_1 的输出为低电平，即双稳态触发器的 R 端为低电平，此时电压比较器 A_2 的输出为高电平，即 S 端为高电平。双稳态触发器的 Q 端翻转为低电平，U_C 经二极管 VD_1 快速放电，很快由高电平降为低电平，$\overline{Q}$ 端输出为高电平，通过 R_2 对 C_2 充电；当 $U_D > U_R$ 时，电压比较器 A_2 的输出为低电平，即 S 端为低电平，电压比较器 A_1 的输出为高电平，即双稳态触发器的 R 端为高电平，Q 端翻转为高电平，回到初始状态。如此周而复始，就可在双稳态触发器的两输出端各产生一宽度分别受 C_1、C_2 调制的脉冲波形，经低通滤波器后输出。当 $C_1 = C_2$ 时，线路上各点波形如图 6-11(a) 所示，A、B 两点间的平均电压为零。但当 C_1、C_2 值不相等时，如 $C_1 > C_2$，则 C_1 的充电时间大于 C_2 的充电时间，即 $t_1 > t_2$，电压波形如图 6-11(b) 所示。

$$t_1 = R_1 C_1 \ln \dfrac{U_H}{U_H - U_R} \qquad (6\text{-}17)$$

$$t_2 = R_2 C_2 \ln \dfrac{U_H}{U_H - U_R} \qquad (6\text{-}18)$$

式中　U_H——触发器输出的高电平值；

　　　t_1——电容 C_1 的充电时间；

　　　t_2——电容 C_2 的充电时间。

设电阻 $R_1 = R_2$，则经低通滤波器滤波后，获得的输出电压平均值为

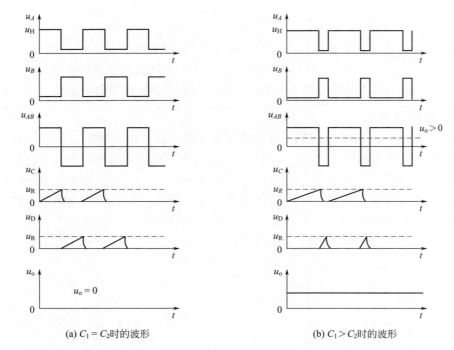

(a) $C_1 = C_2$ 时的波形   (b) $C_1 > C_2$ 时的波形

图 6-11 各点的电压波形

$$U_o = \frac{C_1 - C_2}{C_1 + C_2} U_H \tag{6-19}$$

差动电容的变化使充电时间 t_1、t_2 不相等，从而使双稳态触发器输出端的矩形脉冲宽度不等，即占空比不同。

脉冲宽度调制电路具有如下特点：能获得线性输出；双稳态输出信号一般为 100kHz～1MHz 的矩形波，所以直流输出只需经滤波器简单引出，不需要解调器，即能获得直流输出。

5. 二极管双 T 型交流电桥

图 6-12 所示是二极管双 T 型交流电桥。e 是高频电源，它提供幅值为 U_i 的对称方波，VD_1、VD_2 为特性完全相同的两个二极管，$R_1 = R_2 = R$，C_1、C_2 为传感器的两个差动电容。

当 e 在正半周时，二极管 VD_1 导通、VD_2 截止，其等效电路如图 6-12(b) 所示。电源经 VD_1 对电容 C_1 充电，并很快充至电压 E，且由 E 经 R_1 以电流 I_1 向负载 R_L 供电。与此同时，电容 C_2 通过电阻 R_2、负载电阻 R_L 放电（设 C_2 已充好电），放电电流为 I_2，则流经 R_L 的总电流 I_L 为 I_1 与 I_2 之和，极性如图 6-12(b) 所示。

当 e 在负半周时，二极管 VD_1 截止、VD_2 导通，其等效电路如图 6-12(c) 所示。此时 C_2 被很快充至电压 E，并经 R_2 以电流 I'_2 向负载 R_L 供电，电容 C_1 通过电阻 R_1 和负载电阻 R_L 以电流 I'_1 放电，流经 R_L 的总电流 I'_L 为 I'_1 与 I'_2 之和，极性如图 6-12(c) 所示。

由于 VD_1 与 VD_2 特性相同，且 $R_1 = R_2$，所以当 $C_1 = C_2$ 时，在 e 的一个周期内流过 R_L 的电流 I_L 和 I'_L 的平均值为零，即 R_L 上无信号输出。而当 $C_1 \neq C_2$ 时，在 R_L 上流过的电流

的平均值不为零,有电压信号输出。

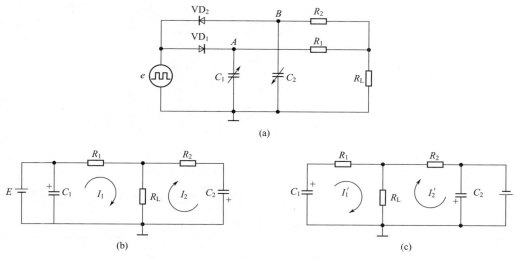

图 6-12 二极管双 T 型交流电桥

【项目实施】

本实训项目需用器件与单元:主机箱、电容传感器、电容传感器实训模板、测微头,如图 6-13 所示。

(a) 电容传感器

(b) 测微头

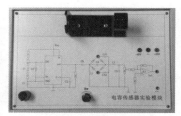
(c) 电容传感器实训模块

图 6-13 实训项目需用器件与单元

项目实施步骤如下。

① 按图 6-14 将电容传感器装于电容传感器实训模板上,并按图接线(实训模板的输出 V_{o1} 接主机箱电压表的 V_{in})。

② 将实训模板上的 R_W 调节到中间位置(方法:逆时针转到底再顺时转 3 圈)。

③ 将主机箱上的电压表量程开关打到 2V 挡,合上主机箱电源开关,旋转测微头,改变电容传感器的动极板位置,使电压表显示 0V,再转动测微头(同一个方向)5 圈,记录此时的测微头读数和电压表显示值,作为实训起点值。然后,反方向每转动测微头 1 圈即读取电压表读数(这样转 10 圈,读取相应的电压表读数),将数据填入表 6-1,并作出 X—V 实训曲线。

④ 根据表 6-1 中测得的数据计算电容传感器的系统灵敏度 S 和非线性误差 δ。实训完毕,关闭电源。

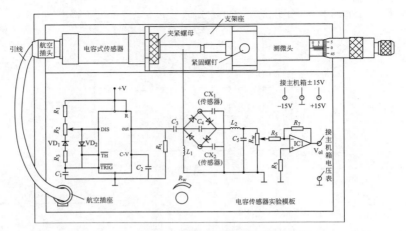

图 6-14　电容传感器位移实训安装接线图

表 6-1　电容传感器位移与输出电压值

X/mm								
V/mV								

测微头组成和读数如图 6-15 所示。

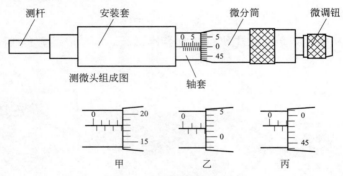

图 6-15　测微头组成与读数

测微头由不可动部分安装套、轴套和可动部分测杆、微分筒、微调钮组成。测微头的安装套便于在支架座上固定安装，轴套上的主尺有两排刻度线，标有数字的是整毫米刻线（1mm/格），另一排是半毫米刻线（0.5mm/格）；微分筒前部圆周表面上刻有 50 等分的刻线（0.01mm/格）。

用手旋转微分筒或微调钮时，测杆就沿轴线方向进退。微分筒每转过 1 格，测杆沿轴方向移动微小位移 0.01mm，这称为测微头的分度值。

测微头的读数方法是先读轴套主尺上露出的刻度数值，注意半毫米刻线；再读与主尺横线对准微分筒上的数值、可以估读 1/10 分度，如图 6-15 所示，甲读数为 3.678mm，不是 3.178mm；遇到微分筒边缘前端与主尺上某条刻线重合时，应看微分筒的示值是否过零，如图 6-15 乙中,刻线已过零，则读 2.514mm；图 6-15 丙中刻线未过零，则不应读为 2mm，读数应为 1.980mm。

一般测微头在使用前，首先转动微分筒到 10mm 处（为了保留测杆轴向前、后位移的余量），再将测微头轴套上的主尺横线面向自己安装到专用支架座上，移动测微头的安装套

（测微头整体移动）使测杆与被测体连接并使被测体处于合适位置（视具体实训而定）时再拧紧支架座上的紧固螺钉。当转动测微头的微分筒时，被测体就会随测杆而位移。

【项目拓展】

1. 电容式接近开关

图 6-16 所示为电容式接近开关的结构示意图。检测极板设置在接近开关的最前端，测量转换电路安装在接近开关壳体内，用介质损耗很小的环氧树脂填充、灌封。当没有物体靠近检测极时，检测板与大地间的电容量 C 非常小，它与电感 L 构成高品质因数（Q）的 LC 振荡电路，$Q=1$。当被检测物体为地电位的导电体（如与大地有很大分布电容的人体、液体等）时，检测极板对地电容 C 增大，LC 振荡电路的 Q 值将下降，导致振荡器停振。

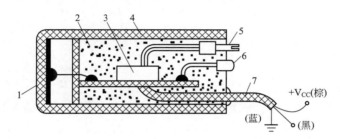

图 6-16 电容式接近开关的结构
1—检测极板；2—充填树脂；3—测量转换电路；4—塑料外壳；
5—灵敏度调节电位器；6—工作指示灯；7—信号电缆

当不接地、绝缘被测物体接近检测极板时，由于检测极板上施加有高频电压，在它附近产生交变电场，被检测物体就会受到静电感应而产生极化现象，正负电荷分离，使检测极板的对地等效电容量增大，使 LC 振荡电路的 Q 值降低。对能量损耗较大的介质（如各种含水有机物），它在高频交变极化过程中是需要消耗一定能量的，该能量是由 LC 振荡电路提供的，必然使 Q 值进一步降低，振荡幅度减小。当被测物体靠近到一定距离时，振荡器的 Q 值低到无法维持振荡而导致停振。根据输出电压 U_o 的大小，可大致判定被测物接近的程度。

2. 电容式油量表

图 6-17 所示为电容式油量表的示意图，可以用于测量油箱中的油位。在油箱无油时，电容传感器的电容量 $C_x=C_{x0}$，调节 R_P 的滑动臂于 0 点，即 R_P 的电阻值为 0，此时，电桥满足 $C_0/C_x=R_1/R_2$ 的平衡条件，电桥输出电压为零，伺服电动机不转动，油量表指针偏转角 $\theta=0$。

当油箱中注入油时，液位上升至 h 处，电容的变化量 ΔC_x 与 h 成正比，电容为 $C_x=C_{x0}+\Delta C_x$。此时，电桥失去平衡，电桥的输出电压 U_o 经放大后驱动伺服电动机转动，由减速箱减速后带动指针顺时针偏转，同时带动 R_P 滑动，使 R_P 的阻值增大，当 R_P 阻值达到一定值时，电桥又达到新的平衡状态，$U_o=0$，伺服电动机停转，指针停留在转角 θ_{x1} 处。可从油量刻度盘上直接读出油位的高度 h。

当油箱中的油位降低时，伺服电动机反转，指针逆时针偏转，同时带动 R_P 滑动，使其

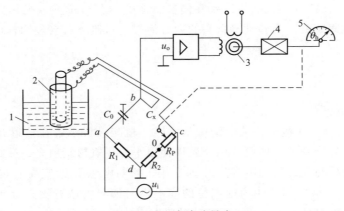

图 6-17 电容式油量表

1—油料；2—电容器；3—伺服电机；4—减速器；5—指示表盘

阻值减少。当 R_P 阻值达到一定值时，电桥又达到新的平衡状态，$U_o=0$，于是伺服电动机再次停转，指针停留在转角 θ_{x2} 处。如此可判定油箱的油量。

3. 电容式差压传感器

图 6-18 所示为电容式差压传感器结构。该传感器主要由一个活动电极、两个固定电极和三个电极的引出线组成。动电极为圆形薄金属膜片，它既是动电极，又是压力的敏感元件；固定电极为两块中凹的玻璃圆片，在中凹内侧，即相对金属膜片侧镀上具有良好导电性能的金属层。

当被测物质通过过滤器 6 进入空腔 5 时，金属弹性膜片 1 在两侧压力差作用下，将凸向压力低的一侧。膜片和两个镀金玻璃圆片 2 之间的电容量便发生变化，由此便可测得压力差。这种传感器分辨率很高，常用于气、液的压力或压差及液位和流量的测量。

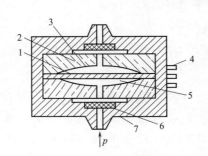

图 6-18 电容式差压传感器

1—弹性膜片；2—凹玻璃片；
3—金属涂层；4—输出端子；
5—空腔；6—过滤器；
7—壳体

4. 电容测厚仪

电容测厚仪常用来测量金属带材在轧制过程中的厚度，它的变换器就是电容式厚度传感器，其工作原理如图 6-19 所示。在被测带材的上下两边各置一块面积相等，与带材距离相同的极板，这样极板带材就形成两个电容器（带材也作为一个极板）。把两块极板用导线连接起来，就成为一个极板，而带材则是电容器的另一个极板，其总电容 C 为

$$C = C_1 + C_2$$

金属带材在轧制过程中不断向前送进，如果带材厚度发生变化，将引起它与上下两个极板的间距变化，即引起电容量的变化，如果将总电容 C 作为交流电桥的一个臂，电容变化 ΔC 引起电桥

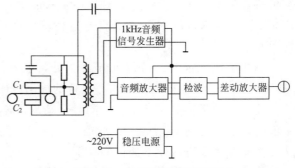

图 6-19 电容测厚仪结构图

不平衡输出，经过放大、检波、再放大，最后在仪表上显示出带材的厚度。这种测厚仪的优点是带材的振动不影响测量精度。

5. 电容指纹识别器

指纹识别目前最常用的是电容传感器，它的优点是体积小、成本低，成像精度高，而且耗电量很小。

指纹有两个重要特征，一是两个不同手指的指纹纹脊的式样不同，二是纹脊的式样终生不改变。指纹的脊状图形多种多样，诸如分岔、弧形、交叉、三角等。识别软件将这些脊状图形进行坐标定位，进而从坐标位置上标示出数据点，通常情况下一枚指纹有 70 个节点，通过软件计算会产生大约 490 个特征数据。

电容指纹识别器如图 6-20 所示，其内部的半导体－金属阵列的每一点是一个金属电极，充当电容器的一极，外设绝缘传感面，按在传感器面上的手指头的对应点则作为另一极，传感面形成两极之间的介电层。由于指纹的脊和谷相对于另一极的距离不同（即纹路深浅不同），导致电容阵列的各个电容值不同，测量并记录各点的电容值，就可以获得具有灰度级的指纹图像。

(a) 外观图

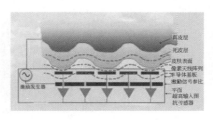
(b) 指纹识别原理

(c) 指纹图

图 6-20　电容指纹识别器

【项目小结】

电容式传感器的应用非常广泛，通过本项目的学习，主要掌握电容式传感器的基本结构、工作类型及其特点，熟悉其转换电路的工作原理等。

电容式传感器是把被测量转换为电容量变化的一种传感器，其工作原理可用平板电容器表达式说明。根据这个原理，可将电容式传感器分为变间隙式、变面积式和变介电常数式三种。

当忽略边缘效应时，变面积式电容传感器和变介电常数式电容传感器具有线性输出特性，变间隙式电容传感器的输出特性是非线性的，为此可采用差动结构以减小非线性。

电容式传感器的输出电容值非常小，所以需要借助测量电路将其转换为相应的电压、电流或频率等信号。常用的测量电路有运算放大器式电路、电桥电路、调频电路、谐振电路以及脉冲宽度调制电路等。

电子技术的发展使得电容传感器存在的一些技术问题得到了解决，从而为其应用开辟了广阔的前景，它不但可用于精确测量位移、厚度、角度、振动等参数，还可进行力、压力、差压、流量、成分、液位等参数的测量。

【项目训练】

一、简答

1. 电容式传感器工作方式可分为哪三种类型？每种类型的工作原理和特点是什么？
2. 为什么变面积式电容传感器测量位移范围大？
3. 为什么说变间隙型电容传感器特性是非线性的？采取什么措施可改善其非线性特征？

二、分析

1. 图 6-21 是湿敏电容器结构示意图，它的两个上电极是梳状金属电极，下电极是一网状多孔金属电极，上下电极间是亲水性高分子介质膜。请简述这种电容传感器测量环境相对湿度的原理，并判断它属于哪种类型工作方式。

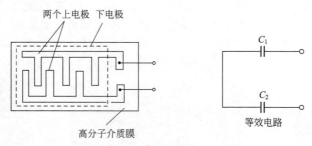

图 6-21 湿敏电容器结构示意图

2. 加速度传感器安装在轿车上，可以作为碰撞传感器。当测得的负加速度值超过设定值时，微处理器据此判断发生了碰撞，于是就启动轿车前部的折叠式安全气囊迅速充气而膨胀，托住驾驶员及前排乘员的胸部和头部。图 6-22 是硅微加工加速度传感器结构示意图。请简述这种加速度电容传感器的工作原理。

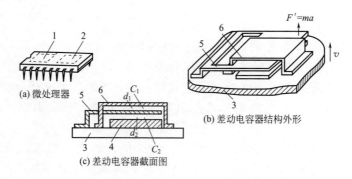

图 6-22 硅微加工加速度传感器结构示意图

1—加速度测试单元；2—信号处理电路；3—衬底；4—底层多晶硅（下电极）；
5—多晶硅悬臂梁；6—顶层多晶硅（上电极）

3. 图 6-23 中，电容式接近开关被应用在料位测量控制系统中，请简述这种电容传感器的工作过程。

4. 图 6-24 所示是电容式荷重传感器示意图，请简述这种电容传感器的工作过程。

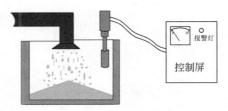
图 6-23 料位测量控制系统

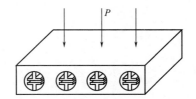
图 6-24 电容式荷重传感器

三、计算

变间隙电容传感器的测量电路为运算放大器电路,如图 6-25 所示。$C_0 = 200\text{pF}$,传感器的起始电容量 $C_{x0} = 20\text{pF}$,定、动极板距离 $d_0 = 1.5\text{mm}$,运算放大器为理想放大器(即 $K \to \infty$,$Z_i \to \infty$),R_f 极大,输入电压 $u_1 = 5\sin\omega t$。求当电容传感动极板上输入一位移量 $\Delta x = 0.15\text{mm}$,使 d_0 减小时,电路输出电压 u_o。

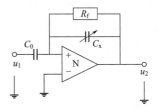
图 6-25 运算放大电路

• 项目七 •

差动变压器位移传感器的安装与测试

【项目描述】

差动变压器由一只初级线圈和两只次级线圈及一个铁芯组成（铁芯在可移动杆的一端），根据内外层排列不同，有二段式和三段式结构，本实训项目采用三段式结构。当传感器随着被测体移动时，初级线圈和次级线圈之间的互感发生变化，促使次级线圈感应电势产生变化，一只次级线圈感应电势增加，另一只感应电势则减少，将两只次级线圈反向串接（同名端连接），就产生差动输出，其输出电势反映出被测体的移动量。

通过本项目的学习，了解电感传感器的基本结构、类型、工作原理及特点；掌握差动电感工作方式；能根据不同物理量选择合适的工作类型；了解电感传感器的测量转换电路组成及其工作原理；正确分析由电感传感器组成的检测系统工作原理；能设计基本的电感检测系统。

【相关知识与技能】

电感式传感器是利用电磁感应原理将被测量（如位移、压力、流量、振动等）转换成电感量的变化，再由测量电路转换为电压或电流的变化量的一种传感器。它优点很多，如结构简单、工作可靠、测量精度高、零点稳定、输出功率较大等，不足之处是灵敏度、线性度和测量范围相互制约，传感器自身频率响应低，不适用于快速动态测量。电感式传感器能实现信息的远距离传输、记录、显示和控制，在工业自动控制系统中被广泛采用。

一、自感式传感器

自感式传感器（也叫变磁阻式电感传感器）是利用线圈自感量随气隙变化而变化的原理制成的，可直接用来测量位移量。它主要由线圈、铁芯、衔铁等部分组成。自感式传感器主要有闭磁路变隙式和开磁路螺线管式,它们又都可以分为单线圈式与差动式两种结构形式。

1. 自感式传感器工作原理及基本结构

(1) 工作原理

图 7-1 所示为变磁阻式传感器,其线圈的自感系数等于线圈中通入单位电流所产生的磁链数,即线圈的自感系数 $L=\psi/I=N\phi/I$,其中 ψ 为磁链,ϕ 为磁通,I 为流过线圈的电流,N 为线圈匝数。根据磁路欧姆定律:$\phi=\mu NIS/l$,其中 μ 为磁导率,S 为磁路截面积,l 为磁路总长度,磁路的磁阻为 $R_m=l/\mu S$,可得线圈的电感量为

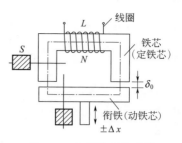

图 7-1 变磁阻式传感器

$$L=\frac{N\phi}{I}=\frac{\mu N^2 S}{l}=\frac{N^2}{R_m} \tag{7-1}$$

如把铁芯和衔铁的磁阻忽略不计,则式(7-1)可改写为

$$L=N^2/R_m \approx \frac{N^2 \mu_0 S_0}{2\delta_0} \tag{7-2}$$

式中　S_0——气隙的等效截面积;

　　　μ_0——空气的磁导率。

(2) 基本结构

自感式传感器实质上是一个带气隙的线圈。按磁路几何参数变化,自感式传感器有变气隙式、变面积式与螺管式三种,前两种属于闭磁路式,螺管式属于开磁路式,如图 7-2 所示。

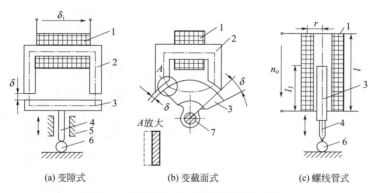

(a) 变隙式　　　(b) 变截面式　　　(c) 螺线管式

图 7-2　自感式电感传感器常见结构形式

1—线圈;2—铁芯;3—衔铁;4—测杆;5—导轨;6—工件;7—转轴

变气隙式自感式传感器结构原理如图 7-3 所示。图 7-3(a) 为单边式,它由铁芯、线圈、衔铁、测杆及弹簧等组成。变气隙式传感器的线性度差,示值范围窄,自由行程小,但在小位移下灵敏度很高,常用于小位移的测量。而变截面式传感器具有良好的线性度,自由行程大,示值范围宽,但灵敏度较低,通常用来测量比较大的位移。

为了扩大示值范围和减小非线性误差,可采用差动结构,如图 7-3(b) 所示。将两个线圈接在电桥的相邻臂,构成差动电桥,不仅可使灵敏度提高一倍,而且使非线性误差大为减小。如当 $\Delta x/l_0=10\%$ 时,单边式非线性误差小于 10%,而差动式非线性误差小于 1%。

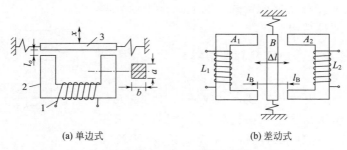

(a) 单边式　　　　　　　　(b) 差动式

图 7-3　变气隙式自感式传感器的结构原理
1—线圈；2—铁芯；3—衔铁

螺线管式自感式传感器常采用差动式。如图 7-4 所示，它是在螺线管中插入圆柱形铁芯而构成的。其磁路是开放的，气隙磁路占很长的部分。有限长螺线管内部磁场沿轴线非均匀分布，中间强，两端弱。插入铁芯的长度不宜过短，也不宜过长，一般以铁芯与线圈长度比为 0.5、半径比趋于 1 为宜。铁磁材料的选取取决于供桥电源的频率，500Hz 以下多用硅钢片，500Hz 以上多用坡莫合金，更高频率则选用铁氧体。从线性度考虑，匝数和铁芯长度有一最佳数值，应通过实训选定。

（3）输出特性

以变气隙式传感器为例，设自感式传感器初始气隙为 δ_0，初始电感量为 L_0，衔铁位移引起的气隙变化量为 $\Delta\delta$，从式(7-2) 可知，L 与 δ 之间是非线性关系，L 与 S 之间是线性关系，特性曲线如图 7-5 所示。

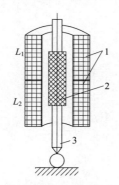

图 7-4　螺线管式自感式传感器的结构原理
1—测杆；2—衔铁；3—线圈

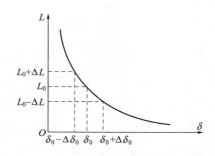

图 7-5　变隙式电感传感器 L-δ 特性

当衔铁上移 $\Delta\delta$ 时，传感器气隙减小 $\Delta\delta$，即 $\delta=\delta_0-\Delta\delta$，则此时输出电感为 $L=L_0+\Delta L$，即

$$L=L_0+\Delta L=\frac{N^2\mu_0 S}{2(\delta_0-\Delta\delta)}=\frac{L_0}{1-\dfrac{\Delta\delta}{\delta_0}} \tag{7-3}$$

当 $\dfrac{\Delta\delta}{\delta_0}\ll 1$ 时，

$$\frac{\Delta L}{L_0}=\frac{\Delta\delta}{\delta_0}+\left(\frac{\Delta\delta}{\delta_0}\right)^2+\left(\frac{\Delta\delta}{\delta_0}\right)^3+\cdots \tag{7-4}$$

忽略高次项得

$$\frac{\Delta L}{L_0}=\frac{\Delta\delta}{\delta_0} \tag{7-5}$$

同理,衔铁下移 $\Delta\delta$ 时,传感器气隙增大 $\Delta\delta$,即 $\delta=\delta_0+\Delta\delta$,则此时输出电感为 $L=L_0-\Delta L$,当忽略高次项时,ΔL 与 $\Delta\delta$ 呈线性关系:

$$\frac{\Delta L}{L_0}=\frac{\Delta\delta}{\delta_0} \tag{7-6}$$

综上所述,设气隙式传感器的灵敏度为 K,则有

$$K=\left|\frac{\Delta L}{\Delta\delta}\right|=\left|\frac{L_0}{\delta_0}\right|=\frac{N^2\mu_0 S}{2\delta^2} \tag{7-7}$$

差动式变气隙自感式传感器如图 7-3(b) 所示,将两个电感线圈接成交流电桥的相邻桥臂,另两个桥臂由电阻组成,电桥输出电压与 ΔL 有关,其具体表达式为

$$\Delta L = \Delta L_1+\Delta L_2 = 2L_0\frac{\Delta\delta}{\delta_0}\left[1+\frac{\Delta\delta}{\delta}+\left(\frac{\Delta\delta}{\delta_0}\right)+\cdots\right] \tag{7-8}$$

对上式进行线性处理,忽略高次项得

$$\frac{\Delta L}{L_0}=2\frac{\Delta\delta}{\delta_0} \tag{7-9}$$

其输出特性曲线如图 7-6 所示。差动式电感传感器的线性较好,且输出曲线较陡,灵敏度约为非差动式电感传感器的两倍。另外,差动式电感传感器对于外界影响,如温度的变化、电源频率的变化等基本上可以忽略,衔铁承受的电磁吸力也较小,从而减小了测量误差。

2. 自感式传感器的测量电路

自感式传感器的测量电路用来将电感量的变化转换成相应的电压或电流信号,以便供放大器进行放大,然后用测量仪表显示或记录。

自感式传感器的测量电路有交流分压式、交流电桥式和谐振式等多种,常用的差动式传感器大多采用交流电桥式。交流电桥的种类很多,采用差动方式工作时其电桥电路常采用双臂工作方式。两个差动线圈分别作为电桥的两个桥臂,另外两个平衡臂可以是电阻或电抗,或者是带中心抽头的变压器的两个二次绕组或紧耦合线圈等形式。

(1) 变压器交流电桥

变压器交流电桥采用变压器副绕组作平衡臂的交流电桥,如图 7-7 所示。因为电桥有两臂为传感器的差动线圈阻抗 Z_1 和 Z_2,所以该电路又称为差动交流电桥。

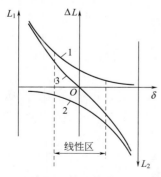

图 7-6 差动变隙式电感传感器 L-δ 特性
1,2—L_1、L_2 的特性;3—差动特性

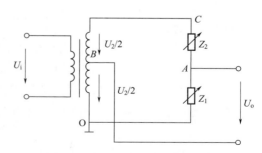

图 7-7 变压器式交流电桥电路图

设 O 点为电位参考点，根据电路的基本分析方法，可得到电桥输出电压 $\dot{U}_o$ 为

$$\dot{U}_o = \dot{U}_{AB} = \dot{V}_A - \dot{V}_B = \left(\frac{Z_1}{Z_1+Z_2} - \frac{1}{2}\right)\dot{U}_2 \tag{7-10}$$

当传感器的活动铁芯处于初始平衡位置时，两线圈的电感相等，阻抗也相等，即 $Z_{10} = Z_{20} = Z_0$，其中 Z_0 表示活动铁芯处于初始平衡位置时每一个线圈的阻抗。由式(7-10)可知，这时电桥输出电压 $\dot{U}_o = 0$，电桥处于平衡状态。

当铁芯向一边移动时，则一个线圈的阻抗增加，即 $Z_1 = Z_0 + \Delta Z$，而另一个线圈的阻抗减小，即 $Z_2 = Z_0 - \Delta Z$，代入式(7-10)得

$$\dot{U}_o = \left(\frac{Z_0 + \Delta Z}{2Z_0} - \frac{1}{2}\right)\dot{U}_2 = \frac{\Delta Z}{2Z_0}\dot{U}_2 \tag{7-11}$$

当传感器线圈为高 Q 值时，则线圈的电阻远小于其感抗，即 $R \ll \omega L$，根据式(7-11)可得到输出电压 $\dot{U}_o$ 的值为

$$\dot{U}_o = \frac{\Delta L}{2L_0}\dot{U}_2 \tag{7-12}$$

同理，当活动铁芯向另一边（反方向）移动时，有

$$\dot{U}_o = -\frac{\Delta L}{2L_0}\dot{U}_2 \tag{7-13}$$

综合式(7-12)和式(7-13)可得电桥输出电压 $\dot{U}_o$ 为

$$\dot{U}_o = \pm\frac{\Delta L}{2L_0}\dot{U}_2 \tag{7-14}$$

上式表明，差动式自感传感器采用变压器交流电桥为测量电路时，电桥输出电压既能反映被测体位移量的大小，又能反映位移量的方向，且输出电压与电感变化量呈线性关系。

（2）带相敏整流的交流电桥

上述变压器式交流电桥中，由于采用交流电源（$u_2 = U_{2m}\sin\omega t$），不论活动铁芯向线圈的哪个方向移动，电桥输出电压总是交流的，即无法判别位移的方向。为此，常采用带相敏整流的交流电桥，如图 7-8 所示。图中电桥的两个臂 Z_1、Z_2 分别为差动式传感器中的电感线圈，另两个臂为平衡阻抗 Z_3、Z_4（$Z_3 = Z_4 = Z_0$），VD_1、VD_2、VD_3、VD_4 四只二极管组成相敏整流器，输入交流电压加在 A、B 两点之间，输出直流电压 U_o 由 C、D 两点输出，测量仪表可以为零刻度居中的直流电压表或数字电压表。下面分析其工作原理。

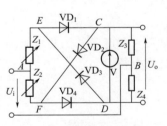

图 7-8 带相敏整流的交流电桥电路

初始平衡位置时，当差动式传感器的活动铁芯处于中间位置时，传感器两个差动线圈的阻抗 $Z_1 = Z_2 = Z_0$，其等效电路如图 7-9 所示。由图可知，无论在交流电源的正半周还是负半周，电桥均处于平衡状态，桥路没有电压输出，即

$$U_o = V_D - V_C = \frac{Z_0}{Z_0+Z_0}U_i - \frac{Z_0}{Z_0+Z_0}U_i = 0 \tag{7-15}$$

活动铁芯向一边移动时 当活动铁芯向线圈的一个方向移动时，传感器两个差动线圈的阻抗发生变化，等效电路如图 7-10 所示。

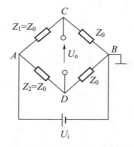 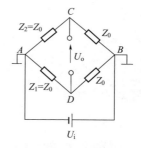

(a) 交流电正半周等效电路　　　　　　　　(b) 交流电负半周等效电路

图 7-9　铁芯处于初始平衡位置时的等效电路

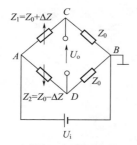 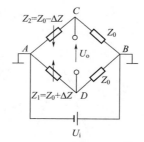

(a) 交流电正半周等效电路　　　　　　　　(b) 交流电负半周等效电路

图 7-10　铁芯向线圈一个方向移动时的等效电路

此时 Z_1、Z_2 的值分别为

$$Z_1 = Z_0 + \Delta Z$$
$$Z_2 = Z_0 - \Delta Z$$

在 U_i 的正半周，由图 7-10(a) 可知，输出电压为

$$U_o = V_D - V_C = \frac{\Delta Z}{2Z_0} \frac{1}{1-\left(\frac{\Delta Z}{2Z_0}\right)^2} U_i \tag{7-16}$$

当 $(\Delta Z/Z_0)^2 \ll 1$ 时，式 (7-16) 可近似地表示为

$$U_o \approx \frac{\Delta Z}{2Z_0} U_i \tag{7-17}$$

同理，在 U_i 的负半周，由图 7-10(b) 可知

$$U_o = V_D - V_C = \frac{\Delta Z}{2Z_0} \frac{1}{1-\left(\frac{\Delta Z}{2Z_0}\right)^2} |U_i| \approx \frac{\Delta Z}{2Z_0} |U_i| \tag{7-18}$$

由此可知，只要活动铁芯向一方向移动，无论在交流电源的正半周还是负半周，电桥输出电压 U_o 均为正值。

当活动铁芯向线圈的另一个方向移动时，用上述分析方法同样可以证明，无论在 U_i 的正半周还是负半周，电桥输出电压 U_o 均为负值，即

$$U_o = -\frac{\Delta Z}{2Z_0} |U_i| \tag{7-19}$$

综上所述可知，采用带相敏整流的交流电桥，其输出电压既能反映位移量的大小，又能

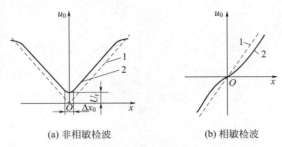

(a) 非相敏检波　　　　(b) 相敏检波

图 7-11　相敏整流交流电桥输出特性曲线

1—理想特性曲线；2—实际特性曲线

反映位移的方向，所以应用较为广泛。图 7-11 为相敏整流交流电桥输出特性。

（3）谐振式测量电路

谐振式测量电路有谐振式调幅电路（见图 7-12）、谐振式调频电路（见图 7-13）两种。

在调幅电路中，传感器电感 L 与电容 C 串联，与变压器原边串联在一起，接入交流电源。变压器副边有电压 U_o 输出，输出电压的频率与电源频率相同，而幅值随着电感 L 而变化。图 7-12(b) 所示为输出电压 U_o 与电感 L 的关系曲线，其中 L_0 为谐振点的电感值，此电路灵敏度很高，但线性差，适用于线性度要求不高的场合。

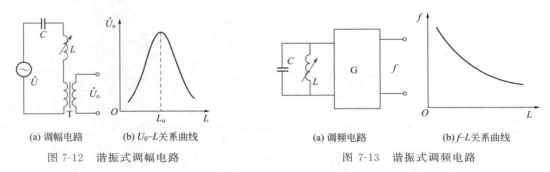

(a) 调幅电路　　(b) U_o-L 关系曲线　　　　(a) 调频电路　　(b) f-L 关系曲线

图 7-12　谐振式调幅电路　　　　　　　图 7-13　谐振式调频电路

调频电路的基本原理是传感器电感 L 变化会引起输出电压频率的变化。一般把传感器电感 L 和电容 C 接入一个振荡回路中，其振荡频率 $f=1/[2\pi(LC)^{1/2}]$。当 L 变化时，振荡频率随之变化，根据 f 的大小即可测出被测的量的值。图 7-13(b) 所示为 f 与 L 的关系曲线，它具有明显的非线性关系。

二、差动变压器式传感器

把被测的非电量转换为线圈互感变化的传感器称为互感式传感器。因这种传感器是根据变压器的基本原理制成的，并且其二次绕组都用差动形式连接，所以又叫差动变压器式传感器，简称差动变压器。它的结构形式较多，有变隙式、变面积式和螺线管式等，但其工作原理基本一样。在非电量测量中，应用最多的是螺线管式差动变压器，它可以测量 1～100mm 范围内的机械位移，并具有测量精度高、灵敏度高、结构简单、性能可靠等优点。

1. 差动变压器工作原理

如图 7-14 所示为螺线管式差动变压器的结构，它主要由绕组、活动衔铁和导磁外壳等组成。

图 7-15 所示是螺线管式差动变压器原理图。将两个匝数相等的二次绕组的同名端反向串联，并且忽略铁损、导磁体磁阻和绕组分布电容，当一次绕组 N_1 加以励磁电压 $\dot{U}_1$ 时，在两个二次绕组 N_{21} 和 N_{22} 中会产生感应电动势 $\dot{E}_{21}$ 和 $\dot{E}_{22}$（二次开路时即为 $\dot{U}_{21}$、$\dot{U}_{22}$）。若工艺上保证变压器结构完全对称，则当活动衔铁处于初始平衡位置时，必然会使两二次绕

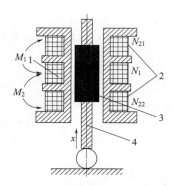
图 7-14 螺线管式差动变压器结构
1——次绕组；2—二次绕组；3—衔铁；4—测杆

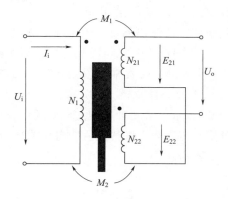
图 7-15 螺线管式差动变压器原理图

组磁回路的磁阻相等，磁通相同，互感系数 $M_1=M_2$。根据电磁感应原理，有 $\dot{E}_{21}=\dot{E}_{22}$，由于两二次绕组反向串联，因而 $\dot{U}_o=\dot{E}_{21}-\dot{E}_{22}=0$，即差动变压器输出电压为零，即

$$\dot{E}_{21}=-j\omega M_1 \dot{I}_1 \qquad \dot{E}_{22}=-j\omega M_2 \dot{I}_1 \tag{7-20}$$

$$\dot{U}_o=\dot{E}_{21}-\dot{E}_{22}=-j\omega(M_1-M_2)\dot{I}_1=j\omega(M_2-M_1)\dot{I}_1=0 \tag{7-21}$$

式中　ω——激励电源角频率；

M_1、M_2——绕组 N_1 与绕组 N_{21}、N_{22} 间的互感量；

$\dot{I}_1$——一次绕组的激励电流。

当活动衔铁向二次绕组 N_{21} 方向（向上）移动时，由于磁阻的影响，N_{21} 中的磁通将大于 N_{22} 中的磁通，可得 $M_1=M_0+\Delta M$、$M_2=M_0-\Delta M$，从而使 $M_1>M_2$，因而会使 $\dot{E}_{21}$ 增加、$\dot{E}_{22}$ 减小。因为 $\dot{U}_o=\dot{E}_{21}-\dot{E}_{22}=-2j\omega\Delta M\dot{I}_1$，综上分析可得

$$\dot{U}_o=\dot{E}_{21}-\dot{E}_{22}=\pm 2j\omega\Delta M\dot{I}_1 \tag{7-22}$$

式中的正负号表示输出电压与励磁电压同相或者反相。

由于在一定的范围内，互感的变化 ΔM 与位移 x 成正比，所以输出电压的变化与位移的变化成正比。实际上，当衔铁位于中心位置时，差动变压器的输出电压并不等于零，通常把差动变压器在零位移时的输出电压称为零点残余电压（见图 7-16），它的存在使传感器的输出特性曲线不过零点，造成实际特性与理论特性不完全一致。

零点残余电压使得传感器在零点附近的输出特性不灵敏，为测量带来误差。为了减小零点残余电压，可采用以下方法：

① 尽可能保证传感器尺寸、线圈电气参数与磁路对称；

② 选用合适的测量电路；

③ 采用补偿线路减小零点残余电压。

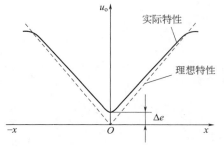
图 7-16 零点残余电压

2. 差动变压器测量电路

差动变压器输出的是交流电压,若用交流电压表测量,只能反映衔铁位移的大小,而不能反映移动方向。另外,其测量值中包含零点残余电压,为了能辨别移动方向及消除零点残余电压,实际测量时常常采用差动整流电路和相敏检波电路。

(1) 差动整流电路

图 7-17 给出了几种典型差动整流电路形式。这种电路是把差动变压器的两个次级输出电压分别整流,然后将整流后的电压或电流的差值作为输出,这样二次电压的相位和零点残余电压都不必考虑。

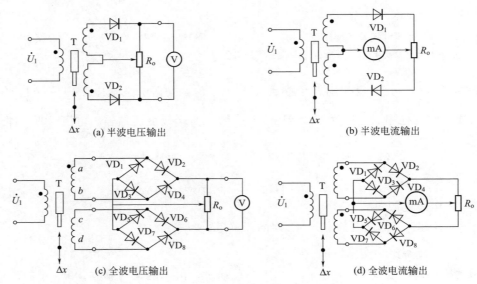

图 7-17 差动整流电路

(2) 差动相敏检波电路

差动相敏检波电路的种类很多,但基本原理大致相同。下面以二极管环形(全波)差动相敏检波电路为例说明其工作原理。

如图 7-18 所示,四个特性相同的二极管以同一方向串接成一个闭合回路,组成环形电桥。差动变压器输出的调幅波 u_2 通过变压器 T_1 加入环形电桥的一个对角线,解调信号 u_o 通

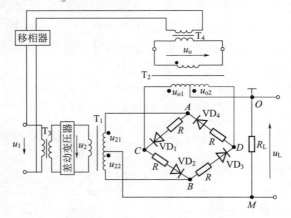

图 7-18 差动相敏检波电路

过变压器 T_2 加入环形电桥的另一个对角线,输出信号 u_L 从变压器 T_1 与 T_2 的中心抽头之间引出。平衡电阻 R 起限流作用,避免二极管导通时电流过大。R_L 为检波电路的负载。解调信号 u_o 的幅值要远大于 u_2,以便有效控制四个二极管的导通状态。u_o 与 u_1 由同一振荡器供电,以保证两者同频、同相(或反相)。

工作原理:

当 u_2 与 u_o 处于正半周时,VD_2、VD_3 导通,VD_1、VD_4 截止,形成两条电流通路,等效电路如图 7-19 所示。

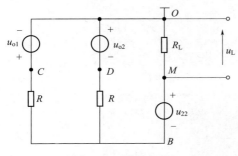

图 7-19 等效电路

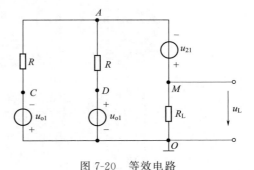

图 7-20 等效电路

电流通路 1 为:

$u_{o1}^+ \to C \to VD_2 \to B \to u_{22}^- \to u_{22}^+ \to R_L \to u_{o1}^-$

电流通路 2 为:

$u_{o2}^+ \to R_L \to u_{22}^+ \to u_{22}^- \to B \to VD_3 \to D \to u_{o2}^-$

当 u_2 与 u_o 同处于负半周时,VD_1、VD_4 导通,VD_2、VD_3 截止,同样有两条电流通路,等效电路如图 7-20 所示。

电流通路 1 为

$u_{o1}^+ \to R_L \to u_{21}^+ \to u_{21}^- \to A \to R \to VD_1 \to C \to u_{o1}^-$

电流通路 2 为

$u_{o2}^+ \to D \to R \to VD_4 \to A \to u_{21}^- \to u_{21}^+ \to R_L \to u_{o2}^-$

传感器衔铁上移

$$u_L = \frac{R_L u_2}{n_1(R+2R_L)} \quad (7\text{-}23)$$

传感器衔铁下移

$$u_L = -\frac{R_L u_2}{n_1(R+2R_L)} \quad (7\text{-}24)$$

其中 n_1 为变压器 T_1 的变比。

根据以上分析可画出输入输出电压波形,如图 7-21 所示。由于输出电压 U_L 是经二极管检波之后得到的,因此式(7-23)中的 u_2 为图 7-21(c)中的正包络线,而式(7-24)中的 u_2 为图 7-21(c)中的负包络线,它们共同形成的波形如图 7-21(e)所示。电压 U_L 的变化规律充分反映了被测位移量的变化规律,即 U_L 的幅值反映了被测位移量 Δx 的大小,U_L 的极性反映了被

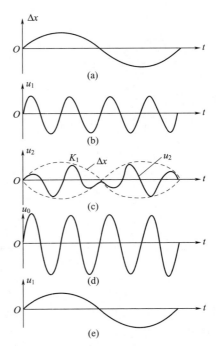

图 7-21 相敏检波电路波形图

测位移量 Δx 的方向。

【项目实施】

本实训项目所用器件与单元：差动变压器实训模块、测微头、双线示波器、差动变压器、音频信号源（音频振荡器）、直流电源、万用表，如图 7-22 所示。

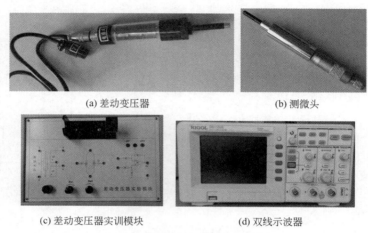

(a) 差动变压器　　(b) 测微头

(c) 差动变压器实训模块　　(d) 双线示波器

图 7-22　实训项目所用器件与单元

实训步骤如下。

① 将差动变压器和测微头安装在实训模板的支架座上，如图 7-23 所示。

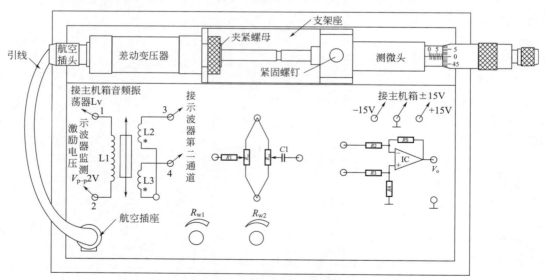

图 7-23　差动变压器安装接线图

② 按图 7-23 接线，差动变压器的原边 L1 的激励电压必须从主机箱中音频振荡器的 Lv 端子引入，检查接线无误后合上总电源开关，调节音频振荡器的频率为 4～5kHz（可用主机箱的频率表监测）；调节输出幅度峰值为 $V_{p\text{-}p}=2V$（可用示波器监测）。

③ 松开测微头的安装紧固螺钉，移动测微头的安装套，使示波器第二通道显示的 $V_{p\text{-}p}$

为较小值（变压器铁芯大约处在中间位置）。拧紧紧固螺钉，仔细调节测微头的微分筒，使示波器第二通道显示的 $V_{\text{p-p}}$ 为最小值（零点残余电压）并定为位移的相对零点。假设其中一个方向位移为正，另一个方向位移为负，从 $V_{\text{p-p}}$ 最小值开始，旋动测微头的微分筒，每隔 0.2mm（可取 10～25 点）从示波器上读出输出电压 $V_{\text{p-p}}$ 值，填入表 7-1，再将测位头退回到 $V_{\text{p-p}}$ 最小处，开始反方向做相同的位移实训。

从 $V_{\text{p-p}}$ 最小处决定位移方向后，测微头只能按所定方向调节位移，中途不允许回调，否则会由于测微头存在机械回差而引起位移误差。实训时每点位移量须仔细调节，绝对不能调节过量，如过量则只好剔除这一点，继续做下一点，或者回到零点重新做实训。

在一个方向行程实训结束而做另一方向时，测微头回到 $V_{\text{p-p}}$ 最小处时它的位移读数有变化（没有回到原来起始位置）是正常的，做实训时位移取相对变化量 Δx 为定值，只要中途测微头不回调就不会引起位移误差。

④ 实训过程中注意，差动变压器输出的最小值即为差动变压器的零点残余电压。根据表 7-1 中测得的数据画出 $V_{\text{op-p}}$-X 曲线，作出位移为 ±1mm、±3mm 时的灵敏度和非线性误差。实训完毕，关闭电源。

表 7-1　差动变压器位移 ΔX 值与输出电压 $V_{\text{p-p}}$ 数据表

V/mV									
x/mm									

【项目拓展】

一、自感式传感器的应用

自感式传感器的应用很广泛，它不仅可用于测量位移，还可以用于测量振动、应变、厚度、压力、流量、液位等。下面介绍两个应用实例。

1. 自感式测厚仪

图 7-24 所示为自感式测厚仪，它采用差动结构，其测量电路为带相敏整流的交流电桥。当被测物的厚度发生变化时，测杆上下移动，带动可动铁芯产生位移，从而改变了气隙的厚度，使线圈的电感量发生相应的变化。此电感变化量经过带相敏整流的交流电桥测量后，送测量仪表显示，其大小与被测物的厚度成正比。

2. 电感测微仪

图 7-25 所示是电感测微仪。测量时测头的测端与被测件接触，被测件的微小位移使衔铁在差动线圈中移动，线圈的电感

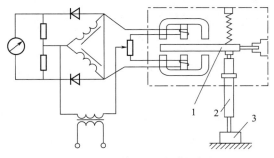

图 7-24　自感式测厚仪
1—可动铁芯；2—测杆；3—被测物

值将产生变化，这一变化量通过引线接到交流电桥，电桥的输出电压就反映被测件的位移变化量。

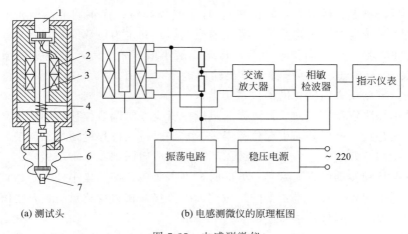

(a) 测试头　　　　　　　　　(b) 电感测微仪的原理框图

图 7-25　电感测微仪

1—引线；2—线圈；3—衔铁；4—测力弹簧；5—导杆；6—密封罩；7—测头

二、差动变压器式传感器的应用

1. 振动和加速度的测量

图 7-26 所示为测量振动与加速度的振动传感器。它由悬臂梁和差动变压器构成。测量时，将悬臂梁底座及差动变压器的线圈骨架固定，而将衔铁的 A 端与被测振动体相连，此时传感器作为加速度测量中的惯性元件，它的位移与被测加速度成正比，使加速度的测量转变为位移的测量。当被测体带动衔铁振动时，差动变压器的输出电压也按相同规律变化。

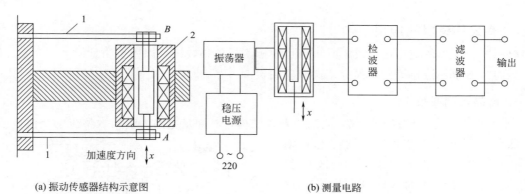

(a) 振动传感器结构示意图　　　　　　　　(b) 测量电路

图 7-26　振动传感器及其测量电路

1—弹性支撑；2—差动变压器

2. 力和压力的测量

图 7-27 是差动变压器式力传感器。当力作用于传感器时，弹性元件产生变形，从而导致衔铁相对线圈移动。线圈电感量的变化通过测量电路转换为输出电压变化，其大小反映了受力的大小。

图 7-28 是微压力传感器的结构示意图。在无压力作用时，膜盒在初始状态，与膜盒连接的衔铁位于差动变压器线圈的中心部。当压力输入膜盒后，膜盒的自由端产生位移，并带动衔铁移动，差动变压器就会产生正比于压力的输出电压。

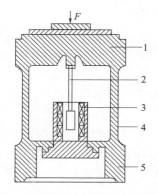
图 7-27　差动变压器式力传感器
1—上部；2—衔铁；3—线圈；
4—变形部；5—下部

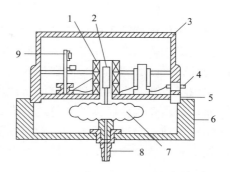
图 7-28　微压力传感器
1—差动变压器；2—衔铁；3—罩壳；4—插头；
5—通孔；6—底座；7—膜盒；8—接头；9—线路板

【项目小结】

电感传感器利用电磁感应原理将被测非电量转换成线圈自感量或互感量的变化，进而由测量电路转换为电压或电流的变化量。

自感式传感器实质上是一个带气隙的线圈。自感式传感器有变气隙式、变面积式与螺管式三种，前两种属于闭磁路式，螺管式属于开磁路式。

变压器式传感器把被测非电量转换为线圈间互感量的变化。差动变压器的结构形式有变隙式、变面积式和螺线管式等，其中应用最多的是螺线管式差动变压器。

电感式传感器利用电磁感应原理将被测非电量（如位移、压力、流量、振动等）转换成电感量的变化，再由测量电路转换为电压或电流的变化量。它优点很多，如结构简单、工作可靠、测量精度高、零点稳定、输出功率较大等，不足之处是灵敏度、线性度和测量范围相互制约，传感器自身频率响应低，不适用于快速动态测量。这种传感器能实现信息的远距离传输、记录、显示和控制，在工业自动控制系统中被广泛采用。

【项目训练】

一、单项选择

1. 下列不是电感式传感器的是_____。
   A. 变磁阻式自感传感器　　　B. 电涡流式传感器
   C. 变压器式互感传感器　　　D. 霍尔式传感器
2. 下列传感器中不能做成差动结构的是_____。
   A. 电阻应变式　　B. 自感式　　C. 电容式　　D. 电涡流式
3. 自感式传感器或差动变压器传感器采用相敏检波电路最重要的目的是为了_____。
   A. 将输出的交流信号转换成直流信号
   B. 提高灵敏度
   C. 减小非线性失真

D. 使检波后的直流电压能反映检波前交流信号的相位和幅度

二、简答

1. 电感式传感器的工作原理是什么？它能够测量哪些物理量？
2. 变气隙式传感器主要是由哪几部分组成？有什么特点？
3. 为什么螺线管式电感传感器比变气隙式电感传感器有更大的测量范围？
4. 何谓零点残余电压？说明该电压产生的原因和消除方法。
5. 差动变压器式传感器的测量电路有几种类型？说明它们的组成和工作原理。
6. 比较差动式自感传感器和差动变压器在结构上及工作原理上的异同之处。
7. 在电感传感器中常采用相敏整流电路，其作用是什么？

三、分析

1. 图 7-29 是一种力平衡式差压计结构原理图，请简述其工作过程。

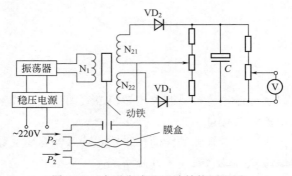

图 7-29　力平衡式差压计结构原理图

2. 图 7-30 所示为一差动整流电路，请分析电路的工作原理。

3. 图 7-31 所示为变气隙式差动电感压力传感器。它主要由 C 形弹簧管、衔铁、铁芯和线圈等组成。请简述其工作原理。

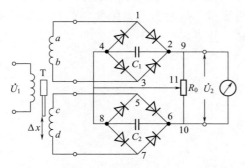

图 7-30　差动整流电路

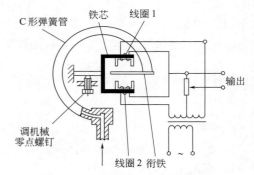

图 7-31　变气隙式差动电感压力传感器

项目八

电涡流位移传感器的安装与测试

【项目描述】

电涡流传感器是利用电涡流效应进行工作的,由于其结构简单、灵敏度高、频响范围宽、不受油污等介质的影响,并能进行非接触测量,因此应用极其广泛,可用来测量位移、厚度、转速、温度、硬度等参数,也可用于无损探伤领域。

通过本项目的学习,应掌握电涡流传感器的工作原理、基本结构和工作方式,熟悉电涡流传感器的工作特点,正确选择、安装、测试和应用电涡流传感器。

【相关知识与技能】

一、电涡流传感器工作原理和基本结构

1. 电涡流传感器工作原理

根据法拉第电磁感应定律,块状金属导体置于变化的磁场中或在磁场中作切割磁力线运动时,导体内将产生呈涡旋状的感应电流,该感应电流被称为电涡流或涡流,这种现象称为涡流效应。

根据电涡流效应制成的传感器称为电涡流传感器。按照电涡流在导体内的贯穿情况,这种传感器可分为高频反射式和低频透射式两类。

图 8-1 所示为涡流传感器的原理图。

当传感器线圈通以正弦交变电流 $\dot{I}_1$ 时,线圈周围空间必然产生正弦交变磁场 $\dot{H}_1$,使置于此磁场中的金属导体

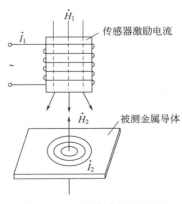

图 8-1 涡流传感器原理图

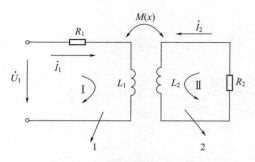

图 8-2 涡流传感器等效电路图
1—传感器线圈；2—涡流短路环

中感应产生电涡流 $\dot{I}_2$，$\dot{I}_2$ 又产生新的交变磁场 $\dot{H}_2$。根据楞次定律，$\dot{H}_2$ 的作用将反抗原磁场 $\dot{H}_1$，导致传感器线圈的等效阻抗发生变化。线圈阻抗的变化完全取决于被测金属导体的电涡流效应。而电涡流效应既与被测体的电阻率 ρ、磁导率 μ 以及几何形状有关，又与线圈几何参数、线圈中激磁电流频率 ω 有关，还与线圈与导体间的距离 x 有关。因此，传感器线圈受电涡流影响时的等效阻抗 Z 的函数关系式为

$$Z = F(\rho, \mu, R, \omega, x) \tag{8-1}$$

式中　R——线圈与被测体的尺寸因子。

如果保持上式中其他参数不变，而只改变其中一个参数，传感器线圈阻抗 Z 就是这个参数的单值函数。通过测量电路测出阻抗 Z 的变化量，即可实现对该参数的测量。

若把导体等效成一个短路线圈，可画出涡流传感器等效电路图，如图 8-2 所示。图中 R_2 为电涡流短路环等效电阻。根据基尔霍夫第二定律，可列出如下方程：

$$\begin{cases} R_1 \dot{I}_1 + j\omega L_1 \dot{I}_1 - j\omega M \dot{I}_2 = \dot{U}_1 \\ -j\omega M \dot{I}_1 + R_2 \dot{I}_2 + j\omega L_2 \dot{I}_2 = 0 \end{cases} \tag{8-2}$$

式中　ω——线圈激磁电流角频率；
　　　R_1、L_1——线圈电阻和电感；
　　　L_2、R_2——短路环等效电感和等效电阻。

等效阻抗 Z 的表达式为

$$Z = \frac{\dot{U}_1}{\dot{I}_1} = R_1 + \frac{\omega^2 M^2}{R_2^2 + (\omega L_2)^2} R_2 + j\omega \left[L_1 - \frac{\omega^2 M^2}{R_2^2 + (\omega L_2)^2} L_2 \right]$$

$$= R_{eq} + j\omega L_{eq} \tag{8-3}$$

式中　R_{eq}——线圈受电涡流影响后的等效电阻；
　　　L_{eq}——线圈受电涡流影响后的等效电感。

线圈的等效品质因数 Q 为

$$Q = \frac{\omega L_{eq}}{R_{eq}} \tag{8-4}$$

2. 电涡流形成范围

线圈导体系统产生的电涡流的密度既是线圈与导体间距离 x 的函数，又是线圈半径 r 的函数。当 x 一定时，电涡流密度 J 与半径 r 的关系曲线如图 8-3 所示。

图 8-3 中，J_0 为电涡流密度最大值，J_r 为半径 r 处的金属导体表面电涡流密度。

根据线圈—导体系统的电磁作用，可以得到

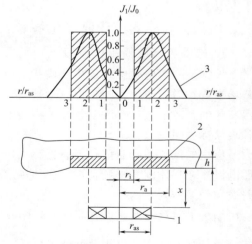

图 8-3 电涡流密度 J 与半径 r 的关系曲线
1—传感器线圈；2—短路环；3—电涡流密度曲线

金属导体表面的电涡流强度为

$$I_2 = I_1 \left[\frac{1-x}{(x^2 + r_{as}^2)^{1/2}} \right] \tag{8-5}$$

式中　I_1——线圈激励电流；

　　　I_2——金属导体中等效电流；

　　　x——线圈到金属导体表面距离；

　　　r_{as}——线圈外径。

根据（8-5）式作出归一化曲线，如图 8-4 所示。

由于趋肤效应，电涡流沿金属导体轴向的分布是不均匀的，其分布按指数规律衰减，可用下式表示：

$$J_d = J_0 e^{-d/h} \tag{8-6}$$

式中　d——金属导体中某一点至表面的距离；

　　　J_d——沿轴向 d 处的电涡流密度；

　　　J_0——金属导体表面电涡流密度，即电涡流密度最大值；

　　　h——电涡流轴向贯穿深度（趋肤深度）。

图 8-5 所示为电涡流密度轴向分布曲线。

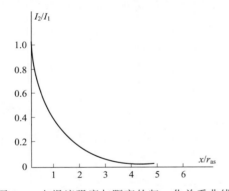

图 8-4　电涡流强度与距离的归一化关系曲线

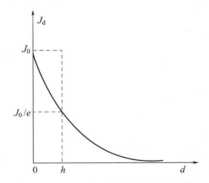

图 8-5　电涡流密度轴向分布曲线

3. 电涡流传感器基本结构和类型

（1）电涡流传感器基本结构

涡流式传感器主要由线圈和框架组成。根据线圈在框架上的安置方法，传感器的结构可分为两种形式：一种是单独绕一只无框架的扁平圆形线圈，用胶水将此线圈粘接于框架的顶部，如图 8-6 所示的 CZF3 型电涡流式传感器；另一种是在框架的接近端面处开一条细槽，用导线在槽中绕成一只线圈，如图 8-7 所示的 CZF1 型电涡流式传感器。

（2）电涡流传感器基本类型

电涡流在金属导体内的渗透深度与传感器线圈的激励信号频率有关，故电涡流式传感器可分为高频反射式和低频透射式两类。目前高频反射式电涡流传感器应用较广泛。

高频（>1MHz）激励电流产生的高频磁场作用于金属板的表面，由于集肤效应，在金属板表面将形成涡流。与此同时，该涡流产生的交变磁场又反作用于线圈，引起线圈自感 L 或阻抗 Z_L 的变化，线圈自感 L 或阻抗 Z_L 的变化与距离 h、金属板的电阻率 ρ、磁导率 μ、激励电流 i 及角频率 ω 等有关，若只改变距离 h 而保持其他参数不变，则可将位移的变化转

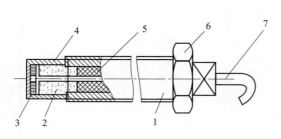

图 8-6　CZF3 型涡流式传感器

1—壳体；2—框架；3—线圈；4—保护套；
5—填料；6—螺母；7—电缆

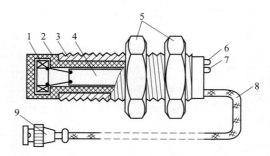

图 8-7　CZF1 型电涡流式传感器

1—电涡流线圈；2—前端壳体；3—位置调节螺杆；
4—信号处理电路；5—夹持螺母；6—电源指示灯；
7—阈值指示灯；8—输出屏蔽电缆线；9—电缆插头

换为线圈自感的变化，通过测量电路转换为电压输出。

图 8-8 所示是高频反射式涡流测厚仪测试系统。为了克服带材不够平整或运行过程中上下波动的影响，在带材的上、下两侧对称地设置了两个特性完全相同的电涡流传感器 S_1、S_2。S_1、S_2 与被测带材表面之间的距离分别为 x_1 和 x_2。如果被测带材厚度改变量为 $\Delta\delta$，则两传感器与带材之间的距离也改变了 $\Delta\delta$，通过指示仪表即可指示出带材的厚度变化值。

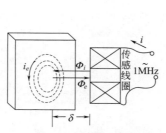
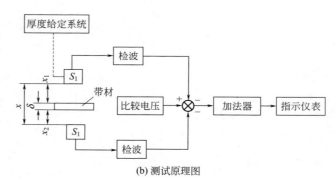

(a) 高频反射式涡流测厚仪示意图　　　　　　(b) 测试原理图

图 8-8　高频反射式涡流测厚仪

图 8-9 为低频透射式电涡流传感器的结构原理图。在被测金属板的上方设有发射传感器线圈 L_1，在被测金属板下方设有接收传感器线圈 L_2。当在 L_1 上加低频电压 U_1 时，L_1 上产生交变磁通 ϕ_1，若两线圈间无金属板，则交变磁通直接耦合至 L_2 中，L_2 产生感应电压 U_2。如果将被测金属板放入两线圈之间，则 L_1 线圈产生的磁场将导致在金属板中产生电涡流，并将贯穿金属板，此时磁场能量受到损耗，使到达 L_2 的磁通减弱为 ϕ_1'，从而使 L_2 产生的感应电压 U_2 下降。金属板越厚，涡流损失就越大，电压 U_2 就越小。因此，可根据 U_2 电压的大小得知被测金属板的厚度。透射式电涡流传感器的检测范围可达 $1\sim100$mm，分辨率为 0.1μm，线性度为 1%。

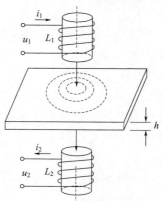

图 8-9　低频透射式电涡流传感器

二、电涡流传感器测量电路

1. 电桥电路

如图 8-10 所示,L_1 和 L_2 为传感器两线圈,分别与选频电容 C_1 和 C_2 并联组成两桥臂,电阻 R_1 和 R_2 组成另外两桥臂。静态时,电桥平衡,桥路输出 $U_{AB}=0$。工作时,传感器接近被测体,测量电桥失去平衡,即 $U_{AB}\neq 0$,经线性放大后送检波器,输出直流电压 U,显然此输出电压 U 的大小正比于传感器线圈的移动量,从而可实现对位移量的测量。

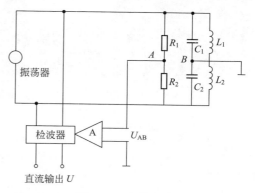

图 8-10 电桥电路

2. 调幅式电路

调幅式电路如图 8-11 所示,当金属导体远离传感器时,LC 并联谐振回路谐振频率即为石英晶体振荡频率 f_0。回路呈现的阻抗最大,谐振回路上的输出电压也最大;当金属导体靠近传感器时,线圈的等效电感 L 发生变化,导致回路失谐,从而使输出电压降低。

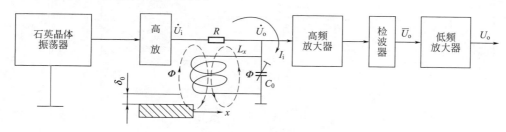

图 8-11 调幅式电路

3. 调频式电路

如图 8-12 所示,传感器线圈接入 LC 振荡回路,当电涡流线圈与被测体的距离改变时,电涡流线圈的电感量 L 也随之改变,引起 LC 振荡器的输出频率变化 Δf,此频率可直接用计算机测量。如果要用仪表进行显示或记录时,必须使用鉴频器,将 Δf 转换为电压 ΔU_0。

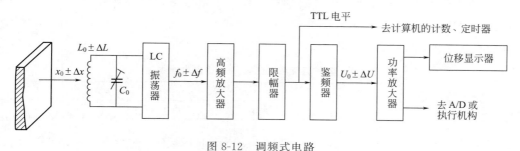

图 8-12 调频式电路

【项目实施】

本实训需用器件与单元:电涡流传感器实训模块、电涡流传感器、直流电源、数显单元

(主控台电压表)、测微头、铁圆片,如图 8-13 所示。

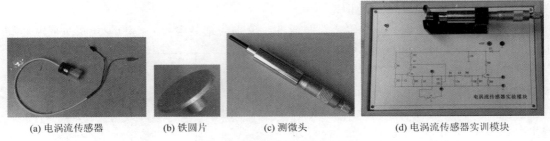

(a) 电涡流传感器　　(b) 铁圆片　　(c) 测微头　　(d) 电涡流传感器实训模块

图 8-13　实训需用器件与单元

实训步骤如下。

① 观察传感器结构,这是一个平绕线圈。根据图 8-14 安装测微头、被测体、电涡流传感器,并接线。

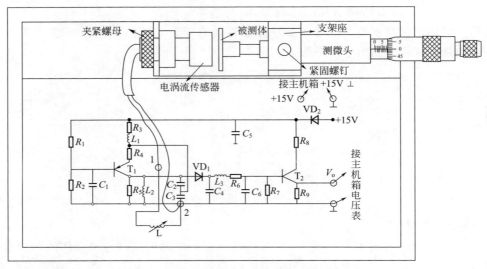

图 8-14　电涡流传感器安装示意图

② 调节测微头,使被测体与传感器端部接触,将电压表显示选择开关切换到 20V 挡,检查接线无误后开启主机箱电源开关,记下电压表读数,然后每隔 0.1mm 读一个数,直到输出几乎不变为止。将数据列入表 8-1。

表 8-1　电涡流传感器位移 x 与输出电压数据

x/mm									
V/V									

③ 根据表 8-1 数据,画出 V-x 曲线,根据曲线找出线性区域以及进行正、负位移测量时的最佳工作点,试计算测量范围为 1mm 与 3mm 时的灵敏度和线性度,实训完毕,关闭电源。

【项目拓展】

电涡流传感器的特点是结构简单,易于进行非接触连续测量,灵敏度较高,适用性强,因此得到了广泛的应用。它的变换量可以是位移 x，也可以是被测材料的参数。其应用大致有下列四个方面：①利用位移 x 作为变换量，可以做成测量位移、厚度、振幅、转速等传感器，也可做成接近开关、计数器等；②利用材料电阻率 ρ 作为变换量，可以做成测量温度等的传感器；③利用磁导率 μ 作为变换量，可以做成测量应力、硬度等的传感器；④综合利用变换量 x、ρ、μ，可以做成探伤装置。

1. 测量转速

图 8-15 所示为电涡流式转速传感器工作原理图。在软磁材料制成的输入轴上加工一键槽（或装上一个齿轮状的零件），在距输入表面 d_0 处设置电涡流传感器，输入轴与被测旋转轴相连。当旋转体转动时，输出轴的距离发生 Δd 的变化。由于电涡流效应，这种变化将导致振荡回路的品质因数变化，使传感器线圈电感也发生变化，影响振荡器的电压幅值和振荡频率。因此，随着输入轴的旋转，从振荡器输出的信号中包含有与转数成正比的脉冲频率信号，该信号由检波器检出，然后送整形电路，经电路处理便可得到被测转速。

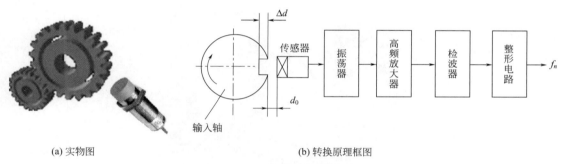

图 8-15 电涡流式转速传感器

2. 测位移

如图 8-16 所示，当金属物体接近传感头时，金属表面将吸取传感头中的高频振荡能量，使振荡器的输出幅度线性衰减，根据衰减量的变化，可计算出与被检物体的距离。这种位移传感器属于非接触测量，工作时不受灰尘等非金属因素的影响，寿命较长，可在各种恶劣条件下使用。

3. 电涡流接近开关

电涡流接近开关属于一种开关量输出位置传感器，外形如图 8-17 所示，原理图如图 8-18 所示。它由 LC 高频振荡器和放大处理电路组成，金属物体在接近感应头时，内部产生涡流，这个涡流反作用于接近开关，使接近开关电

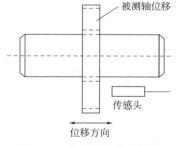

图 8-16 主轴轴向位移测量

路振荡能力衰减，内部电路的参数发生变化，进而控制开关的通或断。这种接近开关所能检测的物体必须是导电性能良好的金属物体。

4. 电涡流探伤

利用电涡流式传感器可以检查金属表面裂纹、热处理裂纹，以及焊接的缺陷等，实现无损探伤，如图 8-19 所示。在探伤时，传感器应与被测导体保持距离不变。检测时，由于裂

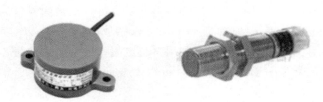

图 8-17　电涡流接近开关外形图

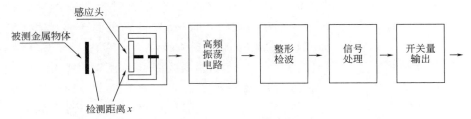

图 8-18　电涡流式接近开关原理图

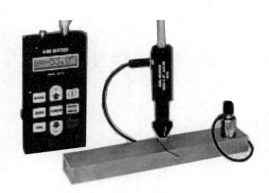

图 8-19　电涡流无损探伤

纹出现，导体的电导率、磁导率会产生变化，从而引起输出电压的突变，以此可检测是否有缺陷。

【项目小结】

通过本项目的学习，重点掌握涡流效应的概念，涡流式传感器的基本结构、工作方式、工作特点以及应用等。

块状金属导体置于变化的磁场中或在磁场中作切割磁力线运动时，导体内将产生呈涡旋状的感应电流，该感应电流被称为电涡流，这种现象被称为涡流效应。电涡流式传感器是利用电涡流效应进行工作的。

电涡流传感器主要由线圈和框架组成。根据电涡流效应制成的传感器称为电涡流传感器。按照电涡流在导体内的贯穿情况，电涡流传感器可分为高频反射式和低频透射式两类，从基本工作原理上来说两者是相似的。

电涡流传感器的特点是结构简单，易于进行非接触的连续测量，灵敏度较高，适用性强，因此得到了广泛的应用。它的变换量可以是位移 x，也可以是被测材料的性质（ρ 或 μ）。

【项目训练】

一、单项选择

1. 电涡流接近开关可以利用电涡流原理检测出_____的靠近程度。
   A. 人体　　　　　B. 水　　　　　C. 黑色金属零件　　　　D. 塑料零件

2. 电涡流探头的外壳用_____制作较为恰当。
   A. 不锈钢　　　　B. 塑料　　　　C. 黄铜　　　　　　　D. 玻璃

3. 当电涡流线圈靠近非磁性导体板材后，线圈的等效电感 L _____，调频转换电路的输出频率 f _____。
   A. 不变　　　　　B. 增大　　　　C. 减小

4. 欲探测埋藏在地下的金银，应选择直径为_____左右的电涡流探头。
   A. 0.1mm　　　　B. 5mm　　　　C. 50mm　　　　　　　D. 500mm

5. 电涡流式传感器激磁线圈的电源是_____。
   A. 直流　　　　　B. 工频交流　　C. 高频交流　　　　　D. 低频交流

二、分析

1. 用一电涡流式测振仪测量某机器主轴的轴向窜动，已知传感器的灵敏度为 2.5mV/mm，最大线性范围（优于1%）为5mm。现将传感器安装在主轴的右侧，使用高速记录仪记录下的振动波形如图8-20所示。试求：

   (1) 轴向振动 $a_m \sin\omega t$ 的振幅 a_m 为多少？

   (2) 主轴振动的基频 f 是多少？

   (3) 为了得到较好的线性度与最大的测量范围，传感器与被测金属的安装距离 l 以多少毫米为佳？

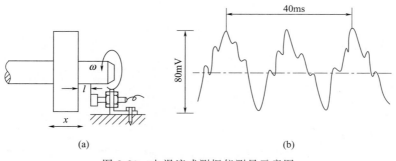

图 8-20　电涡流式测振仪测量示意图

2. 涡流的形成范围和渗透深度与哪些因素有关？被测体对涡流传感器的灵敏度有何影响？

项目九

热电偶测温传感器的安装与测试

【项目描述】

把温度变化转换为电势的热电式传感器称为热电偶。热电偶测量精度高,测量范围广,构造简单,使用方便,在工业测温中得到了广泛应用。

通过本项目的学习,大家应掌握热电效应及其基本定律,熟悉热电偶传感器的基本结构及应用场合,正确熟练查找热电偶分度表,能正确选择热电偶补偿导线,熟悉热电偶冷端补偿方法。

【相关知识与技能】

一、热电效应及基本概念

1. 热电效应

将两种不同成分的导体组成一个闭合回路,如图 9-1 所示,当闭合回路的两个结点分别置于不同的温度场中时,回路中将产生一个电势,这种现象称为"热电效应",两种导体组成的回路称为"热电偶",这两种导体称为"热电极",产生的电势则称为"热电势",热电偶的两个结点,一个称为测量端(工作端或热端),另一个称为参考端(自由端或冷端)。

热电势由两部分组成,一部分是两种导体的接触电势,另一部分是单一导体的温差电势。

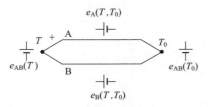

图 9-1 热电偶回路原理

2. 接触电势

当 A 和 B 两种不同材料的导体接触时,由于两者内部单位体积内的自由电子数目不同(即自由电子密度不同),电子在两个方向上扩散的速率就不一样。假设导体 A 的自由电子密度大于导体 B 的自由电子密度，则导体 A 扩散到导体 B 的电子数要比导体 B 扩散到导体 A 的电子数大，所以导体 A 失去电子带正电荷，导体 B 得到电子带负电荷。于是，在 A、B 两导体的接触界面上便形成一个由 A 到 B 的电场，如图 9-2(a) 所示。该电场的方向与扩散进行的方向相反，它将引起反方向的电子转移，阻碍扩散作用的继续进行。当扩散作用与阻碍扩散作用平衡时，即自导体 A 扩散到导体 B 的自由电子数与在电场作用下自导体 B 移到导体 A 的自由电子数相等时，导体内部便处于一种动态平衡状态。在这种状态下，A 与 B 两导体的接触处产生了电位差，称为接触电势。接触电势的大小与导体材料、结点的温度有关，与导体的直径、长度及几何形状无关。接触电势大小为

$$e_{AB}(T) = \frac{kT}{e} \ln \frac{n_A}{n_B} \tag{9-1}$$

式中　$e_{AB}(T)$——导体 A、B 在结点温度为 T 时形成的接触电动势；

　　　T——接触处的绝对温度，K；

　　　k——波尔兹曼常数，$k=1.38\times10^{-23}$ J/K；

　　　e——单位电荷，$e=1.6\times10^{-19}$ C；

　　　n_A、n_B——材料 A、B 在温度为 T 时的自由电子密度。

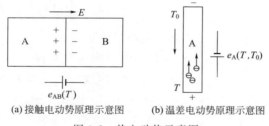

(a) 接触电动势原理示意图　　(b) 温差电动势原理示意图

图 9-2　热电动势示意图

3．温差电动势

如图 9-2(b) 所示，将某一导体两端分别置于不同的温度场 T、T_0 中，在导体内部，热端自由电子具有较大的动能，向冷端移动，从而使热端失去电子带正电荷，冷端得到电子带负电荷。这样，导体两端便产生了一个由热端指向冷端的静电场，该静电场阻止电子从热端向冷端移动，最后达到动态平衡。这样，导体两端便产生了电势，我们称为温差电动势。即

$$e_A(T、T_0) = \int_{T_0}^{T} \sigma_A dT \tag{9-2}$$

式中　$e_A(T、T_0)$——导体 A 在两端温度分别为 T 和 T_0 时的温差电动势；

　　　σ_A——导体 A 的汤姆逊系数，表示单一导体两端的温差为 1℃时所产生的温差电动势。

4．热电偶的电势

设导体 A、B 组成热电偶的两结点温度分别为 T 和 T_0，热电偶回路所产生的总电动势 $E_{AB}(T,T_0)$ 包括接触电动势 $e_{AB}(T)$、$e_{AB}(T_0)$ 和温差电动势 $e_A(T、T_0)$、$e_B(T、T_0)$，取 $e_{AB}(T)$ 的方向为正，则

$$E_{AB}(T、T_0) = e_{AB}(T) - e_{AB}(T_0) - e_A(T、T_0) + e_B(T、T_0) \tag{9-3}$$

一般在热电偶回路中接触电动势远远大于温差电动势，所以温差电动势可以忽略不计，上式可改写成

$$E_{AB}(T、T_0)=e_{AB}(T)-e_{AB}(T_0)=\frac{kT}{e}\ln\frac{n_A}{n_B}-\frac{kT_0}{e}\ln\frac{n_A}{n_B}=\frac{k}{e}(T-T_0)\ln\frac{n_A}{n_B} \quad (9-4)$$

综上所述，可以得出以下结论：

① 如果热电偶两材料相同，则无论结点处的温度如何，总电势为0；

② 如果两结点处的温度相同，即使 A、B 材料不同，总热电势为0；

③ 热电偶热电势的大小，只与组成热电偶的材料和两结点的温度有关，而与热电偶的形状尺寸无关，当热电偶两电极材料固定后，热电势便是两结点电势差；

④ 如果使冷端温度 T_0 保持不变，则热电动势便成为热端温度 T 的单一函数。用实验方法可求取这个函数关系。通常令 $T_0=0℃$，然后在不同的温差（$T-T_0$）情况下，精确地测定出回路总热电动势。

二、热电偶基本定律

1. 均质导体定律

由一种均质导体组成的闭合回路中，不论导体的截面和长度如何以及各处的温度分布如何，都不能产生热电势。

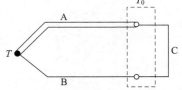

图 9-3 第 3 种导体接入热电偶回路

这一定律说明，热电偶必须采用两种不用材料的导体组成，热电偶的热电动势仅与两结点的温度有关。

2. 中间导体定律

在热电偶中接入第 3 种均质导体，只要第 3 种导体的两结点温度相同，则热电偶的热电势不变。

如图 9-3 所示，在热电偶中种接入第 3 种导体 C，设导体 A 与 B 结点处的温度为 T，A 与 C、B 与 C 两结点处的温度为 T_0，则回路中的热电势为：

$$\begin{aligned}E_{ABC}(T、T_0)&=e_{AB}(T)+e_{BC}(T_0)+e_{CA}(T_0)\\&=e_{AB}(T)+\left(\frac{kT_0}{e}\ln\frac{n_B}{n_C}+\frac{kT_0}{e}\ln\frac{n_C}{n_A}\right)\\&=e_{AB}(T)-\frac{kT_0}{e}\ln\frac{n_A}{n_B}\\&=e_{AB}(T)-e_{AB}(T_0)\\&=E_{AB}(T,T_0)\end{aligned} \quad (9-5)$$

即 $E_{ABC}(T,T_0)=E_{AB}(T,T_0)$

热电偶的这种性质有很重要的实用意义，它使我们可以方便地在回路中直接接入各种类型的显示仪表或调节器，也可以将热电偶的两端直接插入液态金属中或直接焊在金属表面进行测量。

推论：在热电偶中接入第 4、5 种导体，只要保证插入导体的两结点温度相同，且是均质导体，则热电偶的热电势仍不变。

3. 标准电极定律（参考电极定律）

如图 9-4 所示，已知热电极 A、B 分别与标准电极 C 组成热电偶，在结点温度为 (T,T_0) 时的热电动势分别为 $E_{AC}(T,T_0)$ 和 $E_{BC}(T,T_0)$，则在相同温度下，由 A、B 两种热电极配对后的热电动势为

$$E_{AB}(T,T_0)=E_{AC}(T,T_0)-E_{BC}(T,T_0) \tag{9-6}$$

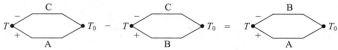

图 9-4　三种导体分别组成的热电偶

参考电极定律大大简化了热电偶的选配工作。只要获得有关热电极与参考电极配对的热电动势，那么任何两种热电极配对时的热电动势均可利用该定律计算，而不需要逐个进行测定。在实际应用中，由于纯铂丝的物理化学性能稳定、熔点高、易提纯，所以目前常用纯铂丝作为标准电极。

例 9.1　已知铂铑$_{30}$-铂热电偶的 $E_{AC}(1084.5,0)=13.937(\text{mV})$，铂铑$_6$-铂热电偶的 $E_{BC}(1084.5,0)=8.354(\text{mV})$。求铂铑$_{30}$-铂铑$_6$ 在相同温度条件下的热电动势。

解：由标准电极定律可知，$E_{AB}(T,T_0)=E_{AC}(T,T_0)-E_{BC}(T,T_0)$，所以
$E_{AB}(1084.5,0)=E_{AC}(1084.5,0)-E_{BC}(1084.5,0)=13.937-8.354=5.583(\text{mV})$

4. 中间温度定律

热电偶在两结点温度分别为 T、T_0 时的热电势等于该热电偶在结点温度为 T、T_n 和 T_n、T_0 时相应热电势的代数和，即

$$E_{AB}(T,T_0)=E_{AB}(T,T_n)+E_{AB}(T_n,T_0) \tag{9-7}$$

中间温度定律为在工业测温中使用补偿导线提供了理论基础。该定律是参考端温度计算修正法的理论依据，其示意图见图 9-5。

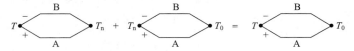

图 9-5　热电偶中间温度定律示意图

在实际热电偶测温回路中，利用热电偶的这一性质，可对参考端温度不为 0℃ 的热电势进行修正。

例 9.2　镍铬-镍硅热电偶，工作时其自由端温度为 30℃，测得热电势为 39.17mV，求被测介质的实际温度。

解：由 $t_0=0$℃，查镍铬-镍硅热电偶分度表，$E(30,0)=1.2\text{mV}$，又知 $E(t,30)=39.17\text{mV}$，所以 $E(t,0)=E(30,0)+E(t,30)=1.2\text{mV}+39.17\text{mV}=40.37\text{mV}$。再用 40.37mV 反查分度表得 977℃，即被测介质的实际温度。

为了适应不同生产对象的测温要求和测温条件，热电偶有很多结构形式，包括普通型热电偶、铠装型热电偶和薄膜热电偶等。热电偶的种类虽然很多，但通常由金属热电极、绝缘子、保护套管及接线装置等部分组成。

三、热电偶类型和基本结构

1. 普通型热电偶

普通型结构热电偶工业上使用最多，它一般由热电极、绝缘套管、保护管和接线盒组成，其结构如图 9-6 所示。普通型热电偶按其安装时的连接形式可分为固定螺纹连接、固定法兰连接、活动法兰连接、无固定装置等多种形式。

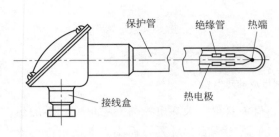

图 9-6 普通型热电偶结构图

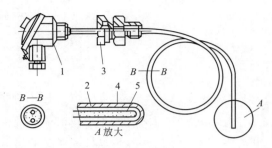

图 9-7 铠装型热电偶结构
1—接线盒;2—金属套管;3—固定装置;
4—绝缘材料;5—热电极

2. 铠装型热电偶

铠装型热电偶又称套管热电偶。它是由热电偶丝、绝缘材料和金属套管三者加工而成的坚实组合体,如图 9-7 所示。它可以做得很细很长,使用中能任意弯曲。铠装型热电偶的主要优点是测温端热容量小,动态响应快,机械强度高,挠性好,可安装在结构复杂的装置上,被广泛用在许多工业部门中。

3. 薄膜热电偶

薄膜热电偶采用真空蒸镀(或真空溅射)、化学涂层等工艺,将热电极材料沉积在绝缘基板上,形成一层金属薄膜,测量端既小又薄(厚度可达 $0.01\sim0.1\mu m$),因而热惯性小,反应快,可用于测量瞬变的表面温度和微小面积上的温度。图 9-8 所示为铁-镍薄膜热电偶。其结构有片状、针状等。

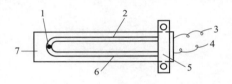

图 9-8 铁-镍薄膜热电偶结构
1—测量接点;2—铁膜;3—铁丝;4—镍丝;
5—接头夹具;6—镍膜;7—衬架

4. 表面热电偶

表面热电偶是用来测量固体表面温度的,如测量轧辊、金属块、炉壁、橡胶筒和涡轮叶片等表面温度。

四、热电偶材料

1. 对热电极材料的一般要求

① 配对的热电偶应有较大的热电势,并且热电势对温度尽可能有良好的线性关系;

② 能在较宽的温度范围内应用,并且在长时间工作后,不会发生明显的化学及物理性能的变化;

③ 电阻温度系数小,电导率高;

④ 易于复制,工艺性与互换性好,便于制定统一的分度表,材料要有一定的韧性,焊接性能好,以利于制作。

2. 电极材料的分类

① 一般金属:如镍铬-镍硅,铜-镍铜,镍铬-镍铝,镍铬-康铜等。

② 贵金属:这类热电偶材料主要是由铂、铱、铑、钌、锇及其合金组成,如铂铑-铂、铱铑-铱等。

③ 难熔金属:这类热电偶材料系由钨、钼、铌、铼、锆等难熔金属及其合金组成,如

钨铼-钨铼、铂铑-铂铑等热电偶。

3. 绝缘材料

热电偶测温时，除测量端以外，热电极之间和连接导线之间均要求有良好的电绝缘，否则会有热电势损耗而产生测量误差，甚至无法测量。

① 有机绝缘材料：这类材料具有良好的电气性能、物理及化学性能，以及工艺性，但耐高温、高频和稳定性较差。

② 无机绝缘材料：其有较好的耐热性，常制成圆形或椭圆形的绝缘管，有单孔、双孔、四孔及其他特殊规格。其材料有陶瓷、石英、氧化铝和氧化镁等。除管材外，还可以将无机绝缘材料直接涂覆在热电极表面，或者把粉状材料经加压后烧结在热电极和保护管之间。

4. 保护管材料

对保护材料的要求如下：
① 气密性好，可有效地防止有害介质深入而腐蚀结点和热电极；
② 应有足够的强度及刚度，耐振、耐热冲击；
③ 物理化学性能稳定，在长时间工作中不与介质、绝缘材料和热电极互相作用，也不产生对热电极有害的气体；
④ 导热性能好，使结点与被测介质有良好的热接触。

五、常用热电偶及安装

热电偶可分为标准化热电偶和非标准化热电偶两种类型。标准化热电偶是指国家已经定型批量生产的热电偶；非标准化热电偶是指为特殊用途生产的热电偶，包括铂铑系、铱铑系及钨铼系热电偶等。目前工业上常用的有 4 种标准化热电偶，即铂铑$_{30}$-铂铑$_6$，铂铑$_{10}$-铂，镍铬-镍硅和镍铬-铜镍热电偶。

铱和铱合金热电偶如铱铑$_{40}$-铱、铱铑$_{60}$-铱热电偶，能在氧化环境中测量高达 2100℃ 的高温，且热电动势与温度关系线性好。

钨铼热电偶可用在真空惰性气体介质或氢气介质中，但高温抗氧能力差。

金铁-镍铬热电偶主要用于低温测量，可在 2～273K 范围内使用，灵敏度约为 10μV/℃。

钯-铂铱$_{15}$热电偶是一种高输出性能的热电偶，在 1398℃ 时的热电势为 47.255mV，比铂铑$_{10}$-铂热电偶在同样温度下的热电势高出 3 倍，因而可配用灵敏度较低的指示仪表，常应用于航空工业。

热电偶在现场安装时要注意以下问题。

(1) 插入深度要求

安装时热电偶的测量端应有足够的插入深度，管道上安装时应使保护套管的测量端超过管道中心线 5～10mm。

(2) 注意保温

为防止传导散热产生测温附加误差，保护套管露在设备外部的长度应尽量短，并加保温层。

(3) 防止变形

为防止高温下保护套管变形，应尽量垂直安装。若需水平安装时，则应有支架支撑。

热电偶在实际测温线路中有多种测温形式，为了减小误差、提高精度，还要对测温线路进行温度补偿。

六、热电偶实用测温线路

热电偶测温时，它可以直接与显示仪表（如电位差计、数字表等）配套使用，也可与温度变送器配套，转换成标准电流信号。合理安排热电偶测温线路，对提高测温精度和维修等方面都具有十分重要的意义。

1. 测量某点温度的基本电路

基本测量电路包括热电偶、补偿导线、冷端补偿器、连接用铜线、动圈式显示仪表。图9-9所示是一支热电偶配一台仪表的测量线路。显示仪表如果是电位差计，则不必考虑线路电阻对测温精度的影响；如果是动圈式仪表，就必须考虑测量线路电阻对测温精度的影响。

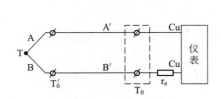

图9-9 热电偶基本测量电路

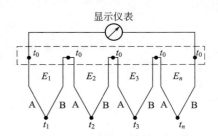

图9-10 热电偶串联测量线路

2. 热电偶串联测量线路

将N支相同型号的热电偶正负极依次相连接，如图9-10所示。若N支热电偶的各热电势分别为E_1、E_2、E_3、…、E_N，则总电势为

$$E_串 = E_1 + E_2 + E_3 + \cdots + E_N = NE \tag{9-8}$$

串联线路的主要优点是热电势大，精度比单支高；主要缺点是只要有一支热电偶断开，整个线路就不能工作，个别短路会引起示值显著偏低。

3. 热电偶并联测量线路

将N支相同型号热电偶的正负极分别连在一起，如图9-11所示，如果N支热电偶的电阻值相等，则并联电路总热电势等于N支热电偶的平均值，即

$$E_并 = (E_1 + E_2 + E_3 + \cdots + E_N)/N \tag{9-9}$$

4. 测量两点之间的温度差

实际工作中常需要测量两点间的温差，可选用两种方法测温差，一种是两支热电偶分别测量两处的温度，然后求算温差；另一种是将两支同型号的热电偶反串连接，直接测量温差

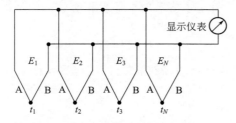

图9-11 热电偶并联测量线路

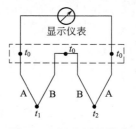

图9-12 温差测量线路

电势，然后求算温差，如图 9-12 所示。前一种测量较后一种测量精度差，对于要求精确的小温差测量，应采用后一种测量方法。

七、热电偶的冷端迁移

实际测温时，由于热电偶长度有限，自由端温度将直接受到被测物温度和周围环境温度的影响。例如，热电偶安装在电炉壁上，而自由端放在接线盒内，电炉壁周围温度不稳定，波及接线盒内的自由端，造成测量误差。虽然可以将热电偶做得很长，但这将提高测量系统的成本，是很不经济的。工业中一般是采用补偿导线来延长热电偶的冷端，使之远离高温区。将热电偶的冷端延长到温度相对稳定的地方。

由于热电偶一般都是较贵重的金属，为了节省材料，采用与相应热电偶的热电特性相近的材料做成的补偿导线连接热电偶，将信号送到控制室，如图 9-13 所示（其中 A′、B′为补偿导线）。它通常由两种不同性质的廉价金属导线制成，而且在 0~100℃ 温度范围内，要求补偿导线和所配

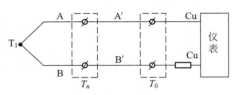

图 9-13 补偿导线连接示意图

热电偶具有相同的热电特性。所谓补偿导线，实际上是一对材料化学成分不同的导线，在 0~150℃ 温度范围内与配接的热电偶有一致的热电特性，价格相对要便宜。常用热电偶的补偿导线列于表 9-1。根据中间温度定律，只要热电偶和补偿导线的两个结点温度一致，是不会影响热电势输出的。

表 9-1 常用补偿导线

补偿导线型号	配用热电偶型号	补偿导线		绝缘层颜色	
		正极	负极	正极	负极
SC	S	SPC(铜)	SNC(铜镍)	红	绿
KC	K	KPC(铜)	KNC(康铜)	红	蓝
KX	K	KPX(镍铬)	KNX(镍硅)	红	黑
EX	E	EPX(镍铬)	ENX(铜镍)	红	棕

使用补偿导线必须注意以下几个问题。
① 两根补偿导线与两个热电极的结点必须具有相同的温度。
② 只能与相应型号的热电偶配用，而且必须满足工作范围。
③ 极性切勿接反。

八、热电偶的温度补偿

从热电效应的原理可知，热电偶产生的热电势与两端温度有关。只有将冷端的温度恒定，热电势才是热端温度的单值函数。由于热电偶分度表是以冷端温度为 0℃ 时作出的，因此在使用时要正确反映热端温度，最好设法使冷端温度恒为 0℃。但实际应用中，热电偶的冷端通常靠近被测对象，且受到周围环境温度的影响，其温度不是恒定不变的。为此，必须采取一些相应的措施进行补偿或修正，常用的方法有以下几种。

1. 冷端恒温法

① 0℃ 恒温法。在实训室及精密测量中，通常把参考端放入装满冰水混合物的容器中，

使参考端温度保持0℃,这种方法又称冰浴法。

② 其他恒温法。将热电偶的冷端置于各种恒温器内,使之保持恒定温度,避免由于环境温度的波动而引入误差。这类恒温器可以是盛有变压器油的容器,利用变压器油的热惯性恒温,也可以是电加热的恒温器,这类恒温器的温度不为0℃,故最后还需对热电偶进行冷端修正。

2. 计算修正法

上述两种方法解决了一个问题,即设法使热电偶的冷端温度恒定。但是,冷端温度并非一定为0℃,所以测出的热电势还不能正确反映热端的实际温度。为此,必须对温度进行修正。修正公式如下

$$E_{AB}(t,t_0) = E_{AB}(t,t_1) + E_{AB}(t_1,t_0) \tag{9-10}$$

式中 $E_{AB}(t,t_0)$——热电偶热端温度为t,冷端温度为0℃时的热电势;

$E_{AB}(t,t_1)$——热电偶热端温度为t,冷端温度为t_1时的热电势;

$E_{AB}(t_1,t_0)$——热电偶热端温度为t_1,冷端温度为0℃时的热电势。

例9.3 用镍铬-镍硅热电偶测某一水池内水的温度,测出的热电动势为2.436mV。再用温度计测出环境温度为30℃(且恒定),求池水的真实温度。

解:由镍铬-镍硅热电偶分度表查出

$E(30,0) = 1.203\text{mV}$

所以 $E(T,0) = E(T,30) + E(30,0) = 2.436\text{mV} + 1.203\text{mV} = 3.639\text{mV}$

查分度表知其对应的实际温度为$T=88$℃,即池水的真实温度是88℃。

3. 电桥补偿法

计算修正法虽然很精确,但不适合连续测温,为此,有些仪表的测温线路中带有补偿电桥,利用不平衡电桥产生的电势补偿热电偶因冷端温度波动引起的热电势的变化,如图9-14所示。

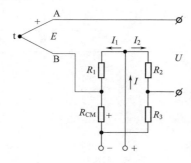

图9-14 电桥补偿电路

图9-14中,E为热电偶产生的热电势,U为回路的输出电压。回路中串接了一个补偿电桥。$R_1 \sim R_3$及R_{CM}均为桥臂电阻。R_{CM}是用漆包铜丝绕制成的,它和热电偶的冷端感受同一温度。$R_1 \sim R_3$均用温度系数小的锰铜丝绕成,阻值稳定。在桥路设计时,使$R_1 = R_2$,并且R_1、R_2的阻值要比桥路中其他电阻大得多。这样,即使电桥中其他电阻的阻值发生变化,左右两桥臂中的电流却差不多保持不变,从而认为其具有恒流特性。回路输出电压U为热电偶的热电势E、桥臂电阻R_{CM}的压降$U_{R_{CM}}$及另一桥臂电阻R_3的压降U_{R_3}三者的代数和。

$$U = E + U_{R_{CM}} - U_{R_3} \tag{9-11}$$

当热电偶的热端温度一定,冷端温度升高时,热电势将会减小。与此同时,铜电阻R_{CM}的阻值将增大,从而使$U_{R_{CM}}$增大,由此达到了补偿的目的。

自动补偿的条件应为

$$\Delta e = I_1 R_{CM} a \Delta t \tag{9-12}$$

式中 Δe——热电偶冷端温度变化引起的热电势的变化,它随所用的热电偶材料不同而异;

I_1——流过 R_CM 的电流，a 为铜电阻 R_CM 的温度系数，一般取 $0.00391/℃$；Δt 为热电偶冷端温度的变化范围。

通过上式可得

$$R_\text{CM} = \frac{1}{aI_1}\left(\frac{\Delta e}{\Delta t}\right) \tag{9-13}$$

需要说明的是，热电偶所产生的热电势与温度之间的关系是非线性的，每变化 1℃ 所产生的毫伏数并非都相同，但补偿电阻 R_CM 的阻值变化却与温度变化呈线性关系。因此，这种补偿方法是近似的。在实际使用时，由于热电偶冷端温度变化范围不会太大，这种补偿方法常被采用。

4．显示仪表零位调整法

当热电偶通过补偿导线连接显示仪表时，如果热电偶冷端温度已知且恒定时，可预先将有零位调整器的显示仪表的指针从刻度的初始值调至已知的冷端温度值上，这时显示仪表的示值即为被测量的实际值。

5．软件处理法

对于计算机系统，不必全靠硬件进行热电偶冷端处理。例如冷端温度恒定但不为 0℃ 的情况，只需在采样后加一个与冷端温度对应的常数即可。对于 T_0 经常波动的情况，可利用热敏电阻或其他传感器把 T_0 信号输入计算机，按照运算公式设计一些程序，便能自动修正。

【项目实施】

当两种不同的金属组成回路，如两个接点有温度差，就会产生热电势，这就是热电效应。温度高的接点称工作端，将其置于被测温度场，加以相应电路就可间接测得被测温度值；温度低的接点称冷端（也称自由端），冷端可以是室温值，也可为经补偿后的 0℃、25℃。

本项目需用器件与单元：热电偶、专用温度源、数显单元（主控台）、直流稳压电源。如图 9-15 所示。

(a) 专用温度源

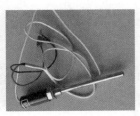
(b) 热电偶

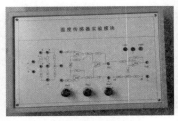
(c) 温度实训模块

(d) 主控台

图 9-15　项目需用器件与单元

实训步骤如下。

① 在主机箱总电源、调节仪电源、温度源电源关闭的状态下，按图 9-16 接线。

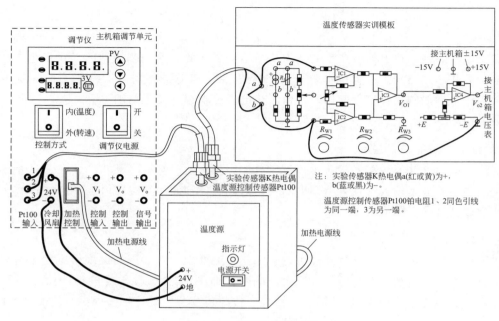

图 9-16　实训接线示意图

② 调节温度传感器实训模板放大器的增益 $K=30$，在图 9-16 中，温度传感器实训模板上的放大器的二输入端引线暂时不要接入。将应变传感器实训模板上的放大器输入端相连（短接），应变传感器实训模板上的 $\pm 15V$ 电源插孔与主机箱的 $\pm 15V$ 电源相应连接，合上主机箱电源开关后调节应变传感器实训模板上的电位器 R_{W4}（调零电位器），使放大器输出一个较大的信号，如 20mV，再将这个信号（V_i）输到温度传感器实训模板的放大器输入端。用电压表（2V 挡）监测温度传感器实训模板中的 V_{o1}，调节温度传感器实训模板中的 R_{W2} 增益电位器，使放大器输出 $V_{o1}=600mV$，则放大器的增益 $K=V_{o1}/V_i=600/20=30$。注意：增益 K 调节好后，千万不要触碰 R_{W2} 增益电位器。

③ 关闭主机箱电源，拆去应变传感器实训模板，恢复图 9-16 接线。

④ 测量热电偶冷端温度并进行冷端温度补偿。在温度源电源开关关闭状态下，合上主机箱和调节仪电源开关并将调节仪控制方式（控制对象）开关按到温度位置，记录调节仪 PV 窗的显示值（实训时的室温）即为热电偶冷端温度 t_0'（工作时的参考端温度）；根据热电偶冷端温度 t_0' 查热电偶分度表，得到 $E(t_0',t_0)$，再根据 $E(t_0',t_0)$ 进行冷端温度补偿——调节温度传感器实训模板中的 R_{W3}（电平移动）使 $V_{o2}=E(t_0',t_0)*K=E(t_0',t_0)*30$（用电压表 2V 挡监测温度传感器实训模板中的 V_{o2}）。

⑤ 将主机箱上的转速调节旋钮（2～24V）顺时针转到底（24V），合上温度源电源开关，在室温基础上，可按 $\Delta t=5℃$ 增加温度并且小于 160℃ 范围内设定温度源温度值。待温度源温度动态平衡时读取主机箱电压表的显示值并填入表 9-2。

⑥ 根据表 9-2 数据画出实训曲线，并计算非线性误差。实训结束，关闭所有电源。

表 9-2　热电偶热电势（经过放大器放大后的热电势）与温度数据

$t/℃$							
V/mV							

【项目拓展】

1. 热电偶测量炉温

图 9-17 为炉温测量采用的热电偶测量系统图。图中由毫伏定值器给出设定温度的相应毫伏值。若热电偶的热电势与定值器的输出值有偏差，此偏差经放大器送入调节器，再经过晶闸管触发器去推动晶闸管执行器，从而调整炉丝的加热功率，消除偏差，达到控温的目的。

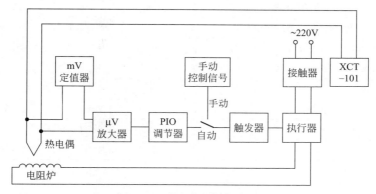

图 9-17　热电偶测量系统图

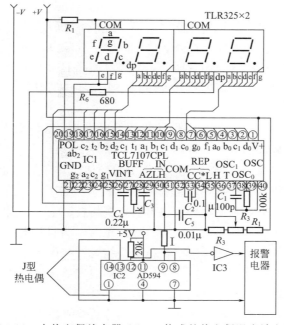

图 9-18　由热电偶放大器 AD594 构成的热电偶温度计电路

2. 由热电偶放大器 AD594 构成的热电偶温度计

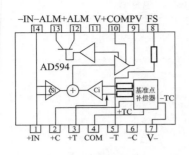

图 9-19 AD594 内部结构框图

图 9-18 是由热电偶放大器 AD594 构成的热电偶温度计电路，该电路适用于电镀工艺流水线以及温度测量范围在 0~150℃内的各种场合。

AD594 是美国 Analog Devices 公司生产的具有基准点补偿功能的热电偶放大集成块，适用于各种型号的热电偶。AD594 集成块内部电路框图如图 9-19 所示，主要由两个差动放大器、一个高增益主放大器和基准点补偿器以及热电偶断线检测电路等组成。该 IC 采用 14 脚双列式封装，其各引脚功能见表 9-3。

表 9-3 AD594 集成块各引脚功能

引脚	功能说明	引脚	功能说明
①	温度检测信号放大器反相输入端	⑧	反馈元件引出脚（属输入端）
②	基准点补偿器外接元件	⑨	主放大器信号输出端
③	放大器同相信号输入端	⑩	主放大器电路公共端
④	基准点补偿器公共端	⑪	正电源电压输入端
⑤	放大器反相信号输入端	⑫	热电偶断线检测端偏置电压输入端
⑥	未使用	⑬	热电偶断线检测端
⑦	负电源端（接地线）	⑭	温度检测信号放大器同相输入端

【项目小结】

通过本项目的学习，重点掌握热电效应的概念、热电势的组成、热电偶基本定律、热电偶的结构和类型以及热电偶的温度补偿方法等，熟练掌握热电偶基本定律的应用。

将两种不同成分的导体组成一闭合回路，当闭合回路的两个结点分别置于不同的温度场中时，回路中将产生一个电势，该电势的方向和大小与导体的材料及两结点的温度有关，这种现象称为"热电效应"。

热电势由两部分组成，一部分是两种导体的接触电势，另一部分是单一导体的温差电势。接触电势比温差电势大的多，可将温差电势忽略掉。

热电偶有四个基本定律：均质导体定律、中间导体定律、标准电极定律和中间温度定律。它们是分析和应用热电偶的重要理论基础。

热电偶的种类很多，但基本上都是由热电极金属材料、绝缘材料、保护材料及接线装置等部分组成。热电偶可分为标准化热电偶和非标准化热电偶两种类型。标准化热电偶是指国家已经定型批量生产的热电偶，非标准化热电偶是指为特殊用途生产的热电偶。

只有将热电偶冷端的温度恒定，热电势才是热端温度的单值函数。但实际应用中，热电偶的冷端通常靠近被测对象，且受到周围环境温度的影响，其温度不是恒定不变的。为此，必须采取一些相应的措施进行补偿或修正，常用的方法有：冷端恒温法、补偿导线法、计算修正法、电桥补偿法和显示仪表零位调整法等。

【项目训练】

一、单项选择

1. 热电偶可以测量_____。
   A. 压力　　　　　　B. 电压　　　　　　C. 温度　　　　　　D. 热电势
2. 下列关于热电偶传感器的说法中，_____是错误的。
   A. 热电偶必须由两种不同性质的均质材料构成
   B. 计算热电偶的热电势时，可以不考虑接触电势
   C. 在工业标准中，热电偶参考端温度规定为 0℃
   D. 接入第三导体时，只要其两端温度相同，对总热电势没有影响
3. 热电偶的基本组成部分是_____。
   A. 热电极　　　　　B. 保护管　　　　　C. 绝缘管　　　　　D. 接线盒
4. 为了减小热电偶测温时的测量误差，需要进行的冷端温度补偿方法不包括_____。
   A. 补偿导线法　　　B. 电桥补偿法　　　C. 冷端恒温法　　　D. 差动放大法
5. 热电偶测量温度时_____。
   A. 需加正向电压　　　　　　　　　　　B. 需加反向电压
   C. 加正向、反向电压都可以　　　　　　D. 不需加电压
6. 热电偶中热电势包括_____。
   A. 感应电势　　　　B. 补偿电势　　　　C. 接触电势　　　　D. 切割电势
7. 一个热电偶产生的热电势为 E_0，当打开其冷端串接与两热电极材料不同的第三根金属导体时，若保持已打开的冷端两点的温度与未打开时相同，则回路中热电势_____。
   A. 增加　　　　　　　　　　　　　　　B. 减小
   C. 增加或减小不能确定　　　　　　　　D. 不变
8. 热电偶中产生热电势的条件有_____。
   A. 两热电极材料相同　　　　　　　　　B. 两热电极材料不同
   C. 两热电极的几何尺寸不同　　　　　　D. 两热电极的两端点温度相同
9. 利用热电偶测温时，只有在_____条件下才能进行。
   A. 分别保持热电偶两端温度恒定　　　　B. 保持热电偶两端温差恒定
   C. 保持热电偶冷端温度恒定　　　　　　D. 保持热电偶热端温度恒定
10. 实际热电偶的热电极材料中，用得较多的是_____。
    A. 纯金属　　　　　B. 非金属　　　　　C. 半导体　　　　　D. 合金
11. 在实际的热电偶测温应用中，引用测量仪表而不影响测量结果是利用了热电偶的哪个基本定律_____。
    A. 中间导体定律　　　　　　　　　　　B. 中间温度定律
    C. 标准电极定律　　　　　　　　　　　D. 均质导体定律
12. 对于热电偶冷端温度不等于_____，但能保持恒定不变的情况，可采用修正法。
    A. 20℃　　　　　　B. 0℃　　　　　　C. 10℃　　　　　　D. 5℃
13. 采用热电偶测温与其他感温元件一样，是通过热电偶与被测介质之间的_____。
    A. 热量交换　　　　B. 温度交换　　　　C. 电流传递　　　　D. 电压传递

二、简述

1. 什么是金属导体的热电效应？产生热电效应的条件有哪些？
2. 热电偶产生的热电动势由哪几种电动势组成？起主要作用的是哪种电动势？
3. 什么是补偿导线？热电偶测温为什么要采用补偿导线？目前的补偿导线有哪几种类型？
4. 热电偶的参考端温度处理方法有哪几种？
5. 试述热电偶中间导体定律内容，该定律在热电偶实际测温中有什么作用？
6. 试述热电偶标准热电极定律内容，该定律在热电偶实际测温中有什么作用？
7. 试述热电偶中间温度定律内容，该定律在热电偶实际测温中有什么作用？

三、分析

1. 试分析金属导体中产生接触电动势的原因，其大小与哪些因素有关？
2. 试分析金属导体中产生温差电动势的原因，其大小与哪些因素有关？

四、计算

1. 用铂铑$_{10}$-铂（S型）热电偶测量某一温度，若参比端温度 $T_0=30℃$，测得的热电势 $E(T,T_n)=7.5\text{mV}$，求测量端实际温度 T。
2. 用镍铬-镍硅（K）热电偶测温度，已知冷端温度为40℃，用高精度毫伏表测得这时的热电势为29.188mV，求被测点温度。

项目十

光电转速传感器的安装与测试

【项目描述】

透光式光电测速传感器由带孔或缺口的圆盘、光源和光电管组成。圆盘随被测轴旋转时,光线只能通过孔或缺口照射到光电管上。光电管被照射时,其反向电阻很低,输出一个电脉冲信号,光源被圆盘遮住时,光电管反向电阻很大,输出端就没有信号输出,这样,根据圆盘上转过的孔数或缺口数,即可测出被测轴的转速。

通过本项目的学习,掌握光电传感器工作原理,了解光电传感器的基本结构、工作类型,熟悉光电器件的光电特性;了解光电传感器应用场合,能够完成光电转速传感器与外电路的接线及调试,能分析和处理使用过程中的常见故障。

【相关知识与技能】

光是电磁波家族中的一员,电磁波波谱如图 10-1 所示。

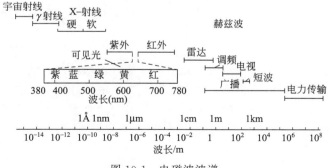

图 10-1 电磁波波谱

一、光电效应及分类

根据光的波粒二象性，可以认为光是一种以光速运动的粒子流，这种粒子称为光子，每个光子具有的能量为

$$E = h\nu \tag{10-1}$$

式中，h 为普朗克常数，$h = 6.63 \times 10^{-34} \text{J} \cdot \text{s}$。

不同频率的光，其光子能量是不相同的，频率越高，光子能量越大。用光照射某一物体，可以看作物体受到一连串能量为 $h\nu$ 的光子轰击，物体材料吸收光子能量而发生相应电效应，这种现象称为光电效应。光电效应通常分为三类。

1. 外光电效应

在光照作用下电子逸出物体表面的现象称为外光电效应。物体在光线照射作用下，一个电子吸收了一个光子的能量后，其中的一部分能量用于电子由物体内逸出表面，另一部分则转化为逸出电子的动能，根据能量守恒定律可得

$$h\nu = A_0 + \frac{1}{2}mv_0^2 \tag{10-2}$$

式中　A_0——电子逸出物体表面所需的能量，逸出功；
　　　m——电子的质量，$m = 9.109 \times 10^{-31} \text{kg}$；
　　　v_0——电子逸出物体表面时的初速度。

式(10-2) 即为著名的爱因斯坦光电方程式，它阐明了光电效应的基本规律。

2. 光电导效应（内光电效应）

半导体材料在光线作用下吸收入射光子能量，若光子能量大于或等于半导体材料的禁带宽度，就会激发出电子-空穴对，使载流子浓度增加，半导体的导电性增加，电阻减小，这种现象称为光电导效应，又称内光电效应。根据光电导效应制成的光电元器件有光敏电阻、光敏二极管、光敏三极管和光敏晶闸管等。

3. 光生伏特效应

在光线作用下，物体产生一定方向电动势的现象称为光生伏特效应。光生伏特效应可分为两类。

(1) 势垒光电效应（结光电效应）

以 PN 结为例，当光照射 PN 结时，若光子能量大于半导体材料的禁带宽度，则使价带的电子跃迁到导带，产生自由电子—空穴对。在 PN 结阻挡层内电场的作用下，被激发的电子移向 N 区的外侧，被激发的空穴移向 P 区的外侧，从而使 P 区带正电，N 区带负电，形成光电动势。

(2) 侧向光电效应

当半导体光电器件受不均匀光照时，光照部分载流子浓度比未受光照部分的载流子浓度大，出现载流子浓度梯度，因而载流子就会扩散。如果电子迁移率比空穴大，那么空穴的扩散不明显，电子向未受光照部分扩散，就造成光照射的部分带正电，未被光照射的部分带负电，光照部分与未被光照部分之间产生光电动势。

二、光电管及基本测量电路

光电管有真空光电管和充气光电管两类，二者结构相似，都有一个涂有光电材料的阴极

K 和一个阳极 A 封装在玻璃壳内，如图 10-2(a) 所示。当入射光照射在阴极上时，阴极就会发射电子。由于阳极的电位高于阴极，在电场力的作用下，阳极便收集到由阴极发射出来的电子，由此在光电管组成的回路中形成了光电流 I_ϕ，并在负载电阻 R_L 上输出电压 U_O，如图 10-2(b) 所示。在入射光的频谱成分和光电管电压不变的条件下，输出电压 U_O 与入射光光通量成正比。

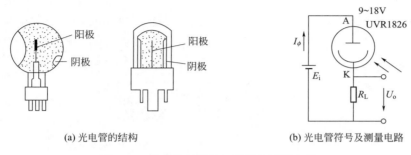

(a) 光电管的结构　　(b) 光电管符号及测量电路

图 10-2　光电管的结构、符号及测量电路

光电管的性能指标主要有伏安特性、光电特性、光谱特性、响应特性、响应时间、峰值探测率和温度特性等。

光电特性表示当阳极电压一定时，阳极电流与光通量 Φ 之间的关系，如图 10-3 所示。光电特性的曲线斜率称为光电管的灵敏度。

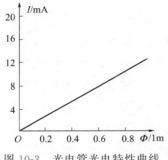

图 10-3　光电管光电特性曲线

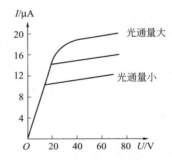

图 10-4　光电管伏安特性曲线

当入射光的频谱及光通量一定时，阳极电流与阳极电压之间的关系叫伏安特性，如图 10-4 所示。当阳极电压比较低时，阴极所发射的电子只有一部分到达阳极，其余部分受光电子在真空中运动时所形成的负电场作用回到阴极。随着阳极电压的增高，光电流随之增大。当阴极发射的电子全部到达阳极时，阳极电流便很稳定，称为饱和状态。当达到饱和状态时，阳极电压再升高，光电流 I 也不会增加。

光电管的光谱特性是指阳极和阴极之间所加电压不变时，入射光的波长（或频率）与其绝对灵敏度的关系，见图 10-5，它主要取决于阴极材料，不同阴极材料的光电管适用于不同的光谱范围。不同光电管对于不同频率的入射光，其灵敏度也不同。

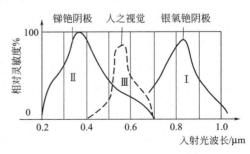

图 10-5　光电管光谱特性曲线

三、光电倍增管及基本测量电路

1. 结构与工作原理

光电倍增管有放大光电流的作用,灵敏度非常高,信噪比大,线性好,多用于微光测量。光电倍增管由两个主要部分构成:阴极室和若干光电倍增极组成的二次发射倍增系统,如图 10-6 所示。光电倍增管也有一个阴极 K、一个阳极 A,与光电管不同的是,在它的阴极与阳极之间设置许多二次倍增极 D_1、D_2、D_3、…,它们又称为第一倍增极、第二倍增极、…,相邻电极之间通常加上 100V 左右的电压,其电位逐级提高,阴极电位最低,阳极电位最高,两者之差一般在 600~1200V 左右。

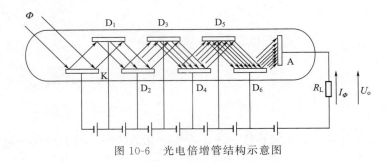

图 10-6 光电倍增管结构示意图

当光照射阴极 K 时,从阴极 K 上逸出的光电子在 D_1 的电场作用下,高速向倍增极 D_1 射去,产生二次发射,于是更多的二次发射的电子又在 D_2 电场作用下,射向第二倍增极,激发更多的二次发射电子,如此下去,一个光电子将激发更多的二次发射电子,最后被阳极所收集。若每级的二次发射倍增率为 m,共有 n 级(通常可达 9~11 级),则光电倍增管阳极得到的光电流比普通光电管大 m^n 倍,因此光电倍增管的灵敏度极高。

图 10-7 所示为光电倍增管的基本电路。各倍增极的电压是用分压电阻 R_1、R_2、…、R_n 获得的,阳极电流流经电阻 R_L 得到输出电压 U_0。当用于测量稳定的光辐射通量时,图中虚线连接的电容 C_1、C_2、…、C_n 和输出隔离电容 C_0 都可以省去,这时往往将电源正极接地,并且输出端可以直接与放大器输入端连接。当入射光通量为脉冲量时,则应将电源的负极接地,因为光电倍增管的阴极接地比阳极接地有更低的噪声,此时输出端应接入隔离电容,同时各倍增极的并联电容亦应接入,以稳定脉冲工作时的各级工作电压,稳定增益并防止饱和。

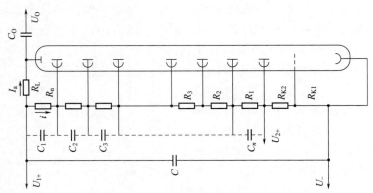

图 10-7 光电倍增管的基本电路

2. 光电倍增管的主要参数和特性

（1）光电倍增管的倍增系数 M 与工作电压的关系

倍增系数 M 等于 n 个倍增电极的二次电子发射系数 δ 的乘积。如果 n 个倍增电极的发射系数 δ 都相同，则 $M=\delta_i^n$，因此，阳极电流 I 为

$$I = i \cdot \delta_i^n \tag{10-3}$$

式中　i——光电管阴极的光电流。

光电倍增系数 M 与工作电压 U 的关系特性是光电倍增管的重要特性。随着工作电压的增加，倍增系数也相应增加，如图10-8所示。一般阳极和阴极之间的电压为1000～2500V，两个相邻的倍增电极的电位差为50～100V。

（2）光电倍增管的伏安特性

光电倍增管的伏安特性也叫阳极特性，它是指阴极与各倍增极之间的电压在保持恒定条件下，阳极电流 I_A 和最后一级倍增极与阳极间电压 U_{AD} 的关系，典型光电倍增管伏安特性如图10-9所示。像光电管一样，光电倍增管的伏安特性曲线也有饱和区，照射在光电阴极上的光通量越大，阳极饱和电压越高，当阳极电压非常大时，由于阳极电位过高，倒数第二级倍增极发出的电子直接奔向阳极，造成最后一级倍增极的入射电子数减少，影响了光电倍增管的倍增系数。

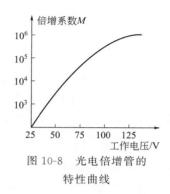

图10-8　光电倍增管的特性曲线

（3）光电倍增管的光电特性

光电倍增管的光电特性是指阳极电流（光电流）与阴极接收到的光通量之间的关系。典型光电倍增管的光电特性如图10-10所示。

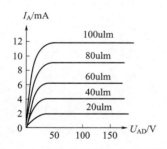

图10-9　光电倍增管的伏安特性

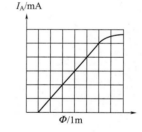

图10-10　光电倍增管的光电特性

四、光敏电阻及基本测量电路

光敏电阻又称光导管，是一种均质半导体光电元件。它具有灵敏度高、光谱响应范围宽、体积小、重量轻、机械强度高、耐冲击、耐振动、抗过载能力强和寿命长等特点。

1. 光敏电阻的工作原理和结构

光敏电阻的工作原理是基于内光电效应。在半导体光敏材料两端装上电极引线，将其封装在带透明窗的管壳内就构成光敏电阻，如图10-11所示。为了增加灵敏度，常将两电极做成梳状。

构成光敏电阻的材料有金属硫化物、硒化物、碲化物等半导体。当光照射到光电半导体上时，光导材料价带上的电子将激发到导带上去，从而使导带的电子和价带的空穴增加，致

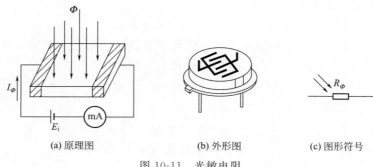

图 10-11 光敏电阻

使半导体的电导率变大。为实现能级的跃迁，入射光的能量必须大于光导材料的禁带宽度。光照愈强，阻值愈低；入射光消失后，电子-空穴对逐渐复合，电阻也逐渐恢复原值。为了避免灵敏度受潮湿环境影响，常将电导体密封在壳体中。

2. 光敏电阻的基本特性和主要参数

（1）暗电阻和暗电流

置于室温、全暗条件下测得的稳定电阻值称为暗电阻，此时流过电阻的电流称为暗电流。

（2）亮电阻和亮电流

置于室温、在一定光照条件下测得的稳定电阻值称为亮电阻，此时流过电阻的电流称为亮电流。

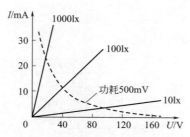

图 10-12 光敏电阻的伏安特性

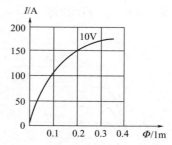

图 10-13 光敏电阻的光电特性

（3）伏安特性

光照度不变时，光敏电阻两端所加电压与流过电阻的光电流的关系称为光敏电阻的伏安特性，如图 10-12 所示。从图中可看出，伏安特性近似直线，但使用时应限制光敏电阻两端的电压，以免超过虚线所示的功耗区，因为光敏电阻都有最大额定功率、最高工作电压和最大额定电流，超过额定值可能导致光敏电阻永久性损坏。

（4）光电特性

在光敏电阻两极间电压固定不变时，光照度与亮电流间的关系称为光电特性，如图 10-13 所示。光敏电阻的光电特性呈非线性，这是光敏电阻的主要缺点之一。

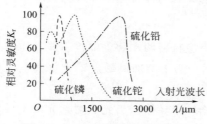

图 10-14 光敏电阻的光谱特性

（5）光谱特性

如图 10-14 所示，光敏电阻对不同波长的入射光,其对应光谱灵敏度不相同,所以在选用光敏电阻时,把元件和入射光的光谱特性结合起来考虑,才能得到比较满意的效果。

(6) 响应时间

光敏电阻受光照后,光电流并不立刻升到最大值,而要经历一段时间(上升时间)才能达到最大值;同样,光照停止后,光电流也需要经过一段时间(下降时间)才能恢复到其暗电流值,这段时间称为响应时间。光敏电阻的上升响应时间和下降响应时间约为 $10^{-1} \sim 10^{-3}$ s,故光敏电阻不能用于要求快速响应的场合。

(7) 温度特性

光敏电阻和其他半导体器件一样,受温度影响较大。随着温度的上升,它的暗电阻和灵敏度都下降。常用光敏电阻材料如表 10-1 所示。

表 10-1 常用光敏电阻材料

光敏电阻材料	禁带宽度/eV	光谱响应范围/nm	峰值波长/nm
硫化镉(CdS)	2.45	400～800	515～550
硒化镉(CdSe)	1.74	680～750	720～730
硫化铅(PbS)	0.40	500～3000	2000
碲化铅(PbTe)	0.31	600～4500	2200
硒化铅(PbSe)	0.25	700～5800	4000
硅(Si)	1.12	450～1100	850
锗(Ge)	0.66	550～1800	1540
锑化铟(InSb)	0.16	600～7000	5500
砷化铟(InAs)	0.33	1000～4000	3500

五、光敏晶体管及基本测量电路

1. 光敏晶体管结构与工作原理

(1) 光敏二极管

光敏二极管的结构与普通半导体二极管一样,都有一个 PN 结,两根电极引线,而且都是非线性器件,具有单向导电性能。不同之处在于光敏二极管的 PN 结装在管壳的顶部,可以直接受到光的照射。其结构如图 10-15 所示。

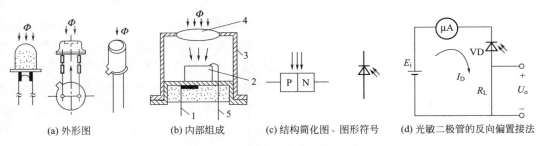

(a) 外形图　　(b) 内部组成　　(c) 结构简化图、图形符号　　(d) 光敏二极管的反向偏置接法

图 10-15 光敏二极管

1—负极引脚;2—管芯;3—外壳;4—玻璃聚光镜;5—正极引脚

光敏二极管在电路中通常处于反向偏置状态。当没有光照射时，其反向电阻很大，反向电流很小，这种反向电流称为暗电流。当有光照射时，PN 结及其附近产生电子-空穴对，它们在反向电压作用下参与导电，形成比无光照射时大得多的反向电流，这种电流称为光电流。入射光的照度增强，光产生的电子-空穴对数量也随之增加，光电流也相应增大，光电流与光照度成正比。

有一种雪崩式光敏二极管，由于利用了二极管 PN 结的雪崩效应（工作电压达 100V 左右），所以灵敏度极高，响应速度极快，可达数百兆赫，可用于光纤通信及微光测量。

（2）光敏三极管

光敏三极管有两个 PN 结，具有比光敏二极管更高的灵敏度。其结构、等效电路、图形符号及应用电路分别如图 10-16(a)、(b)、(c)、(d) 所示。光线通过透明窗口照射在集电结上。与光敏二极管相似，入射光使集电结附近产生电子-空穴对，电子受集电结电场吸引流向集电区，基区留下的空穴形成"纯正电荷"，使基区电压提高，致使电子从发射区流向基区，由于基区很薄，所以只有一小部分从发射区来的电子与基区空穴结合，而大部分电子穿过基区流向集电区，这一过程与普通三极管的放大作用相类似。集电极电流是原始光电电流的 β 倍，因此，光敏三极管比光敏二极管的灵敏度高许多倍。

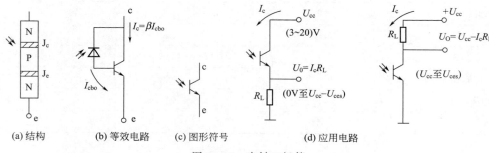

(a) 结构　　(b) 等效电路　　(c) 图形符号　　(d) 应用电路

图 10-16　光敏三极管

（3）光敏晶闸管

光敏晶闸管又称为光控晶闸管，如图 10-17 所示。它有三个引出电极，即阳极 A、阴极 K 和控制极 G。有三个 PN 结，即 J_1、J_2、J_3。与普通晶闸管不同的是，光敏晶闸管的顶部有一个透明玻璃透镜，能把光线集中照射到 J_2 上。图 10-17(b) 是它的典型应用电路，光敏晶闸管的阳极接正极，阴极接负极，控制极通过电阻 R_G 与阴极相接，这时 J_1、J_3 正偏，J_2 反偏，晶闸管处于正向阻断状态。当有一定照度的入射光通过玻璃透镜照射到 J_2 上时，在光能的激发下，J_2 附近产生大量的电子-空穴对，它们在外电压作用下，穿过 J_2 阻挡层，产生控制电流，从而使光敏晶闸管从阻断状态变为导通状态。电阻 R_G 为光敏晶闸管的灵敏度调节电阻，调节 R_G 的大小可以使晶闸管在设定的照度下导通。

光敏晶闸管的特点是工作电压很高，有的可达数百伏，导通电流比光敏三极管大得多，因此输出功率很大。

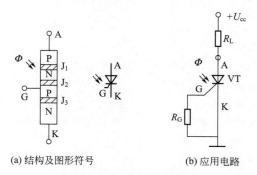

(a) 结构及图形符号　　(b) 应用电路

图 10-17　光敏晶闸管

2. 光敏晶体管的基本特性

光敏晶体管的基本特性包括光谱特性、伏安特性、光电特性、温度特性、响应特性等。

（1）光谱特性

光敏晶体管在入射光照度一定时，输出的光电流（或相对灵敏度）随光波波长的变化而变化，一种晶体管只对一定波长的入射光敏感，这就是它的光谱特性，如图10-18所示。从图中可以看出，当入射光波长超过一定值时，波长增加，相对灵敏度下降，这是因为光子能量太小，不足以激发电子-空穴对，当入射光波长太短时，由于光波穿透能力下降，光子只在晶体管表面激发电子-空穴对，而不能到达PN结，因此相对灵敏度下降。从曲线还可以看出，不同材料的光敏晶体管，其光谱响应峰值波长也不相同。由于锗管的暗电流比硅管大，因此锗管性能较差。故在探测可见光或炽热物体时，都用硅管，而在对红外线进行探测时，采用锗管较为合适。

（2）伏安特性

光敏三极管在不同照度下的伏安特性，与普通三极管在不同基极电流下的输出特性一样，如图10-19所示，在这里，改变光照就相当于改变普通三极管的基极电流，从而得到一簇曲线。

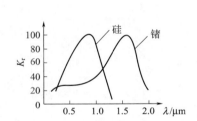

图 10-18 光敏晶体管的光谱特性

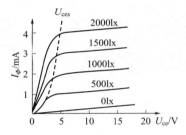

图 10-19 光敏三极管的伏安特性

（3）光电特性

光电特性指外加偏置电压一定时，光敏晶体管的输出电流和光照度的关系，见图10-20。一般来说，光敏二极管光电特性的线性较好，而光敏三极管在照度较小时，光电流随照度增加较小，并且在照度足够大时，输出电流有饱和现象。

（4）温度特性

温度变化对亮电流的影响较小，但对暗电流的影响相当大，并且是非线性的，这将给微

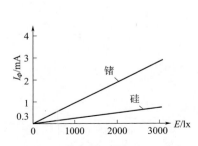

图 10-20 光敏晶体管的光电特性

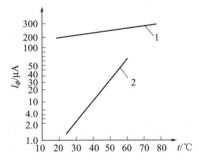

图 10-21 光敏晶体管的温度特性
1—输出电流；2—暗电流

光测量带来误差,如图 10-21 所示。

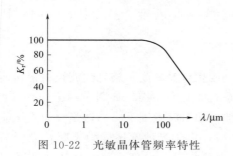

图 10-22 光敏晶体管频率特性

(5) 频率特性

光敏晶体管受调制光照射时,相对灵敏度与调制频率的关系称为频率特性,如图 10-22 所示。减少负载电阻能提高响应频率,但输出功率降低。一般来说,光敏三极管的频率响应比光敏二极管差得多,锗光敏三极管的频率响应比硅管小一个数量级。

(6) 响应时间

工业用的硅光敏二极管的响应时间为 $10^{-5} \sim 10^{-7}$s 左右,光敏三极管的响应时间比相应的二极管慢一个数量级,因此在要求快速响应或入射光调制频率比较高的场合应选用硅光敏二极管。

六、光电池及基本测量电路

光电池(见图 10-23)的工作原理是基于光生伏特效应。当光照射到光电池上时,可以直接输出电流。常用的光电池有两种,一种是金属-半导体型,另一种是 PN 结型。

(a) 太阳能板

(b) 常见硅光电池

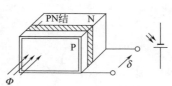

(c) 结构示意图及图形符号

图 10-23 光电池

1. 光电池的结构及工作原理

光电池通常是在 N 型衬底上渗入 P 型杂质,形成一个大面积的 PN 结,作为光照敏感面。P 型区每吸收一个光子就产生一对光生电子-空穴对,光生电子-空穴对的浓度从表面向内部迅速下降,形成由表及里扩散的自然趋势。由于 PN 结内电场的方向是由 N 区指向 P 区,它使扩散到 PN 结附近的电子-空穴对分离,光生电子被推向 N 区,光生空穴被留在 P 区,从而使 N 区带负电,P 区带正电,形成光生电动势。若用导线连接 P 区和 N 区,电路中就有电流流过。

2. 光电池的基本特性

(1) 光谱特性

光电池对不同波长的光有不同的灵敏度。图 10-24 是光电池的光谱特性曲线。从图中可知,不同材料的光电池对各种波长的光波灵敏度不同。

在实际使用中可根据光源光谱特性选择光电池,也可根据光电池的光谱特性确定应该使用的光源。

(2) 光电特性

图 10-25 中,曲线 1 是负载开路时的"开路电压"

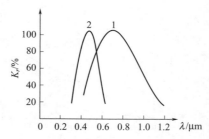

图 10-24 光电池光谱特性曲线

1—硅光电池;2—硒光电池

特性曲线，曲线 2 是负载短路时的"短路电流"特性曲线。开路电压与光照度的关系是非线性的，并且在 2000lx 照度以上时趋于饱和，而短路电流密度在很大范围内与光照度呈线性关系，负载电阻越小，线性关系越好。

（3）温度特性

光电池的开路电压和短路电流随温度变化的关系称为温度特性，如图 10-26 所示，从图中可以看出，光电池的光电压随温度变化有较大变化，温度越高，电压越低，而光电流随温度变化很小。

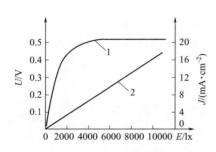

图 10-25 硅光电池的光电特性
1—开路电压特性曲线；2—短路电流特性曲线

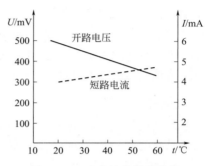

图 10-26 光电池的温度特性

（4）频率特性

频率特性是指输出电流与入射光的调制频率之间的关系。当光电池受到入射光照射时，产生电子-空穴对需要一定时间，入射光消失后，电子-空穴对的复合也需要一定时间，因此，当入射光的调制频率太高时，光电池的输出光电流将下降，如图 10-27 所示。硅光电池的频率特性较好，而硒光电池的频率特性较差，目前已很少使用。

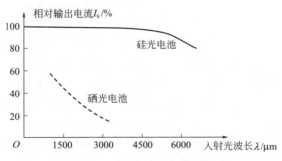

图 10-27 光电池的频率特性

3. 短路电流的测量

图 10-28 所示是光电池短路电流测量电路。由于运算放大器的开环放大倍数 $A_{od} \to \infty$，所以 $U_{AB} \to 0$，从光电池的角度来看，相当于 A 点对地短路，所以光电池的负载电阻值为 0，产生的光电流为短路电流。根据运算放大器的"虚断"性质，输出电压 U_O 为

$$U_O = -U_{Rf} = -I_\Phi R_f \tag{10-4}$$

从（10-4）式可知，该电路的输出电压 U_O 与光电流 I_Φ 成正比，从而实现电流/电压转换关系。

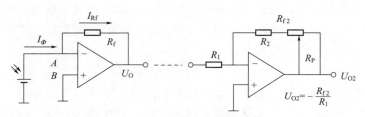

图 10-28 光电池短路电流测量电路

七、光电开关和光电断续器

从原理上讲，光电开关及光电断续器没有太大的差别，都是由红外线发射元件与光敏接收元件组成，只是光电断续器是整体结构，其检测距离只有几毫米至几十毫米，而光电开关的检测距离可达几米至几十米。

1. 光电开关

光电开关器件是以光电元件、三极管为核心，配以继电器组成的一种电子开关。当开关中的光敏元件受到一定强度的光照射时，会产生开关动作。基本光电开关电路如图 10-29 所示。

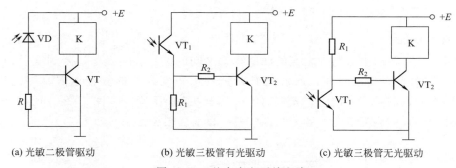

(a) 光敏二极管驱动　　(b) 光敏三极管有光驱动　　(c) 光敏三极管无光驱动

图 10-29 基本光电开关电路

光电开关可分为遮断型和反射型两大类，如图 10-30 所示。反射型分为反射镜反射型和被测物体反射型（简称散射型），如图 10-30（b）、（c）所示。遮断型光电开关的发射器和接收器相对安放，轴线严格对准，当有物体在两者中间通过时，红外光束被遮断，接收器接收不到红外线而产生一个负脉冲信号。遮断型光电开关的检测距离一般可达十几米，对所有能遮断光线的物体均可检测。反射镜反射型光电开关采用较为简便的单侧安装方式，需要调整反射镜的角度，以取得最佳的反射效果，反射镜通常使用三角棱镜，它对安装角度的变化不

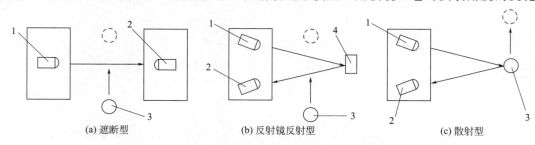

(a) 遮断型　　　　(b) 反射镜反射型　　　　(c) 散射型

图 10-30 光电开关类型及应用

1—发射器；2—接收器；3—被测物；4—反射镜

太敏感，有的还采用偏光镜，它能将光源发出的光转变成偏振光（波动方向严格一致的光）反射回去，提高抗干扰能力。

2. 光电断续器

光电断续器的工作原理与光电开关相同，但其光电发射器、接收器放置于一个体积很小的塑料壳体中，所以两者能可靠地对准。光电断续器也可分为遮断型和反射型两种，如图10-31所示。

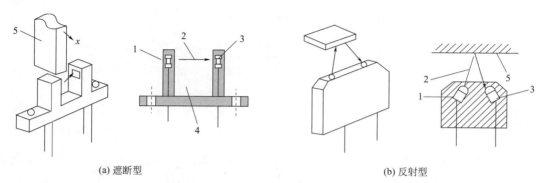

图10-31　光电断续器
1—发光二极管；2—红外光；3—光电元件；4—槽；5—被测物

遮断型光电断续器也称为槽式光电开关，通常是标准的 U 字型结构。其发射器和接收器做在体积很小的同一塑料壳体中，分别位于 U 形槽的两边，并形成一光轴，两者能可靠地对准，为安装和使用提供了方便。槽式光电开关比较可靠，较适合高速检测。

【项目实施】

实训需用器件与单元：主机箱、转动源、光电转速传感器（已装在转动源上），如图10-32所示。

实训步骤如下。

① 将主机箱中的转速调节旋钮旋到最小（逆时针旋到底）并接上电压表；再按图10-33所示接线，将主机箱中频率/转速切换开关切换到转速处。

② 检查接线无误后，合上主机箱电源开关，在小于12V范围内（电压表监测）调节主机箱的转速调节电源（调节电压改变电机电枢电压），观察电机转动及转速表的显示情况。

③ 从 2V 开始记录每增加 1V 相应电机的转速（待转速表显示比较稳定后读取数据），填入表10-2；根据表10-2画出电机的电压与电机转速的关系特性曲线。实训完毕，关闭电源。

图10-32　光电转速传感器

表10-2　数据记录表

电压/V						
转速/(r/min)						

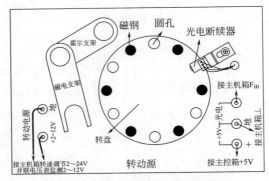

图 10-33　光电传感器测速实训接线图

【项目拓展】

光电式传感器属于非接触式测量元件,它通常由光源、光学通路和光电元件三部分组成。按照被测物、光源、光电元件三者之间的关系,通常分四种类型,如图 10-34 所示。

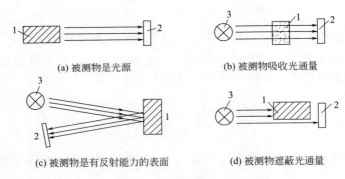

图 10-34　光电式传感器的几种类型
1—被测物；2—光电元件；3—恒光源

① 光源本身是被测物,被测物发出的光投射到光电元件上,光电元件的输出反映了某些物理参数,如图 10-34(a) 所示。

② 恒定光源发出的光穿过被测物,其中一部分被吸收,另一部分投射到光电元件上,吸收量取决于被测物的某些参数,如图 10-34(b) 所示。

③ 恒定光源发出的光投射到被测物上,然后从被测物反射到光电元件上,反射光的强弱取决于被测物表面的性质和形状,如图 10-34(c) 所示。

④ 被测物处在恒定光源与光电元件的中间,被测物阻挡住一部分光,从而使光电元件的输出反映了被测物的尺寸或位置,如图 10-34(d) 所示。

1. 火焰探测报警器

图 10-35 是采用硫化铅光敏电阻为探测元件的火焰探测器电路图。硫化铅光敏电阻的暗电阻为 $1M\Omega$,亮电阻为 $0.2M\Omega$（光照度 $0.01W/m^2$ 下测试的）,峰值响应波长为 $2.2\mu m$。火焰闪动信号经二级放大后送给中心控制站进行报警处理。

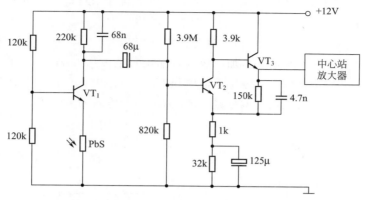

图 10-35 火焰探测器电路图

2. 燃气热水器脉冲点火控制器

图 10-36 为燃气热水器高压打火确认电路原理图。在高压打火时，火花电压可达一万多伏，这个脉冲高电压对电路工作影响极大，为了使电路正常工作，采用光电耦合器 VB 进行电平隔离，大大增强了电路抗干扰能力。当高压打火针对打火确认针放电时，光电耦合器中的发光二极管发光，耦合器中的光敏三极管导通，经 VT_1、VT_2、VT_3 放大，驱动强吸电磁阀将气路打开，燃气碰到火花即燃烧。若高压打火针与打火确认针之间不放电，则光电耦合器不工作，VT_1 等不导通，燃气阀门关闭。

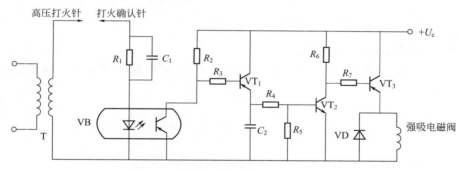

图 10-36 燃气热水器高压打火确认电路图

3. 光电式带材跑偏检测装置

带材跑偏检测装置用来检测带型材料在加工过程中偏离正确位置的大小与方向，从而为纠偏控制电路提供纠偏信号。例如，在冷轧带钢厂中，某些工艺采用连续生产方式，如连续酸洗、退火、镀锡等，带钢在上述运动过程中，很容易产生带材走偏。在其他很多工业部门的生产工艺，如造纸、电影胶片、印染、录像带、录音带、喷绘等生产过程中也存在类似情况。带材走偏时，其边沿与传送机械发生接触摩擦，造成带材卷边、撕边或断裂，出现废品，同时也可能损坏传送机械。因此，在生产过程中必须有带材跑偏纠正装置。光电带材跑偏检测装置由光电式边沿位置传感器、测量电桥和放大电路组成。

如图 10-37（a）所示，光电式边沿位置传感器的白炽灯 2 发出的光线经透镜 3 会聚为平行光线，投射到透镜 4，由透镜 4 会聚到光敏电阻 5（R_1）上。在平行光线投射的路径中，有部分光线被带材遮挡一半，从而使光敏电阻接受到的光通量减少一半。如果带材发生了往左（或往右）跑偏，则光敏电阻接受到的光通量将增加（或减少）。图 10-37（b）为测量电路。R_1、R_2为同型号的光敏电阻,R_1作为测量元件安置在带材边沿的下方,R_2用遮光罩罩住,起温度补偿作用。当带材处于中间位置时,由R_1、R_2、R_3、R_4组成的电桥平衡,放大器输出电压U_O为零。当带材左偏时,遮光面积减少,光敏电阻R_1的阻值随之减少,电桥失去平衡,放大器将这一不平衡电压加以放大,输出负值电压U_O,反映出带材跑偏的大小与方向。反之,带材右偏,放大器输出正值电压U_O。输出电压可以用显示器显示,同时可以供给执行机构,纠正带材跑偏的偏移量。R_P为微调电桥的平衡电阻。

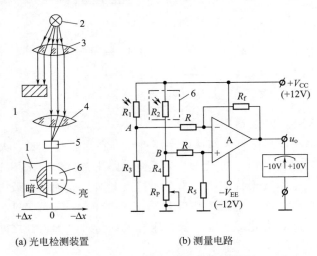

(a) 光电检测装置　　　　　(b) 测量电路

图 10-37　光电式边沿位置检测装置

1—被测带材;2—光源;3,4—光透镜;5—光敏电阻;6—遮光罩

4. 物体长度及运动速度的检测

在实际工作中,经常要检测工件的运动速度或长度,图 10-38 所示就是利用光电元件检测运动物体的速度。

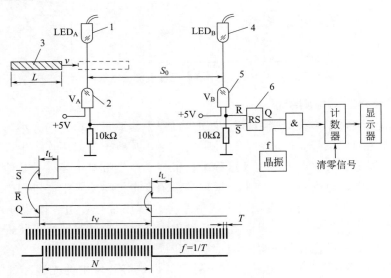

图 10-38　光电检测运动物体的速度(长度)示意图

1—光源 A;2—光敏元件;3—运动物体;4—光源 B;5—光敏元件;6—RS 触发器

当工件自左向右运动时，光源 A 的光线首先被遮断，光敏元件 V_A 输出低电平，触发 RS 触发器，使其置"1"，与非门打开，高频脉冲可以通过，计数器开始计数。当工件经过设定的 S_0 距离而遮断光源 B 时，光敏元件 V_B 输出低电平，RS 触发器置"0"，与非门关断，计数器停止计数。若高频脉冲的频率 $f=1\text{MHz}$，周期 $T=1\mu\text{s}$，计数器所计脉冲数为 N，则可得出工件通过已知距离 S_0 所耗时间为 $t=NT=N\mu\text{s}$，则工件的运动平均速度 $v=S_0/t=S_0/NT$。

要测出该工件的长度，读者可根据上述原理自行分析。

【项目小结】

通过本项目的学习，重点掌握光电效应的概念及其分类，掌握光电管、光敏电阻、光电池等常用光电元件的工作原理、光电特性以及一些典型应用等。

用光照射某一物体，可以看作物体受到一连串能量为 $h\nu$ 的光子的轰击，组成物体的材料吸收光子能量而发生相应电效应的物理现象称为光电效应，这是光电传感器工作的理论基础。光电测量一般具有结构简单、精度高、分辨率高、可靠性高和响应快等优点。

光电效应可分为光电导效应（内光电效应）、外光电效应和光生伏特效应等。

光电传感器测量属于非接触式测量，光电传感器通常由光源、光学通路和光电元件三部分组成。按照被测物、光源、光电元件三者之间的关系，光电传感器有以下四种工作方式：光源本身是被测物、恒定光源发出的光通量穿过被测物、恒定光源发出的光通量投射到被测物上和被测物处在恒定光源与光电元件的中间。

【项目训练】

一、填空

1. 在光线作用下能使物体的_____的现象称为内光电效应，基于内光电效应的光电元件有光敏电阻、_____、光敏三极管、光敏晶闸管等。

2. 光敏电阻的伏安特性是指光照度不变时，光敏电阻两端所加_____与流过电阻的关系。

3. 光电池的开路电压和短路电流随温度变化的关系称为温度特性。光电池的光电压或_____随温度变化有较大变化，温度越高，_____越低，而光电流随温度变化很小。

二、单项选择

1. 作为光电式传感器的检测对象有可见光、不可见光，其中不可见光有紫外线、近红外线等。另外，光的不同波长对光电式传感器的影响也各不相同，因此选用相应的光电式传感器要根据（　　）来选择。
   A. 被检测光的性质　　　　　　　　B. 光的波长和响应速度
   C. 检测对象是可见光、不可见光　　D. 光的不同波长

2. 光敏电阻又称光导管，是一种均质半导体光电元件。它具有灵敏度高、光谱响应范围宽、体积小、重量轻、机械强度高、耐冲击、耐振动、抗过载能力强和寿命长等特点。光敏电阻的工作原理是基于（　　）。
   A. 外光电效应　　B. 光生伏特效应　　C. 内光电效应　　D. 压电效应

3. 为了避免外来干扰，光敏电阻外壳的入射孔用一种能透过所要求光谱范围的透明保护窗（例如玻璃），有时用专门的滤光片作保护窗。为了避免灵敏度受潮湿影响，将电导体严密封装在壳体中。该透明保护窗应该让所要求光谱范围的入射光（　　）。

A. 尽可能多通过　　　B. 全部通过　　　　　　C. 尽可能少地通过

4. 在光线作用下，半导体的电导率增加的现象属于（　　）。

A. 外光电效应　　B. 内光电效应　　C. 光电发射　　D. 光导效应

5. 当一定波长入射光照射物体时，反映该物体光电灵敏度的物理量是（　　）。

A. 红限　　　　　B. 量子效率　　　C. 逸出功　　　D. 普朗克常数

6. 光敏三极管的结构，可以看成普通三极管的（　　）用光敏二极管替代的结果。

A. 集电极　　　　B. 发射极　　　　C. 集电结　　　D. 发射结

7. 单色光的波长越短，它的（　　）。

A. 频率越高，其光子能量越大　　　　B. 频率越低，其光子能量越大
C. 频率越高，其光子能量越小　　　　D. 频率越低，其光子能量越小

8. 光电管和光电倍增管的特性主要取决于（　　）。

A. 阴极材料　　　　　　　　　　　B. 阳极材料
C. 纯金属阴极材料　　　　　　　　D. 玻璃壳材料

9. 用光敏二极管或光敏三极管测量某光源的光通量时，是根据它们的（　　）实现的。

A. 光谱特性　　B. 伏安特性　　C. 频率特性　　D. 光电特性

三、简答

1. 什么是外光电效应？依据爱因斯坦光电效应方程式得出的两个基本概念是什么？
2. 什么是内光电效应？什么是内光电导效应和光生伏特效应？

四、分析

1. 图 10-39 为路灯自动点熄电路，其中 CdS（硫化镉）为光敏电阻。

(1) 电阻 R，电容 C 和二极管 D 组成什么电路？有何作用？

(2) CdS（硫化镉）光敏电阻和继电器 J 组成光控继电器，请简述其工作原理。

2. 图 10-40 为采用硫化铅光敏电阻为探测元件的火焰探测器电路图。硫化铅光敏电阻的暗电阻为 1MΩ，亮电阻为 0.2MΩ（光照度 $0.01W/m^2$ 下测试的），峰值响应波长为 $2.2\mu m$，请简述其工作原理。

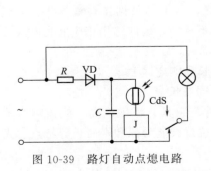

图 10-39　路灯自动点熄电路

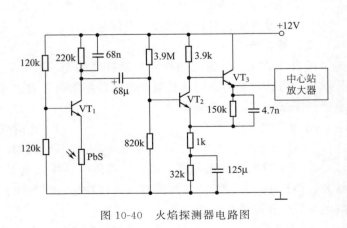

图 10-40　火焰探测器电路图

项目十一

光纤位移传感器的安装与调试

【项目描述】

本项目安装与调试一台光纤位移传感器。光纤传感器是利用被测量对光纤内传输的光进行某种形式的调制,使传输光的强度、相位、频率或偏振状态等特性发生改变,再对被调制过的光信号进行检测,从而测定被测量的一种新型传感器。目前,已研发出测量位移、速度、加速度、压力、温度、流量、电场、磁场等各种物理量的数百种光纤传感器。

通过本项目的学习,大家可以了解光纤的基本结构和传输原理,掌握反射式光纤位移传感器工作原理,能正确安装、调试反射式光纤位移传感器。

【相关知识与技能】

光导纤维简称光纤,它是以特别的工艺拉成的细丝。光纤透明、纤细,虽比头发丝还细,却具有能把光封闭在其中,并使其沿轴向进行传播的特点。

一、光纤的结构

光导纤维目前基本上还是采用石英玻璃材料。其结构如图 11-1 所示,中心的圆柱体叫

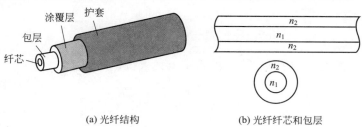

(a) 光纤结构　　(b) 光纤纤芯和包层

图 11-1　光纤的结构

做纤芯，直径 $5\sim75\mu m$，材料以二氧化硅为主，掺杂微量元素。围绕着纤芯的圆形外层叫做包层，直径 $100\sim200\mu m$。纤芯和包层主要由不同掺杂的石英玻璃制成。纤芯的折射率 n_1 略大于包层的折射率 n_2。涂敷层是硅酮或丙烯酸盐材料，用于隔离杂光。在涂敷层外面还常有一层保护套，多为尼龙或其他有机材料，用于提高机械强度，保护光纤。光纤的导光能力取决于纤芯和包层的性质，而光纤的机械强度由保护套维持。

二、光纤的传光原理

当光线由光密媒质（折射率 n_1）射入光疏媒质（折射率 n_2，$n_1 > n_2$）时，若入射角大于等于临界角，在媒质界面上会发生全反射现象，如图 11-2 所示。

以阶跃型多模光纤为例，光线从空气（折射率 n_0）射入光纤端面，与轴线的夹角为 θ_0，若入射角小于某一值，光线在纤芯和包层的界面上将发生全反射，光线射不出纤芯，从而能够从光纤的一端传播到另一端，如图 11-3 所示，这就是光纤传光的基本原理。

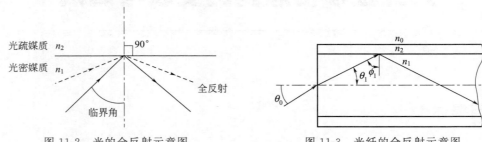

图 11-2 光的全反射示意图　　图 11-3 光纤的全反射示意图

根据光的折射定律可得

$$\frac{\sin\theta_1}{\sin\theta_0} = \frac{n_0}{n_1} \tag{11-1}$$

则

$$n_0 \sin\theta_0 = n_1 \sin\theta_1 = n_1 \cos\phi_1 \tag{11-2}$$

即

$$\sin\theta_0 = \frac{n_1}{n_0}\cos\phi_1 = \frac{n_1}{n_0}\sqrt{1-\sin^2\phi_1} \tag{11-3}$$

式中，ϕ_1 为临界角。

若要使入射光线在纤芯和包层的界面上发生全反射，由临界角的定义，应满足

$$\sin\phi_1 \geq n_2/n_1 \tag{11-4}$$

代入

$$\sin\theta_0 = \frac{n_1}{n_0}\cos\phi_1 = \frac{n_1}{n_0}\sqrt{1-\sin^2\phi_1}$$

得

$$\sin\theta_0 \leq \frac{n_1}{n_0}\sqrt{1-\frac{n_2^2}{n_1^2}} = \frac{1}{n_0}\sqrt{n_1^2-n_2^2} \tag{11-5}$$

能使光线在光纤内全反射的最大入射角 θ_C 可由上式求得，即

$$\sin\theta_C = \frac{1}{n_0}\sqrt{n_1^2-n_2^2} \tag{11-6}$$

当入射光从外部介质射入光纤时，只有入射角小于 θ_C 的光才能在光纤中传播。

三、光纤的主要参数

1. 数值孔径 NA

光从空气入射到光纤输入端面时,处在某一角锥内的光线一旦进入光纤,就将被截留在纤芯中,此光锥半角(θ_C)的正弦称为数值孔径 NA。

$$NA = \sin\theta_C = \frac{1}{n_0}\sqrt{n_1^2 - n_2^2} \tag{11-7}$$

NA 与光纤的几何尺寸无关,仅与纤芯和包层的折射率有关,纤芯和包层的折射率差别越大,数值孔径就越大,光纤的集光能力就越强。石英光纤的 $NA = 0.2 \sim 0.4$。

数值孔径 NA 是光纤的一个基本参数,反映了光纤与光源或探测器等元件耦合时的耦合效率,只有入射光处于 $2\theta_C$ 的光锥内,光纤才能导光。一般希望有大的数值孔径,这有利于耦合效率的提高,但数值孔径过大,会造成光信号畸变。

2. 光纤的传输模式

光纤传输的光波,可分解为沿轴向和沿横截面传输的两种平面波。因为沿横截面传输的平面波是在纤芯和包层的界面处全反射的,所以,当每一次往返相位变化是 2π 的整数倍时,将在截面内形成驻波。能形成驻波的光线称为"模","模"是离散存在的,某种光纤只能传输特定模数的光。

实际中常用由麦克斯韦方程导出的归一化频率 ν 作为确定光纤传输模数的参数。ν 的值可以由纤芯半径 r、传输光波波长 λ 及光纤的数值孔径 NA 确定,即

$$\nu = 2\pi r \frac{NA}{\lambda} \tag{11-8}$$

当 N 比较大时,光纤传输的模的总数 N 近似为

$$N \approx \begin{cases} \nu^2/2 & (\text{阶跃型}) \\ \nu^2/4 & (\text{梯度型}) \end{cases} \tag{11-9}$$

ν 值小于 2.41 的光纤,纤芯很细($5 \sim 10$mm),仅能传输基模(截止波长最长的模式),故称为单模光纤。ν 值大的光纤传输的模数多,称为多模光纤,通常纤芯直径较粗(几十毫米以上),能传输几百个以上的模。

(1)单模光纤

这类光纤传输性能好,常用于功能型光纤传感器,制成的传感器比多模传感器有更好的线性、更高的灵敏度和更宽的动态测量范围,但由于纤芯太小,制造、连接和耦合都很困难。

(2)多模光纤

这类光纤性能较差,但纤芯截面大,容易制造,连接耦合也比较方便。这种光纤常用于非功能型光纤传感器。

3. 传输损耗

光波在光纤中传输,随着传输距离的增加,光功率逐渐下降,这就是光纤的传输损耗。形成光纤损耗的原因很多,光纤纤芯材料的吸收、散射,光纤弯曲处的辐射损耗,光纤与光源的耦合损耗,光纤之间的连接损耗等,都会造成光信号在光纤中的传播有一定程度的损耗。通常用衰减率 A 表示传输损耗。

$$A = \frac{-10\lg(I_1/I_0)}{L}(\text{dB/km}) \tag{11-10}$$

式中，L 为光纤长度，I_0 为输入端光强，I_1 为输出端光强。

4. 色散

光纤的色散是光信号中的不同频率成分或不同的模式的光，在光纤中传输时由于速度不同，传播时间不同，从而产生波形畸变的现象。

当输入光束是光脉冲时，随着光的传输，光脉冲的宽度可被展宽，如果光脉冲变得太宽，以致发生重叠或完全吻合，施加在光束上的信息就会丧失。这种光纤中产生的脉冲展宽现象称为色散。

四、光纤传感器

光纤传感器是 20 世纪 70 年代中期发展起来的一门新技术，它是伴随着光纤及光通信技术的发展而逐步形成的，是光纤和光通信技术迅速发展的产物，它与以电为基础的传感器有本质区别。光纤传感器用光作为敏感信息的载体，用光纤作为传递敏感信息的媒质。因此，它同时具有光纤及光学测量的特点。

光纤传感器与传统的各类传感器相比有一系列优点，如不受电磁干扰、体积小、重量轻、可挠曲、灵敏度高、耐腐蚀、电绝缘、防爆性好、易与微机连接、便于遥测等。它能用于温度、压力、应变、位移、速度、加速度、磁、电、声和 pH 值等各种物理量的测量，具有极为广泛的应用前景。

1. 光纤传感器的基本组成

光纤传感器主要包括光导纤维、光源、光探测器三个重要部件。

① 光源。光源分为相干光源（各种激光器）和非相干光源（白炽光、发光二极管）。实际中，一般要求光源的尺寸小、发光面积大、波长合适、足够亮、稳定性好、噪声小、寿命长、安装方便等。

② 光探测器。包括光敏二极管、光敏三极管、光电倍增管、光电池等。光探测器在光纤传感器中有着十分重要的地位，它的灵敏度、带宽等参数将直接影响传感器的总体性能。

2. 光纤传感器的分类

光纤传感器一般可分为功能型和非功能型两大类。

（1）功能型光纤传感器

功能型光纤传感器又称传感型光纤传感器，主要使用单模光纤，基本结构原理如图 11-4 所示。光纤在这类传感器中不仅是传光元件，而且利用光纤本身的某些特性来感知外界因素的变化，所以它又是敏感元件。

在功能型光纤传感器中，由于光纤本身是敏感元件，因此通过改变几何尺寸和材料性质可以改善灵敏度。功能型光纤传感器中光纤是连续的，结构比较简单，但为了能够灵敏地感受外界因素的变化，往往需要用特种光纤作探头，使得制造比较困难。

（2）非功能型光纤传感器

非功能型光纤传感器又称传光型光纤传感器。它

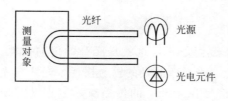

图 11-4 功能型光纤传感器结构原理图

是利用在两根光纤中间或光纤端面放置敏感元件来感受被测量的变化,光纤仅起传光作用,如图 11-5 所示。

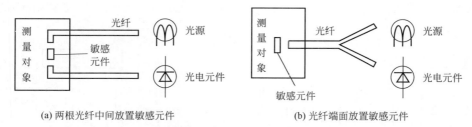

(a) 两根光纤中间放置敏感元件　　　　(b) 光纤端面放置敏感元件

图 11-5　非功能型光纤传感器结构原理图

这类光纤传感器可以充分利用现有的性能优良的敏感元件来提高灵敏度。为了获得较大的受光量和传输光的功率,这类传感器使用的光纤主要是数值孔径和芯径较大的阶跃型多模光纤。

在非功能型光纤传感器中,也有并不需要外加敏感元件的情况。比如,光纤把测量对象辐射或反射、散射的光信号传播到光电元件,如图 11-6 所示。这种光纤传感器也称为探针型光纤传感器,使用单模光纤或多模光纤。典型的例子有光纤激光多普勒速度传感器和光纤辐射温度传感器等。

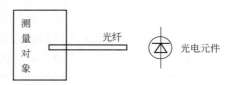

图 11-6　无敏感元件的非功能型光纤传感器结构原理图

3. 光纤传感器的光调制技术

调制技术是指在时域上用被测信号对一个高频信号(如光纤传感器中的光信号)的某特征参量(幅值、频率或相位等)进行控制,使该特征参量随着被测信号的变化而变化。这样,原来的被测信号就被这个受控的高频振荡信号所携带。一般将控制高频信号的被测信号称为调制信号;载送被测信号的高频信号称为载波;经过调制后的高频振荡信号称为已调制波。

按照调制方式分类,光调制可以分为强度调制、相位调制、频率调制、偏振调制和波长调制等。所有这些调制过程都可以归结为将一个携带信息的信号叠加到载波——光波上。而能完成这一过程的器件称为调制器。调制器能使载波参数随外信号变化而改变,这些参数包括光波的强度(幅值)、相位、频率、偏振、波长等。被信息调制的光波在光纤中传输,然后再由光探测系统解调,将原信号恢复。下面主要介绍强度调制型光纤传感器。

4. 强度调制型光纤传感器

强度调制型光纤传感器是一种利用被测对象的变化引起敏感元件的折射率、吸收或反射等参数的变化,从而导致光强度变化来实现敏感测量的传感器。这种传感器结构简单,成本低,但受光源强度波动和连接器损耗变化等影响较大。

(1) 反射式光纤位移传感器

反射式光纤位移传感器结构简单,设计灵活,性能稳定,造价低廉,能适应恶劣环境,在实际工作中得到了广泛应用。反射式光纤位移传感器结构如图 11-7 所示。由光源发出的光经发射光纤束传输射到被测目标表面，目标表面的反射光由与发射光纤束扎在一起的接收光纤束传输至光敏元件，根据被反射至接收光纤束的光的强度变化来测量被测表面距离的变化。

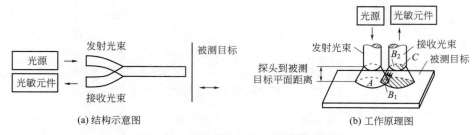

图 11-7　反射式光纤位移传感器示意图

由于光纤有一定的数值孔径，当光纤探头端部紧贴被测件时，接收光纤中无光信号；当被测表面逐渐远离光纤探头时，发射光纤照亮被测表面的面积越来越大，于是相应的发射光锥和接收光锥重合面积越来越大，接收光纤端面上被照亮的区域也越来越大，当整个接收光

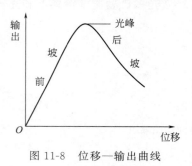

图 11-8　位移—输出曲线

纤被全部照亮时，输出信号强度就达到了位移—输出信号曲线上的"光峰点"，光峰点以前的这段曲线叫前坡区；当被测表面继续远离时，有部分反射光没有反射进接收光纤，接收到的光强逐渐减小，光敏输出器的输出信号逐渐减弱，进入曲线的后坡区，如图 11-8 所示。在位移—输出曲线的前坡区，输出信号的强度增加得非常快，这一区域可以用来进行微米级的位移测量。在后坡区，信号的减弱约与探头和被测表面之间的距离平方成反比，可用于距离较远而灵敏度、线性度和精度要求不高的测量。在光峰处，信号达到最大值，其大小取决于被测表面的状态。所以这个区域可用于对表面状态进行光学测量。

（2）光纤测压传感器

这种传感器是通过在前面介绍的光纤位移传感器的探头前面加上一个膜片构成的。其结构如图 11-9 所示。光源发出的光经发射光纤传输并投射到膜片的内表面上，反射光由接收光纤接收并传回光敏元件。与位移传感器不同的是，这里膜片位移的微小变化是在压力的作用下由膜片产生的挠曲而引起的。膜片的位移发生变化，则输出的信号也发生变化，光通量是膜片的形状尺寸以及探头到膜片的平均距离的函数。

光纤测压传感器工作示意图如图 11-9(b) 所示。当导管端部的弹性膜片当受到压力作用时，产生位移，接收反射光的光检测器的输出发生变化。这种传感器内有直径为 $50\mu m$ 的多模光导纤维约 80 根，发射和接收的光纤以最合适的配置进行分布，膜片与光纤末端面间的距离约为 $30\mu m$，它的测量范围为 $-6.666 \sim 26.664 kPa$。

（3）微弯光纤传感器

光纤的弯曲能够使光从纤芯射入包层而产生损耗。微弯光纤传感器就是根据光纤弯曲（微弯）时纤芯中的光注入包层的原理研制成的。这类传感器的敏感元件是一个能引起光纤产生微弯的变形器。变形器如一对错开的带锯齿槽的平行板，如图 11-10 所示。

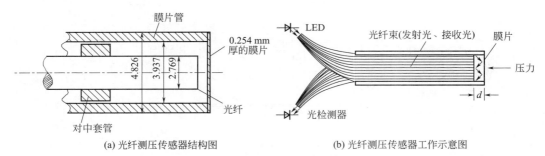

(a) 光纤测压传感器结构图　　　　　(b) 光纤测压传感器工作示意图

图 11-9　光纤测压传感器

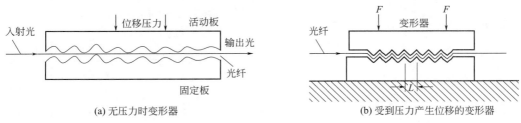

(a) 无压力时变形器　　　　　　　(b) 受到压力产生位移的变形器

图 11-10　能引起光纤产生微弯的变形器

无压力时,光源经光纤直接输出到探测器。当锯齿板受到压力产生位移,光纤发生微变弯曲变形。原来光束以大于临界角的角度在纤芯中传输,为全内反射,在微弯处,光束以小于入射角的角度入射到界面,则部分光逸出到包层中,光纤中传递的光部分被耦合在包层中,导致光能的损耗,输出光强度减小。通过检测纤芯或者是包层的光功率,就能测得力、位移或者声压等物理量。相邻锯齿间的距离决定着变形器的空间频率。

【项目实施】

本实训项目需用器件与单元:光纤传感器、光纤传感器实训模块、数显单元(主控台电压表)、测微头、±15V 直流源、反射面。如图 11-11 所示。

(a) 光纤传感器　　　(b) 反射面　　　(c) 测微头　　　(d) 光纤传感器实训模块

图 11-11　实训项目需用器件与单元

实训步骤如下。

① 根据图 11-12 安装光纤位移传感器和测微头,二束光纤分别插入实训板上的光电座(其内部有发光管 VD 和光电三极管 VT)中;测微头上安装好反射面。

② 将光纤传感器实训模块输出端 V_{o1} 与数显单元(电压挡位打在 20V)相连。

③ 调节测微头,使探头与反射平板轻微接触。

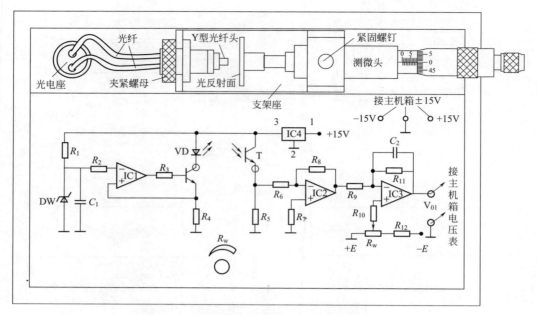

图 11-12　光纤传感器位移实训接线图

④ 实训模块接入 ±15V 电源，合上主控箱电源开关，调节 R_{w1} 到中间位置，调 R_{w2} 使数显表显示为零。

⑤ 旋转测微头，被测体离开探头，每隔 0.1mm（0.2mm）读出数显表值，将其填入表 11-1。

表 11-1　光纤位移传感器输出电压与位移

X/mm								
V/V								

⑥ 根据表 11-1 的数据，分析光纤位移传感器的位移特性，计算在量程 1mm 时的灵敏度和非线性误差。

【项目拓展】

光纤传感器由于它独特的性能而受到广泛的重视，它的应用正在迅速地发展。下面我们介绍几种主要的光纤传感器。

1. 光纤加速度传感器

光纤加速度传感器的结构组成如图 11-13 所示。它是一种简谐振子的结构形式。激光束通过分光板后分为两束光，透射光作为参考光束，反射光作为测量光束。当传感器感受加速度时，由于质量块对光纤的作用，光纤被拉伸，引起光程差的改变。相位改变的激光束由单模光纤射出后与参考光束会合，产生干涉效应。激光干涉仪的干涉条纹的移动可由光电接收装置转换为电信号，经过处理电路处理后便可正确地测出加速度值。

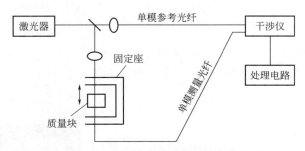

图 11-13　光纤加速度传感器组成结构简图

2．液位的检测技术

（1）球面光纤液位传感器

如图 11-14 所示，光由光纤的一端导入，在球状对折端部一部分光透射出去，而另一部分光反射回来，由光纤的另一端导向探测器。反射光强的大小取决于被测介质的折射率。被测介质的折射率与光纤折射率越接近，反射光强度越小。显然，传感器处于空气中时比处于液体中时的反射光强要大。因此，该传感器可用于液位报警。若以探头在空气中时的反光强度为基准，则当接触水时反射光强变化 $-6\sim-7\mathrm{dB}$，接触油时变化 $-25\sim-30\mathrm{dB}$。

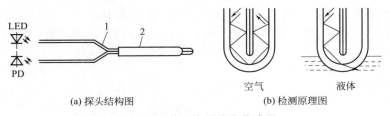

(a) 探头结构图　　　　　　(b) 检测原理图

图 11-14　球面光纤液位传感器

（2）斜端面光纤液位传感器

图 11-15 为反射式斜端面光纤液位传感器的结构。当传感器接触液面时，将引起反射回另一根光纤的光强减小。这种形式的探头在空气中和水中时反射光强度差在 20dB 以上。

（3）单光纤液位传感器

单光纤液位传感器的结构如图 11-16 所示，将光纤的端部抛光成 45°的圆锥面。当光纤处于空气中时，入射光大部分能在端部满足全反射条件而返回光纤。当传感器接触液体时，由于液体的折射率比空气大，使一部分光不能满足全反射条件而折射入液体中，返回光纤的光强就减小。利用 X 形耦合器即可构成具有两个探头的液位报警传感器。同样，若在不同

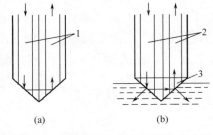

图 11-15　斜面反射式光纤液位传感器
1、2—光纤；3—棱镜

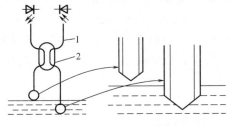

图 11-16　单光纤液位传感器结构

的高度安装多个探头，则能连续监视液位的变化。

3. 医用内窥镜

由于光纤柔软、自由度大、传输图像失真小，引入医用内窥镜后，可以方便地检查人体的许多部位。图 11-17(a) 为腹腔镜的剖视图。图像导管直径约 3.4mm。图 11-17(b) 为观察部位的照片。

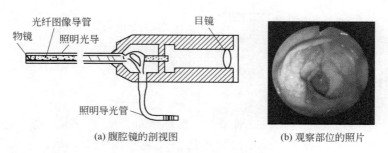

图 11-17 医用内窥镜

医用内窥镜由几千到几万个直径约为 $10\mu m$ 的光纤构成。两端的光纤按同一规律整齐排列（空间位置对应）。将探头放入人体内部，光源发出的光通过传光束（发射光纤）照射到被测物上，被测物反射回的光在光纤束另一端把图像分解成许多像素，且代表图像的像素是一组强度、颜色不同的光点，光点经传像束（接收光纤）传送，进入目镜观察或经传像束直接送入 CCD 器件，将光信号变化转变成电信号，经 A/D 转换，送入微机处理，在显示器上显示。

【项目小结】

通过本项目的学习，主要掌握光纤传感器的结构类型、光纤的结构和传光原理，重点掌握反射式光纤位移传感器的应用等。

光导纤维简称光纤，其导光原理是基于光的全内反射。光纤的导光能力取决于纤芯和包层的性质，而光纤的机械强度由保护套维持。

光纤传感器可以分为两大类：一类是功能型（传感型）传感器；另一类是非功能型（传光型）传感器。功能型传感器是利用光纤本身的特性把光纤作为敏感元件，用被测量对光纤内传输的光进行调制，再通过对被调制过的信号进行解调，从而得出被测信号。非功能型传感器是利用其他敏感元件感受被测量的变化，光纤仅作为信息的传输介质。本项目要求重点掌握非功能型光纤传感器。

反射式光纤位移传感器中，由光源发出的光经发射光纤束传输到被测目标表面，目标表面的反射光由与发射光纤束扎在一起的接收光纤束传输至光敏元件。反射式光纤位移传感器结构简单，设计灵活，性能稳定，造价低廉，能适应恶劣环境，在实际工作中得到广泛应用。

【项目训练】

1. 光纤传感器可以分为哪两大类？说明每类光纤传感器的特点。

2. 简述光纤的传光原理。
3. 简述光导纤维的结构组成。
4. 简述光纤传感器的主要性能指标 NA 的物理意义。
5. 光导纤维按其传输模式分为哪两种类型?
6. 光纤传感器有哪些主要优点?
7. 简述反射式光纤位移传感器工作原理。

项目十二

热释电红外传感器的安装与测试

【项目描述】

热释电红外传感器是一种能检测红外线的高灵敏度红外探测元件，它能以非接触方式检测出物体辐射的红外线能量的变化，并将其转换成电压信号输出，将输出的电压信号加以放大，便可驱动各种控制电路。由于红外线是不可见光，有很强的隐蔽性和保密性，热释电红外传感器不受白天黑夜的影响，可昼夜不停地用于监测，广泛地用于防盗报警。

通过本项目的学习，大家可以了解红外辐射基本物理特性，熟悉红外传感器的种类和特点，并掌握热释电红外传感器的结构、工作原理。

【相关知识与技能】

红外技术是最近几十年发展起来的一门新兴技术，它已在科研、国防和工农业生产等领域获得了广泛的应用。红外传感器可应用于以下几方面。

① 红外辐射计，用于辐射测量。
② 搜索和跟踪系统，用于搜索和跟踪红外目标，确定其空间位置并对它进行跟踪。
③ 热成像系统，如红外图像仪、多光谱扫描仪等。
④ 红外测距和通信系统。

一、红外辐射

红外辐射即红外线辐射，红外线是一种不可见光，由于在光谱表中位于可见红色光以外，故称红外线。它的波长范围大致在 $0.76 \sim 1000 \mu m$，红外线在电磁波谱中的位置如图 12-1 所示。工程上又把红外线所占据的波段分为 4 部分，即近红外、中红外、远红外和极远红外。

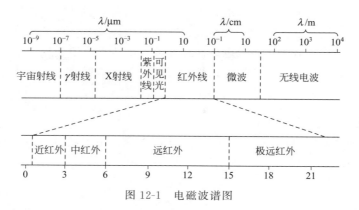

图 12-1 电磁波谱图

红外辐射的物理本质是热能辐射。一个炽热物体向外辐射的能量大部分是通过红外线辐射出来的。物体的温度越高,辐射出来的红外线越多,辐射的能量就越强。而且红外线被物体吸收时,可以显著地转变为热能。

红外线和所有电磁波一样,是以波的形式在空间直线传播的。它在大气中传播时,大气层对不同波长的红外线存在不同的吸收带,红外线气体分析器就是利用该特性工作的。空气中对称的双原子气体,如 N_2、O_2、H_2 等不吸收红外线,红外线在通过大气层时,有三个波段透过率较高,它们是 $2\sim2.6\mu m$、$3\sim5\mu m$ 和 $8\sim14\mu m$,统称它们为"大气窗口"。这三个波段对红外探测技术特别重要,因为红外探测器一般都工作在这三个波段(大气窗口)之内。

二、红外传感器的类型

1. 光子探测器(光子传感器)

光子探测器利用红外辐射光子流与探测器材料中电子的相互作用来改变电子的能量状态,引起各种电学现象,这种现象称光子效应,通过测量材料电子性质的变化,可以知道红外辐射的强弱。利用光子效应制成的红外探测器统称光子探测器。光子探测器有内光电式和外光电式两种,后者又分为光电导、光生伏特和光磁电等三种。

光子探测器的主要特点是灵敏度高、响应速度快、具有较高的响应频率,但探测波段较窄,一般需在低温下工作。

2. 热探测器(热传感器)

热探测器利用红外辐射的热效应进行探测,又称热传感器,传感器的敏感元件吸收辐射能后温度升高,进而使有关物理参数发生相应变化,通过测量物理参数的变化,便可确定传感器所吸收的红外辐射。与光子探测器相比,热探测器的探测率比光子探测器的探测率低,响应时间长。热探测器的主要优点是响应波段宽,响应范围可扩展到整个红外区域,可以在室温下工作,使用方便。

热传感器主要类型有热释电型、热敏电阻型、热电偶型和气体型。热释电型传感器探测率高,频率响应宽,所以这种传感器备受重视,发展很快。

三、热释电红外传感器

1. 热释电红外传感器工作原理

热释电红外传感器由具有极化现象的热晶体或被称为"铁电体"的材料制成。铁电体的极化强度（单位面积上的电荷）与温度有关。当红外线照射到已经极化的铁电体薄片表面上时，薄片温度升高，极化强度降低，表面电荷减少，这相当于释放一部分电荷，所以叫做热释电型传感器。如果将负载电阻与铁电体薄片相连，则负载电阻上便产生一个电信号，输出信号的强弱取决于薄片温度变化的快慢，从而反映出红外辐射的强弱，热释电型红外传感器的电压响应率正比于入射光辐射变化的速率。

2. 热释电红外传感器的结构

热释电红外传感器一般都采用差动平衡结构，由敏感元件、场效应管，高值电阻等组成，如图 12-2 所示。

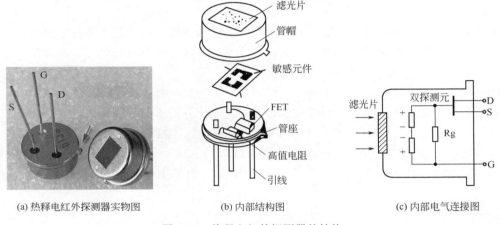

图 12-2 热释电红外探测器的结构

（1）敏感元件

敏感元件通常是用锆钛酸铝制成的，先用热释电材料制成很小的薄片，再在薄片两面镀上电极，构成两个串联的有极性的小电容器。将极性相反的两个敏感元做在同一晶片上，是为了抑制由于环境与自身温度变化而产生热释电信号的干扰。热释电红外传感器在实际使用时，前面要安装透镜，通过透镜的外来红外辐射会聚在一个敏感元件上，以增强接收信号。热释电红外传感器的特点是它只在由于外界的辐射而引起它本身温度变化时，才给出一个相应的电信号，当温度的变化趋于稳定后就再没有信号输出，所以说热释电信号与它本身的温度变化率成正比，或者说热释电红外传感器只对运动体敏感。

（2）场效应管和高阻值电阻

通常敏感元件材料阻值非常高，要用场效应管进行阻抗变换，常用 2SK303V3、2SK94X3 等场效应管来构成源极跟随器，通过场效应管，传感器输出信号就能用普通放大器进行处理。

（3）滤光窗

为了使传感器有抗干扰性，传感器采用了滤光片作窗口，即滤光窗。滤光片是在 S 基板上镀多层膜做成的。

人体辐射的最强红外线的波长正好在滤光片的响应波长 $7.5\sim14\mu m$ 的中心处，故滤光窗能有效地让人体辐射的红外线通过，阻止太阳光、灯光等可见光中的红外线通过，免除干扰。

(4) 菲涅尔透镜

菲涅尔透镜可将红外线有效地集中到传感器上，不使用菲涅尔透镜时传感器的探测半径不足 2 米，配上菲涅尔透镜时传感器的探测半径可达到 10 米。菲涅尔透镜还能将探测区域内分为若干个明区和暗区，使进入探测区域的移动物体能以温度变化的形式在敏感元件上产生变化的热释红外信号。

菲涅尔透镜是用普通的聚乙烯制成的，如图 12-3 所示。透镜的水平方向上分成三部分，每一部分在竖直方向上又分成若干不同的区域，所以菲涅尔透镜实际是一个透镜组。当光线通过透镜单元后，在其反面形成明暗相间的可见区和盲区。每个透镜单元只有一个很小的视场角，视场角内为可见区，之外为盲区，而相邻的两个透镜单元的视场既不连续，也不交叠，却都相隔一个盲区。当人体在这一监视范围中运动时，顺次地进入某一透镜单元的视场，又走出这一视场，热释电探测器对运动的人体一会儿看到，一会又看不到，再过一会儿又看到，然后又看不到，于是人体的红外线辐射不断改变热释电体的温度，使它输出一个又一个相应的信号，输出信号的频率大约为 0.1～10Hz，这一频率范围由菲涅尔透镜、人体运动速度和热释电探测器本身的特性决定。

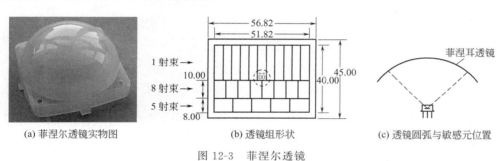

图 12-3 菲涅尔透镜

【项目实施】

本项目需用器件与单元：直流稳压电源、±15V 电源、+5V 电源、热释电红外传感器、热释电实训模块，如图 12-4 所示。

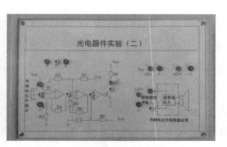

(a) 热释电红外传感器　　　　(b) 热释电实训模块

图 12-4 需要器件与单元

实训步骤如下。

① 观察传感器的圆形感应端面，中间黑色小方孔是滤色片，内装有敏感元件。

② 将热释电红外传感器三个插头分别与热释电实训模块的 D、S、E 端口连接起来。

③ 将热释电实训模块与主机箱上的+5V电源对应连接。
④ 开启主电源，用手靠近和离开热释电红外传感器，观察发光二极管的显示状态。

【项目拓展】

1. 人体感应自动照明灯

图12-5是由红外线检测集成电路RD8702构成的人体感应自动灯开关电路，适用于家庭、楼道、公共厕所、公共走道等场合作为照明灯。

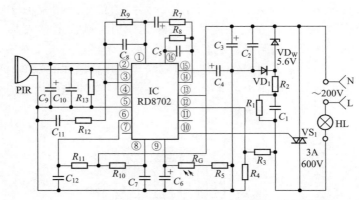

图12-5　由RD8702构成的人体感应自动灯开关电路

电路主要由人体红外线检测、信号放大及控制信号输出、晶闸管开关及光控等单元电路组成。由于灯泡串接在电路中，所以不接灯泡电路不工作。

当红外线传感器PIR未检测到人体感应信号时，电路处于守候状态，RD8702的⑩脚和⑪脚（未使用）无输出，双向晶闸管VS_1截止，HL灯泡处于关闭状态。当有人进入检测范围时，红外传感器PIR中产生的交变信号通过RD8702的②脚输入IC内。经IC处理后从⑩脚输出，使双向晶闸管VS_1导通，灯泡得电点亮，⑪脚输出继电器驱动信号（未使用）供执行电路使用。

光敏电阻R_G连接在RD8702的⑨脚。有光照时，R_G的阻值较小，⑨脚内电路抑制⑩脚和⑪脚输出控制信号。晚上光线较暗时，R_G的阻值较大，⑨脚内电路解除对输出控制信号的抑制作用。

2. 红外线探测电路

图12-6是由热释电红外传感器P228构成的红外线探测电路，适用于自动节能灯、自动门、报警等。

该电路主要由传感器、放大器、比较器、延时器、继电器等组成。当有人进入检测现场时，透镜将红外能量"聚焦"送入传感器，感应出的微量的电压经阻抗匹配送到放大器。放大器的增益要求大于72.5dB，频宽为0.3~7Hz。放大后的信号既含有用信号，也含噪声信号。为取出有用信号，用一级比较器取出有用成分，经延时后推动继电器动作，由其触点控制报警电路等进入工作状态。

3. 红外线气体分析仪

红外线气体分析仪是根据气体对红外线具有选择性吸收特性来对气体成分进行分析的。

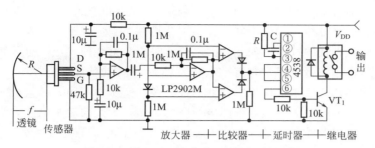

图 12-6 由 P228 构成的红外线探测电路

不同气体的吸收波段（吸收带）不同，图 12-7 给出了几种气体对红外线的透射光谱，从图中可以看出，CO 气体对波长为 $4.65\mu m$ 左右的红外线具有很强的吸收能力，CO_2 气体则在 $2.78\mu m$ 和 $4.26\mu m$ 左右以及波长大于 $13\mu m$ 的范围对红外线有较强的吸收能力。

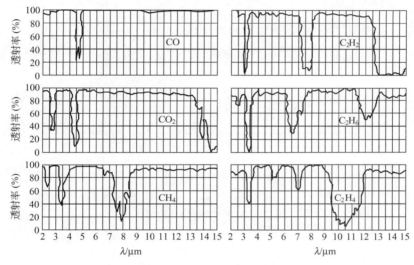

图 12-7 几种气体对红外线的透射光谱

图 12-8 为工业用红外线气体分析仪。它由红外线辐射光源、气室、红外检测器及电路等部分组成。

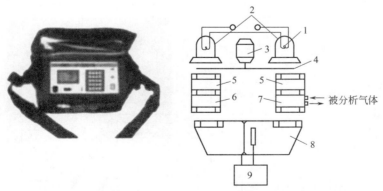

(a) 红外线气体分析实物图　　(b) 红外线气体分析仪结构原理图

图 12-8 红外线气体分析仪
1—光源；2—抛物体反射镜；3—同步电动机；4—切光片；5—滤波气室；
6—参比室；7—测量室；8—红外探测器；9—放大器

图 12-8(b) 中,光源由镍铬丝通电加热,发出 $3\sim10\mu m$ 的红外线,切光片将连续的红外线调制成脉冲状的红外线,以便于红外线检测器检测。测量气室中通入被分析气体,参比气室中封入不吸收红外线的气体(如 N_2 等)。测量时,两束红外线经反射、切光后射入测量气室和参比气室。由于测量气室中含有一定量的 CO 气体,该气体对 $4.65~\mu m$ 的红外线有较强的吸收能力,而参比气室中气体不吸收红外线,两气室压力不同,测量边的压力减小,于是薄膜偏向一侧,从而改变了薄膜电容两电极间的距离,也就改变了电容 C。

图 12-8(b) 所示结构中还设置了滤波气室,它是为了消除干扰气体对测量结果的影响。所谓干扰气体,是指其与被测气体的红外吸收波谱有部分重叠,如 CO 气体和 CO_2 气体在 $4\sim5\mu m$ 波段内的红外吸收光谱有部分重叠,则 CO_2 的存在对分析 CO 气体带来影响,这种影响称为干扰。为此,在测量边和参比边各设置了一个封有干扰气体的滤波气室,它能将 CO_2 气体对应的红外线吸收波段的能量全部吸收,因此左右两边气室的吸收红外线能量之差只与被测气体(如 CO)的浓度有关。

4. 热释电红外传感器信号处理集成电路 BISS0001

BISS0001 是一款高性能的传感信号处理集成电路,它的静态电流极小,广泛用于安防等领域。

BISS0001 是由运算放大器、电压比较器、状态控制器、延迟时间定时器以及封锁时间定时器等构成,内部电路如图 12-9 所示。

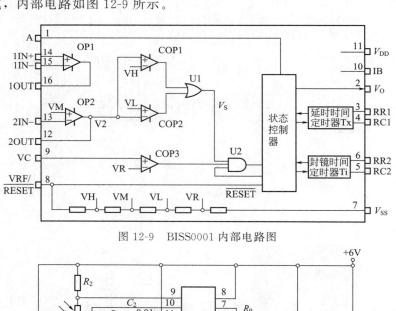

图 12-9 BISS0001 内部电路图

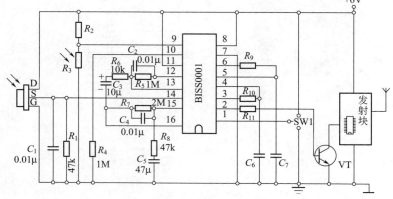

图 12-10 BISS0001 典型应用电路

BISS0001 的典型应用电路如图 12-10 所示。R_3 为光敏电阻，用来检测环境照度。若环境较明亮，R_3 的电阻值会降低，使 9 脚的输入保持为低电平，从而封锁触发信号。SW1 是工作方式选择开关。

【项目小结】

本项目介绍了红外辐射的特性、红外传感器的种类和特点，重点介绍了热释电红外传感器的结构组成和各部分的作用等。

红外辐射的物理本质是热能辐射。一个炽热物体向外辐射的能量大部分是通过红外线辐射出来的。物体的温度越高，辐射出来的红外线越多，辐射的能量就越强。

红外传感器一般由光学系统、探测器、信号调理电路及显示系统等组成。红外探测器是红外传感器的核心。红外探测器种类很多，常见的有两大类：热探测器和光子探测器。

热探测器主要类型有热释电型、热敏电阻型、热电偶型和气体型。热释电型探测器探测率最高，频率响应最宽，所以这种探测器备受重视，发展很快。

热释电红外传感器一般都采用差动平衡结构，由敏感元件、场效应管、高值电阻等组成，另外还附有滤光窗和菲涅尔透镜。滤光窗能有效地让人体辐射的红外线通过，而阻止太阳光、灯光等可见光中的红外线通过，免除干扰。菲涅尔透镜的作用有两个：一是聚焦作用，即将探测空间的红外线有效地集中到传感器上；二是将探测区域分为若干个明区和暗区，使进入探测区域的移动物体能以温度变化的形式在敏感元件上产生变化的红外信号。

【项目训练】

一、单项选择

1. 下列对红外传感器的描述错误的是_____。
   A. 红外辐射是一种人眼不可见的光线
   B. 红外线的波长范围大致在 $0.76 \sim 1000 \mu m$ 之间
   C. 红外线是电磁波的一种形式，但不具备反射、折射特性
   D. 红外传感器是利用红外辐射实现相关物理量测量的一种传感器。
2. 对于工业上用的红外线气体分析仪，下面说法中正确的是_____。
   A. 参比气室内装被分析气体   B. 参比气室中的气体不吸收红外线
   C. 测量气室内装 N_2 D. 红外探测器工作在"大气窗口"之外
3. 红外辐射的物理本质是_____。
   A. 核辐射   B. 微波辐射   C. 热辐射   D. 无线电波
4. 红外线是位于可见光中红色光以外的光线，故称红外线。它的波长范围大致在_____到 $1000 \mu m$ 的范围之内。
   A. 0.76nm   B. 1.76nm   C. $0.76 \mu m$ D. $1.76 \mu m$
5. 在红外技术中，一般将红外辐射分为四个区域，即近红外区、中红外区、远红外区和_____。
   A. 微波区   B. 微红外区   C. X 射线区   D. 极远红外区
6. 红外辐射在通过大气层时，有三个波段透过率高，它们是 $0.2 \sim 2.6 \mu m$、$3 \sim 5 \mu m$ 和

_____，统称它们为"大气窗口"。

A. 8~14μm   B. 7~15μm   C. 8~18μm   D. 7~14.5μm

7. 关于红外传感器，下述说法不正确的是_____。

A. 红外传感器是利用红外辐射实现相关物理量测量的一种传感器

B. 红外传感器的核心器件是红外探测器

C. 光子探测器在吸收红外能量后，将直接产生电效应

D. 为保持高灵敏度，热探测器一般需要低温冷却

二、简答

1. 什么是红外辐射？简述红外传感器工作原理。
2. 简述热探测器、热释电传感器工作原理。
3. 简述光子传感器的原理、主要特点和分类。

项目十三

霍尔传感器的安装与调试

【项目描述】

霍尔传感器是一种磁敏传感器,它是把磁学物理量转换成电信号的装置,广泛应用于自动控制各个领域。它的最大特点是非接触测量。

通过本项目的学习,大家应掌握霍尔效应、磁阻效应原理,熟悉霍尔传感器的特性及应用,了解霍尔元件主要参数及误差补偿措施,能分析由霍尔传感器组成的检测系统的工作原理。

【相关知识与技能】

一、霍尔效应及霍尔元件

1. 霍尔效应

将金属或半导体薄片置于磁感应强度为 B 的磁场(磁场方向垂直与薄片)中,如图 13-1 所示,当有电流 I 通过时,在垂直于电流和磁场的方向上将产生电动势 U_H,这种物理现象称为霍尔效应。

如图 13-1 所示,一块长为 L、宽为 W、厚为 d 的 N 型半导体薄片,位于磁感应强度为 B 的磁场中,B 垂直于 L-W 平面,沿 L 通电流 I,N 型半导体中的电子将受到 B 产生的洛仑兹力 F_L 的作用

$$F_L = evB \tag{13-1}$$

式中　e——电子的电量,$e = 1.602 \times 10^{-19}$ C;

　　　v——半导体中电子的运动速度,其方向与外电路 I 的方向相反,在讨论霍尔效应时,假设所有电子的运动速度相同。

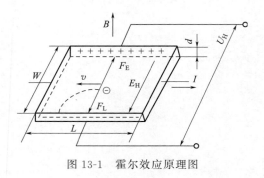

图 13-1 霍尔效应原理图

在力 F_L 的作用下,电子向半导体片的一个侧面偏转,在该侧面上形成电子的积累,而在相对的另一侧面上,因缺少电子而出现等量的正电荷,在这两个侧面上产生霍尔电场 E_H,该电场使运动电子受电场力 F_E:

$$F_E = eE_H \tag{13-2}$$

电场力阻止电子继续向原侧面积累,当电子所受电场力和洛仑兹力相等时,电荷的积累达到动态平衡,由于存在 E_H,半导体片两侧面间出现电位差 U_H,称为霍尔电势,即

$$U_H = \frac{R_H}{d} IB = K_H IB \tag{13-3}$$

式中 R_H——霍尔系数;

K_H——霍尔元件的灵敏度。

由式(13-3)可见,霍尔电势正比于激励电流及磁感应强度。为了提高灵敏度,霍尔元件常制成薄片形状。

如果磁场与薄片法线夹角为 θ 那么

$$U_H = K_H IB \cos\theta \tag{13-4}$$

因 $R_H = \mu\rho$,即霍尔系数等于材料的电阻率 ρ 与电子迁移率 μ 的乘积。一般金属材料载流子迁移率很高,但电阻率很小,绝缘材料电阻率极高,但载流子迁移率极低,故只有半导体材料适于制造霍尔片。目前常用的霍尔元件材料有锗、硅、砷化铟、锑化铟等半导体材料,其中 N 型锗容易加工制造,其霍尔系数、温度性能和线性度都较好。N 型硅的线性度最好,其霍尔系数、温度性能同 N 型锗相近。锑化铟对温度最敏感,尤其在低温范围内温度系数大,但在室温时其霍尔系数较大。砷化铟的霍尔系数较小,温度系数也较小,输出特性线性度好。表 13-1 列出了常用国产霍尔元件的技术参数。

表 13-1 常用国产霍尔元件的技术参数

参数名称	符号	单位	HZ-1 型	HZ-2 型	HZ-3 型	HZ-4 型	HT-1 型	HT-2 型	HS-1 型
			材料(N 型)						
			Ge(111)	Ge(111)	Ge(111)	Ge(100)	InSb	InSb	InAs
电阻率	ρ	$\Omega \cdot cm$	0.8~1.2	0.8~1.2	0.8~1.2	0.4~0.5	0.003~0.01	0.003~0.05	0.01
几何尺寸	$l \times b \times d$	mm	8×4×0.2	4×2×0.2	8×4×0.2	8×4×0.2	6×3×0.2	8×4×0.2	8×4×0.2
输入电阻	R_i	Ω	110±20%	110±20%	110±20%	45±20%	0.8±20%	0.8±20%	1.2±20%
输出电阻	R_u	Ω	100±20%	100±20%	100±20%	40±20%	0.5±20%	0.5±20%	1±20%
灵敏度	K_H	mV/(mA·T)	>12	>12	>12	>4	1.8±20%	1.8±2%	1±20%
不等位电阻	r_o	Ω	<0.07	<0.05	<0.07	<0.02	<0.005	<0.005	<0.003
寄生直流电压	U_o	μV	<150	<200	<150	<100			
额定控制电流	I_c	mA	20	15	25	50	250	300	200

续表

参数名称	符号	单位	HZ-1 型	HZ-2 型	HZ-3 型	HZ-4 型	HT-1 型	HT-2 型	HS-1 型
			材料（N 型）						
			Ge(111)	Ge(111)	Ge(111)	Ge(100)	InSb	InSb	InAs
霍尔电势温度系数	α	1/℃	0.04%	0.04%	0.04%	0.03%	−1.5%	−1.5%	
内阻温度系数	β	1/℃	0.5%	0.5%	0.5%	0.3%	−0.5%	−0.5%	
热阻	R_g	℃/mW	0.4	0.25	0.2	0.1			
工作温度	T	℃	−40~45	−40~45	−40~45	−40~45	0~40	0~40	−40~60

2. 霍尔元件

霍尔元件的结构很简单，它由霍尔片、引线和壳体组成，如图 13-2 所示。a、b 两根引线加激励电压或电流，称为激励电极；c、d 引线为霍尔输出引线，称为霍尔电极。霍尔元件壳体由非导磁金属、陶瓷或环氧树脂制成。

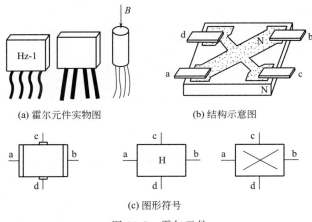

(a) 霍尔元件实物图　　(b) 结构示意图

(c) 图形符号

图 13-2　霍尔元件

3. 霍尔元件测量电路

（1）基本测量电路

霍尔元件基本测量电路如图 13-3 所示。激励电流由电压源 E 供给，其大小由可变电阻来调节。

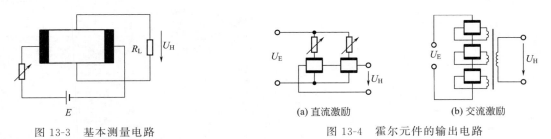

图 13-3　基本测量电路　　　　(a) 直流激励　　(b) 交流激励

图 13-4　霍尔元件的输出电路

（2）霍尔元件的输出电路

在实际应用中，要根据不同的使用要求采用不同的电路。图 13-4 所示为霍尔元件的输出电路。

4. 霍尔元件主要特性参数

（1）霍尔灵敏系数

在单位控制电流和单位磁感应强度作用下，霍尔元件输出端的开路电压称为霍尔灵敏系数。

（2）额定激励电流和最大允许激励电流

霍尔元件在空气中的温升为 10℃ 时所对应的激励电流称为额定激励电流。以元件允许的最大温升为限制，所对应的激励电流称为最大允许激励电流。

（3）输入电阻、输出电阻

输入电阻为霍尔器件两个激励电极之间的电阻，输出电阻为两个霍尔电极之间的电阻。

（4）不等位电势

当霍尔元件的激励电流为额定值时，当元件所处位置的磁感应强度为零时测得的空载霍尔电势称为不等位电势。不等位电势主要是由于霍尔电极安装不对称造成的。

（5）寄生直流电势

当不加磁场，器件通以交流控制电流时，器件输出端直流电势称为寄生直流电势。

（6）霍尔电势温度系数

在一定磁感应强度和激励电流下，温度每变化 1℃，霍尔电势变化的百分率称为霍尔电势温度系数。

5. 霍尔元件的误差补偿

（1）不等位电势的补偿

在制造霍尔元件的过程中，要使不等位电势为零是相当困难的，所以有必要利用外电路对不等位电势进行补偿。

图 13-5 为常用的不等位电势补偿电路，图（a）是不对称补偿电路，图（b）、（c）、（d）为对称补偿电路，对温度变化的补偿稳定性要好一些。图（b）、（c）中的电路会减小输入电阻，降低霍尔电势输出。

若控制电流为交流，可用图（e）的补偿电路，这时不仅要进行幅值补偿，还要进行相

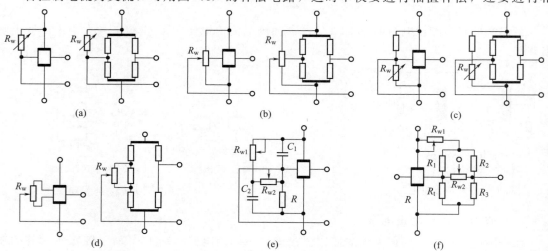

图 13-5 不等位电势补偿电路

位补偿。图（f）中，不等位电势分成恒定部分和随温度变化部分，分别进行补偿。

（2）温度补偿

霍尔元件温度补偿的方法很多，下面介绍三种常用的方法。

① 恒流源供电，输入端并联电阻；或恒压源供电，输入端串联电阻，如图 13-6、图 13-7 所示。

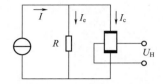

图 13-6　输入端并联电阻补偿

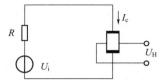

图 13-7　输入端串联电阻补偿

② 合理选择负载电阻，霍尔电势的负载通常是放大器、显示器或记录仪的输入电阻，其值一定，可用串、并联电阻的方法使输出电压不变，但此时，灵敏度将相应有所降低。

③ 采用热敏元件，这是最常采用的补偿方法。图 13-8 给出了几种补偿电路的例子。其中（a）、（b）、（c）为恒压源输入，（d）为恒流源输入。R_i 为恒压源内阻，R_t 和 R_t' 为热敏电阻，其温度系数与 U_H 的温度系数匹配选用。例如对于图（b）的电路，如果 U_H 的温度系数为负值，随着温度上升，U_H 要下降，则选用电阻温度系数为负的热敏电阻 R_t。当温度上升时，R_t 变小，流过器件的控制电流变大，使 U_H 回升。只要 R_t 阻值选用适当，就可使 U_H 在精度允许范围内保持不变。

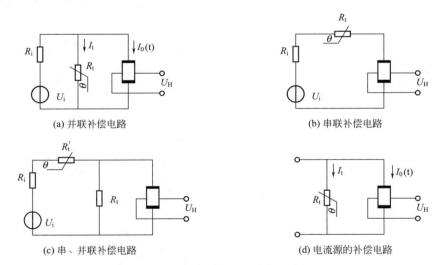

图 13-8　采用热敏元件的温度误差补偿电路

二、集成霍尔传感器

集成霍尔传感器是利用集成电路工艺将霍尔元件、放大器、施密特触发器以及输出电路等集成在一起的一种传感器，它取消了传感器和测量电路之间的界限，实现了材料、元件、电路三位一体。

集成霍尔传感器输出信号快，传送过程中无抖动现象，功耗低，对温度的变化稳定，灵敏度与磁场移动速度无关。按照输出信号的形式分，集成霍尔传感器可以分为开关型集成霍尔传感器和线性型集成霍尔传感器两种类型。

1. 线性型集成霍尔传感器

线性霍尔集成传感器的特点是输出电压与外加磁感应强度 B 呈线性关系，如图 13-9 所示，其内部由霍尔元件 HG、放大器 A、差动输出电路 D 和稳压电源 R 等组成。图 13-9(c) 为其输出特性，在一定范围内输出特性为线性，线性中的平衡点相当于 N 和 S 磁极的平衡点。

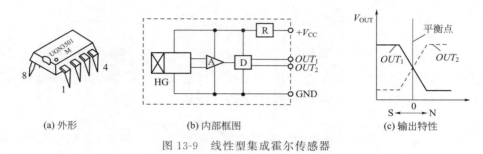

图 13-9 线性型集成霍尔传感器

2. 开关型集成霍尔传感器

开关型集成霍尔传感器如图 13-10 所示。其内部由霍尔元件 HG、放大器 A、输出晶体管 VT、施密特电路 C 和稳压电源 R 等组成，与线性型集成传感器不同之点是增设了施密特电路 C，通过晶体管 VT 的集电极输出。图 13-10(c) 为输出特性，它是一种开关特性，只有一个输出端，由于内设有施密特电路，开关特性具有时滞性，因此有较好的抗噪声效果。

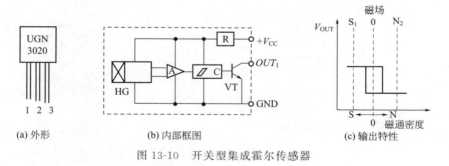

图 13-10 开关型集成霍尔传感器

【项目实施】

本实训项目需用器件与单元：霍尔传感器实训模块、霍尔传感器、直流源（±4V、±15V）、测微头、数显单元，如图 13-11 所示。

实训步骤如下。

① 将霍尔传感器、数据线和测微头按图 13-12 安装。

② 将实训模块中的 ±4V 电源、±15V 电源与主机箱上相应插孔连接起来。实训模板的输出端 V_{o1} 接主机箱电压表的 V_{in}，将主机箱上的电压表量程开关打到 2V 挡。

③ 开启电源，调节测微头，使霍尔片在磁钢中间位置，再调节 R_{w1} 使数显表指示为零。

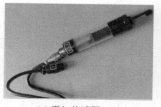
(a) 霍尔传感器

(b) 测微头

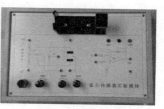
(c) 霍尔传感器实训模块

图 13-11　需用器件与单元

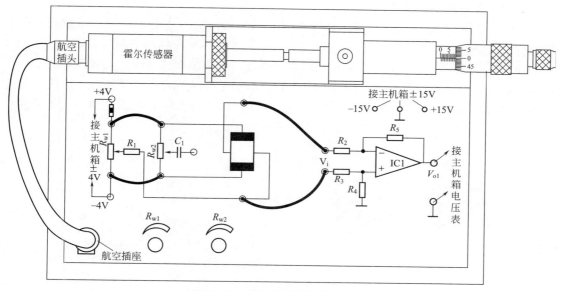

图 13-12　霍尔传感器安装示意图

④ 旋转测微头向轴向方向推进，每转动 0.2mm 记下一个读数，直到读数近似不变，将读数填入表 13-2。

表 13-2　数据记录表

x/mm										
V/mV										

⑤ 作出 V-X 曲线，计算不同线性范围时的灵敏度和非线性误差。

【项目拓展】

一、霍尔传感器的应用

由于霍尔传感器具有在静态状态下感受磁场的独特能力，而且它具有结构简单、体积小、重量轻、频带宽（从直流到微波）、动态特性好和寿命长、无触点等许多优点，因此在测量技术、自动化技术和信息处理等方面有着广泛应用。

归纳起来，霍尔传感器有三个方面的特征和应用。

① 当控制电流不变时，使传感器处于非均匀磁场中，则传感器的霍尔电势正比于磁感

应强度，利用这一关系可反映位置、角度或励磁电流的变化。

② 当控制电流与磁感应强度皆为变量时，传感器的输出与这两者乘积成正比，在这方面的应用有乘法器、功率计以及除法、倒数、开方等运算器。此外也可用于混频、调制、解调等环节中，由于霍尔元件变换频率低，受温度影响较显著，在这方面的应用受到一定的限制。

③ 若保持磁感应强度恒定不变，则利用霍尔电势与控制电流成正比的关系，可以组成回转器、隔离器和环行器等控制装置。

1. YSH-1 型霍尔压力变送器

YSH-1 型霍尔压力变送器如图 13-13 所示。霍尔式压力变送器由两部分组成：一部分是弹性敏感元件，用以感受压力，并将压力 P 转换为弹性元件的位移量 x，即 $x=K_P P$，其中系数 K_P 为常数；另一部分是霍尔元件和磁系统，磁系统形成一个均匀梯度磁场 B，在其工作范围内，$B=K_B x$，其中斜率 K_B 为常数。霍尔元件固定在弹性元件上，因此霍尔元件在均匀梯度磁场中的位移也是 x。这样，霍尔电势 U_H 与被测压力 P 之间的关系就可表示为 $U_H=KP$，式中，K 为霍尔式压力变送器的输出灵敏度。

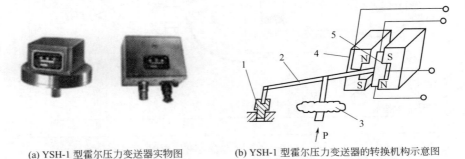

(a) YSH-1 型霍尔压力变送器实物图　　(b) YSH-1 型霍尔压力变送器的转换机构示意图

图 13-13　YSH-1 型霍尔压力变送器

1—调节螺钉；2—杠杆；3—膜盒；4—磁钢；5—霍尔元件

2. 霍尔加速度传感器

图 13-14 所示为霍尔加速度传感器。在盒体上固定均质弹簧片 S，S 的中部装一惯性块

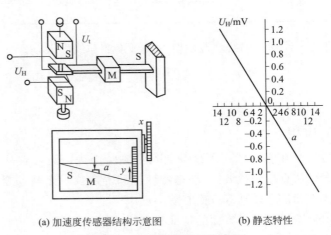

(a) 加速度传感器结构示意图　　(b) 静态特性

图 13-14　霍尔加速度传感器

M, S 的末端固定测量位移的霍尔元件 H, H 的上下方装上一对永磁体,它们同极性相对安装。盒体固定在被测对象上,当它们与被测对象一起作垂直向上的加速运动时,惯性块在惯性力的作用下使霍尔元件 H 产生一个相对盒体的位移,产生霍尔电压 U_H 的变化。可从 U_H 与加速度的关系曲线上求得加速度。

3. 无触点开关

霍尔式无触点开关的每个键上都有两小块永久磁铁,当按钮未按下时,磁铁处于图 13-15(a) 所示位置,通过霍尔传感器的磁力线是由上向下的;当按下按钮时,磁铁处于图 13-15(b) 所示位置,这时通过霍尔传感器的磁力线是由下向上的,将此输出的开关信号直接与后面的逻辑门电路连接使用。这类开关工作十分稳定可靠,功耗很低,动作过程中传感器与机械部件之间没有机械接触,使用寿命特别长。

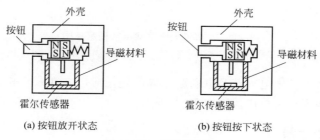

图 13-15 无触点开关

4. 霍尔计数装置

霍尔计数装置具有较高灵敏度,能感受到很小的磁场变化,可对黑色金属零件进行计数检测。图 13-16 是对钢球进行计数的工作示意图和电路图。当钢球通过霍尔开关传感器时,传感器可输出峰值 20mV 的脉冲电压,该电压经运算放大器放大后,驱动半导体三极管 VT(2N5813)工作,VT 输出端便可接计数器进行计数,并由显示器显示检测数值。

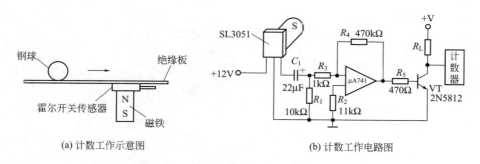

图 13-16 霍尔计数装置

5. 霍尔无刷电动机

传统的直流电动机使用换向器来改变转子(或定子)电枢电流的方向,以维持电动机的持续运转。霍尔无刷电动机取消了换向器和电刷,而采用霍尔元件来检测转子和定子之间的相对位置,其输出信号经放大、整形后触发电子电路,从而控制电枢电流的换向,维持电动机的正常运转。图 13-17 是霍尔无刷电动机的结构示意图。

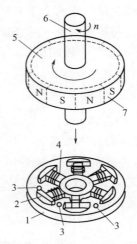

图 13-17　霍尔无刷电动机结构示意图

1—底座；2—定子铁芯；3—霍尔元件；4—线圈；5—外转子；6—转轴；7—磁极

由于无刷电动机不产生电火花及电刷磨损等问题，所以它在录像机、CD 唱机、光盘驱动器等家用电器中得到越来越广泛的应用。

二、磁电感应式传感器

1. 磁电感应式传感器结构及工作原理

根据电磁感应定律，当 w 匝线圈在恒定磁场内运动时，设穿过线圈的磁通为 Φ，则线圈内的感应电势 E 与磁通变化率有如下关系

$$E = -w\mathrm{d}\Phi/\mathrm{d}t \tag{13-5}$$

根据这一原理，可以设计成两种磁电传感器结构：变磁通式和恒磁通式。

图 13-18 所示是变磁通式磁电传感器，用来测量旋转物体的角速度。

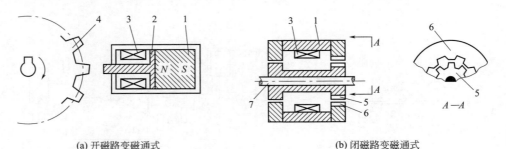

(a) 开磁路变磁通式　　　　　　(b) 闭磁路变磁通式

图 13-18　变磁通式磁电传感器结构

1—永久磁铁；2—软磁铁；3—感应线圈；4—测量齿轮；5—内齿轮；6—外齿轮；7—转轴

图 13-18(a) 所示为开磁路变磁通式，线圈、磁铁静止不动，测量齿轮安装在被测旋转体上，随之一起转动。每转动一个齿，齿的凹凸引起磁路磁阻变化一次，磁通也就变化一次，线圈中产生感应电势，其变化频率等于被测转速与测量齿轮齿数的乘积。这种传感器结构简单，但输出信号较小，不宜测量高转速。

图 13-18(b) 所示为闭磁路变磁通式，它由装在转轴上的内齿轮和外齿轮、永久磁铁和感应线圈组成，内外齿轮齿数相同。当转轴连接到被测转轴上时，外齿轮不动，内齿轮随被

测轴而转动，内、外齿轮的相对转动使气隙磁阻产生周期性变化，从而引起磁路中磁通的变化，使线圈内产生周期性变化的感生电动势。显然，感应电势的频率与被测转速成正比。

图 13-19 所示为恒磁通式磁电传感器典型结构，由永久磁铁、线圈、弹簧、金属骨架等组成。

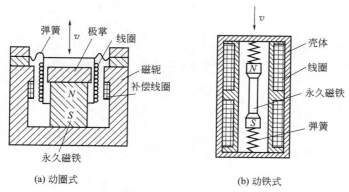

图 13-19 恒磁通式磁电传感器典型结构

磁路系统产生恒定的直流磁场，磁路中的工作气隙固定不变，因而气隙中磁通也是恒定不变的。其运动部件可以是线圈（动圈式），也可以是磁铁（动铁式），其工作原理是完全相同的。当壳体随被测振动体一起振动时，由于弹簧较软，运动部件质量相对较大，当振动频率足够高（远大于传感器固有频率）时，运动部件惯性很大，来不及随振动体一起振动，近乎静止不动，振动能量几乎全被弹簧吸收，永久磁铁与线圈之间的相对运动速度接近于振动体振动速度，磁铁与线圈的相对运动切割磁力线，从而产生感应电势：

$$E=-B_0Lwv \tag{13-6}$$

式中　B_0——工作气隙磁感应强度；
　　　L——每匝线圈平均长度；
　　　w——线圈在工作气隙磁场中的匝数；
　　　v——相对运动速度。

2. 磁电感应式传感器基本测量电路

磁电式传感器直接输出感应电势，传感器通常具有较高的灵敏度，所以一般不需要高增益放大器，但磁电式传感器若要获取被测位移或加速度信号，则需要配用积分或微分电路，如图 13-20 所示。

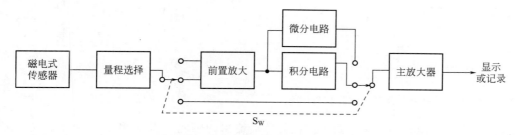

图 13-20 磁电式传感器测量电路方框图

基本测量电路如图 13-21 所示，磁电传感器的输出电流 I 为

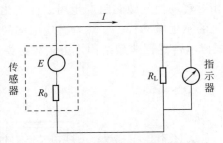

图 13-21　磁电式传感器基本测量电路

$$I = \frac{E}{R_0 + R_L} = \frac{Blwv}{R_0 + R_L} \quad (13\text{-}7)$$

传感器的电流灵敏度为

$$K_I = \frac{I}{v} = \frac{Blw}{R_0 + R_L} \quad (13\text{-}8)$$

传感器的输出电压：

$$U_o = IR_L = \frac{BlwvR_L}{R_0 + R_L} \quad (13\text{-}9)$$

电压灵敏度：

$$K_U = \frac{U_o}{v} = \frac{BlwR_L}{R_0 + R_L} \quad (13\text{-}10)$$

3. 磁电式扭矩传感器

图 13-22 是磁电式扭矩传感器的工作原理图，图 13-23 为其结构图。在驱动源和负载之间的扭转轴的两侧安装有齿形圆盘，它们旁边装有相应的两个磁电传感器。磁电传感器的结构如图 13-23 所示。传感器的检测元件部分由永久磁场、感应线圈和铁芯组成。永久磁铁产生的磁力线与齿形圆盘交连。当齿形圆盘旋转时，圆盘齿的凸凹引起磁路气隙的变化，于是磁通量也发生变化，在线圈中感应出交流电压，其频率等于圆盘上齿数与转数乘积。

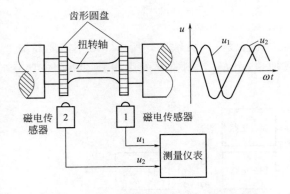

图 13-22　磁电式扭矩传感器的工作原理图

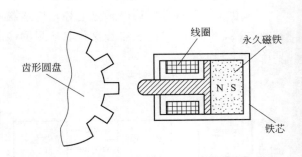

图 13-23　磁电式扭矩传感器的结构图

当扭矩作用在扭转轴上时，两个磁电传感器输出的感应电压 u_1 和 u_2 存在相位差。这个相位差与扭转轴的扭转角成正比。这样传感器就可以把扭矩引起的扭转角转换成相位差的电信号。

三、其他磁敏传感器

1. 磁敏电阻器

(1) 磁阻效应

将一个载流导体置于磁场中,除了会产生霍尔效应以外,其电阻值也会随着磁场而变化,这种现象称为磁电阻效应,简称磁阻效应。磁阻效应是伴随着霍尔效应同时发生的一种物理效应,磁敏电阻就是利用磁阻效应制作成的一种磁敏元件。

当温度恒定时,在弱磁场范围内,磁阻与磁感应强度 B 的平方成正比。在只有电子参与导电的简单情况下,理论推导出来的磁阻效应方程为

$$\rho_B = \rho_0 (1 + 0.273\mu^2 B^2) \tag{13-11}$$

半导体中仅存在一种载流子时,磁阻效应很弱。若同时存在两种载流子,则磁阻效应很强。迁移率越高的材料(如 InSb、InAs、NiSb 等半导体材料)磁阻效应越明显。从微观上讲,材料的电阻率增加是由于电流的流动路径因磁场的作用而加长所致。

(2) 磁敏电阻的结构

磁阻效应除了与材料有关外,还与磁敏电阻的形状有关。在恒定磁感应强度下,磁敏电阻的长度 l 与宽度 b 的比越小,电阻率的相对变化越大。长方形磁阻器件只有在 $l<b$ 的条件下,才表现出较高的灵敏度。在实际制作磁阻器件时,需在 $l>b$ 的长方形磁阻材料上面制作许多平行等间距的金属条(即短路栅格),以将霍尔电流短路。圆盘形的磁阻最大,故大多做成圆盘结构,如图 13-24 所示。

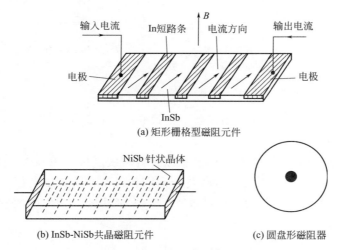

(a) 矩形栅格型磁阻元件

(b) InSb-NiSb 共晶磁阻元件

(c) 圆盘形磁阻器

图 13-24 常见磁敏电阻结构

(3) 磁敏电阻的应用

由于磁阻元件具有阻抗低、阻值随磁场变化率大、频率响应好、动态范围广及噪声小等特点,可应用于许多器件,如无触点开关、压力开关、旋转编码器、角度传感器、转速传感器等,如图 13-25、图 13-26 所示。

2. 磁敏二极管

磁敏二极管为 P^+-i-N^+ 结构,如图 13-27(a) 所示。本征(i 型)或近本征半导体(即高电阻率半导体)i 的两端分别制作成一个 P^+-i 结和一个 N^+-i 结,并在 i 区的一个侧面制

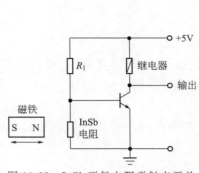

图 13-25 InSb 磁敏电阻无触点开关

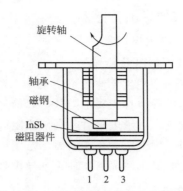

图 13-26 InSb 磁敏无接触角度传感器

备一个载流子的高复合区,记为 r 区。凡进入 r 区的载流子,都将因复合作用而消失,不再参与电流的传输作用。当对磁敏二极管加正向偏压(即 P^+ 接电源正极,N^+ 接电源负极),P^+-i 结向 i 区注入空穴,N^+-i 结向 i 区注入电子,有电流 I 流过二极管。图 13-27(b) 为磁敏二极管的两种电路符号。

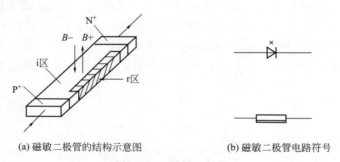

图 13-27 磁敏二极管

3. 磁敏三极管

现以 NPN 型磁敏三极管为例介绍磁敏三极管的结构和工作原理。

(1) 磁敏三极管的结构

如图 13-28(a) 是磁敏三极管的结构示意图。将磁敏二极管原来 N^+ 区的一端,改成在一端的上、下两侧各做一个 N^+ 区。与高复合面同侧的 N^+ 区为发射区,并引出发射极 e;对面一侧的 N^+ 区为集电区,并引出集电极 c;P^+ 区接基极 b。图 13-28(b) 为表示磁敏三极管的两种电路符号。

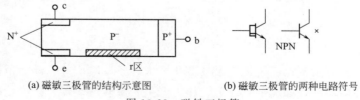

图 13-28 磁敏三极管

(2) 磁敏三极管工作原理

当无磁场作用时,由于基区宽度(两个 N^+ 区的间距)大于载流子的有效扩散长度,只有少部分从 e 区注入基区的载流子(电子)能到达 c 区,大部分流向基极,如图 13-29(a)

所示，$I_b > I_c$，电流放大系数 $\beta = I_c/I_b < 1$。当施加正向磁场 B_+ 时，如图 13-29(b) 所示，由于洛仑兹力的作用，e 区注入基区的电子偏离 c 极，使 I_c 比 $B=0$ 时明显下降；当施加反向磁场 B 时，如图 13-29(c) 所示，注入基区的电子在洛仑兹力的作用下向 c 极偏转，I_c 比 $B=0$ 时明显增大。通过对电流的测定，即可测定磁场 B。

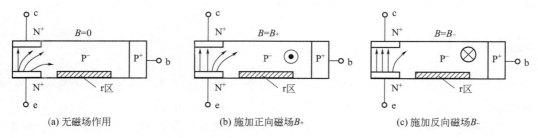

图 13-29 磁敏三极管工作原理

4. 磁敏二极管和磁敏三极管的应用

（1）无触点开关

在要求无火花、低噪声、长工作寿命的场合，可用磁敏三极管制成无触点开关。图 13-30 为无触点开关电路原理图。

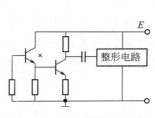

图 13-30 无触点开关原理图

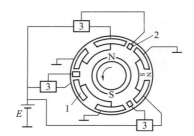

图 13-31 无刷直流电机工作原理图
1—定子线圈；2—磁敏二极管；3—开关电路

（2）无刷直流电机

图 13-31 为无刷直流电机工作原理图。该电机的转子为永久磁铁，当接通磁敏管的电源后，受到转子磁场作用的磁敏管就输出一个信号给控制电路。控制电路先接通定子上靠近转子磁极的电磁铁的线圈，电磁铁产生的磁场吸引或排斥转子的磁极，使转子旋转。当转子磁场按顺序作用于各磁敏管，磁敏管信号就顺序接通各定子线圈，定子线圈就产生旋转磁场，使转子不停旋转。

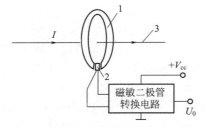

图 13-32 磁敏二极管测量电流工作原理图
1—软铁环；2—磁敏二极管；3—被测导线

（3）测量电流

通电导线在其周围空间产生磁场，所产生的磁场大小与导线中的电流有关，用磁敏管测量这个磁场就可知通电导线中的电流。图 13-32 所示为测量电流的原理图。使载流导线穿过软铁磁环，磁环开有一窄缝隙，磁敏管置此缝隙中，这缝隙中的磁感应强度与载流导线中的电流有关，因此这个电流与磁敏管的输出有关。

【项目小结】

本项目主要介绍了霍尔效应和磁阻效应的概念、磁电感应式传感器的结构及工作原理、霍尔传感器的结构及类型、磁敏电阻和磁敏晶体管结构及应用等。

位于磁场中的静止载流导体，当电流 I 的方向与磁场强度 B 的方向垂直时，在载流导体中平行于 B、I 的两侧面之间将产生电动势，这个电动势称为霍尔电势，这种物理现象称为霍尔效应。利用霍尔效应制成的传感器称为霍尔传感器。霍尔传感器有分立元件式（简称霍尔元件）和集成式（简称霍尔集成传感器）两种。

磁电感应式传感器又称磁电式传感器，是利用电磁感应原理将被测量（如振动、位移、转速等）转换成电信号的一种传感器，它不需要辅助电源就能把被测对象的机械量转换成易于测量的电信号，是有源传感器。

将一个载流导体置于外加磁场中，除了会产生霍尔效应以外，其电阻值也会随着磁场而变化，这种现象称为磁电阻效应，简称磁阻效应。磁阻效应是伴随着霍尔效应同时发生的一种物理效应。磁敏电阻就是利用磁阻效应制成的一种磁敏元件。磁敏二极管、磁敏三极管都是利用半导体材料中的自由电子或空穴随磁场改变其运动方向这一特性而制成的一种磁敏传感器。

【项目训练】

一、单项选择

1. 霍尔电势 $U_H = K_H IB\cos\theta$ 公式中的角 θ 是指_____。

A. 磁力线与霍尔薄片平面之间的夹角

B. 磁力线与霍尔元件内部电流方向的夹角

C. 磁力线与霍尔薄片的垂线之间的夹角

2. 霍尔元件采用恒流源激励是为了_____。

A. 提高灵敏度　　　B. 克服温漂　　　C. 减小不等位电势

3. 下列元件属于四端元件的是_____。

A. 应变片　　　B. 压电晶体　　　C. 霍尔元件　　　D. 热敏电阻

4. 与线性集成传感器不同，开关霍尔传感器增设了施密特电路，目的是_____。

A. 增加灵敏度　　　B. 减小温漂　　　C. 提高抗噪能力

二、简答

1. 什么是霍尔效应？写出霍尔电势的表达式。

2. 什么是磁阻效应？

3. 为什么有些导体材料和绝缘材料均不宜做成霍尔元件？

4. 试说明霍尔元件产生电势误差的原因，常用误差补偿方法有哪些？
5. 霍尔集成传感器分为几种类型？各有什么特点？
6. 磁敏二极管的特性受温度影响较大，常用哪些温度补偿措施？
7. 磁敏三极管的温度补偿方法有哪些？
8. 简述开磁路变磁通式磁电传感器结构及工作原理。
9. 简述闭磁路变磁通式磁电传感器结构及工作原理。
10. 简述恒磁通式磁电传感器结构及工作原理。

三、分析

1. 图 13-33 是霍尔式电流传感器，请分析其工作原理。

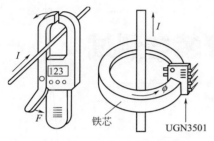

图 13-33　霍尔式电流传感器

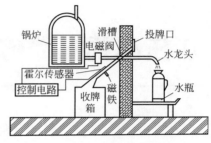

图 13-34　自动供水装置

2. 图 13-34 所示是利用霍尔传感器构成的一个自动供水装置，请分析其工作原理。

四、请设计一个霍尔式液位控制器，要求：

（1）当液位高于某一设定值时，水泵停止运转；
（2）画出控制电路原理框图，简要说明该检测控制系统工作过程。

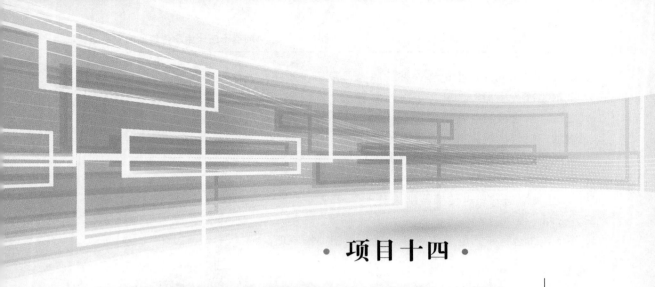

• 项目十四 •
压电式振动传感器的安装与测试

【项目描述】

压电式传感器具有灵敏度高、频带宽、重量轻、体积小、工作可靠等优点。随着电子技术的发展,与之配套的二次仪表以及低噪声、小电容、高绝缘电阻电缆相继出现,压电传感器在振动测量以及声学、医学、力学、宇航等方面得到了越来越广泛的应用。

通过本项目的学习,大家可掌握压电效应概念,熟悉压电元件的连接方式,了解压电式传感器的性能、特点,能分析由压电传感器组成的检测系统的工作原理,正确应用和维护压电式传感器。

【相关知识与技能】

一、压电效应

1. 压电效应的概念

某些电介质,当沿着一定方向对其施力而使它变形时,其内部会产生极化现象,同时在它的两个表面上产生符号相反的电荷,当外力去掉后,其又重新恢复到不带电状态,这种现象称压电效应。相反,当在电介质极化方向施加电场,这些电介质也会产生变形,这种现象称为"逆压电效应"(电致伸缩效应)。具有压电效应的材料称为压电材料,压电材料能实现机—电能量的相互转换,如图14-1所示。

2. 压电效应原理

具有压电效应的物质很多,如石英晶体、压电陶瓷、高分子压电材料等。现以石英晶体为例,简要说明压电效应的机理。

石英晶体是一种应用广泛的压电晶体。它是二氧化硅单晶体,属于六角晶系。图

项目十四　压电式振动传感器的安装与测试

图 14-1　压电效应

14-2(a)为天然晶体的外形图，它为规则的六角棱柱体。石英晶体有 3 个晶轴：x 轴、y 轴和 z 轴，如图 14-2(b) 所示。z 轴又称光轴，它与晶体的纵轴线方向一致，x 轴又称电轴，它通过六面体相对的两个棱线并垂直于光轴，y 轴又称为机械轴，它垂直于两个相对的晶柱棱面。

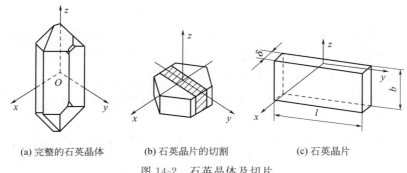

(a) 完整的石英晶体　　　(b) 石英晶片的切割　　　(c) 石英晶片

图 14-2　石英晶体及切片

从晶体上沿 xyz 轴线切下的一片平行六面体的薄片称为晶体切片。它的 6 个面分别垂直于光轴、电轴和机械轴。通常把垂直于 x 轴的上下两个面称为 x 面，把垂直于 y 轴的面称为 y 面，如图 14-2(c) 所示。当沿着 x 轴对晶片施加力时，将在 x 面上产生电荷，这种现象称为纵向压电效应。沿着 y 轴施加力的作用时，电荷仍出现在 x 面上，这称之为横向压电效应。当沿着 z 轴方向受力时不产生压电效应。

石英晶体的压电效应与其内部结构有关，产生极化现象的机理可用如图 14-3 来说明。石英晶体的化学式为 SiO_2，它的每个晶胞中有 3 个硅离子和 6 个氧离子，一个硅离子和两个氧离子交替排列（氧离子是成对出现的），沿光轴看去，可以认为有如图 14-3(a) 所示的正六边形排列结构。

(1) 无外力作用

在无外力作用时，硅离子所带的正电荷等效中心与氧离子所带负电荷的等效中心是重合的，整个晶胞不呈现带电现象，如图 14-3(a) 所示。

(2) 当晶体沿电轴（x 轴）方向受到压力时

当晶体沿电轴（x 轴）方向受到压力时，晶格产生变形，如图 14-3(b) 所示。硅离子的正电荷中心上移，氧离子的负电荷中心下移，正负电荷中心分离，在晶体的 x 面的上表面产生正电荷，下表面产生负电荷而形成电场。反之，如果受到拉力作用时，情况恰好相反，x 面的上表面产生负电荷，下表面产生正电荷。如果受到的是交变力，则在 x 面的上下表面间将产生交变电场。如果在 x 上下表面镀上银电极，就能测出所产生电荷的大小。

(3) 当晶体的机械轴（y 轴）方向受到压力时

同样，当晶体的机械轴（y 轴）方向受到压力时，也会产生晶格变形，如图 14-3(c) 所

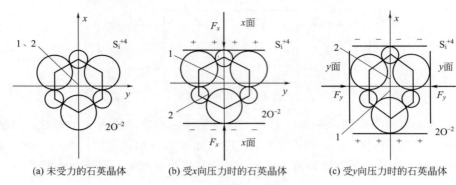

(a) 未受力的石英晶体　　(b) 受x向压力时的石英晶体　　(c) 受y向压力时的石英晶体

图 14-3　石英晶体的压电效应机理
1—正电荷等效中心；2—负电荷等效中心

示。硅离子的正电荷中心下移，氧离子的负电荷中心上移，在 x 面的上表面产生负电荷，在 x 面的下表面产生正电荷，这个过程恰好与 x 轴方向受压力时的情况相反。

（4）当晶体的光轴（z 轴）方向受到受力时

当晶体的光轴（z 轴）方向受到受力时，由于晶格的变形不会引起正负电荷中心的分离，所以不会产生压电效应。

在晶体的弹性限度内，在 x 轴方向上施加压力 F_x 上时，x 面上产生的电荷为

$$Q = d_{11} F_x \tag{14-1}$$

式中　d_{11}——压电常数。

在 y 轴方向施加压力时，在 x 面上产生的电荷为

$$Q = d_{12} \frac{l}{\delta} F_y = -d_{11} \frac{l}{\delta} F_y \tag{14-2}$$

式中　l、δ——石英晶片的长度与厚度。

从式(14-2)可见，沿机械轴方向的力作用在晶体上时，产生的电荷与晶体切面的几何尺寸有关，式中的负号说明沿机械轴的压力引起的电荷极性与沿电轴的压力引起的电荷极性恰好相反。

二、压电材料

1. 压电材料的主要特性参数

压电材料的主要特性参数有如下几个。

（1）压电常数

压电常数是衡量材料压电效应强弱的参数，它直接关系到压电输出的灵敏度。

（2）弹性常数

压电材料的弹性常数、刚度决定着压电器件的固有频率和动态特性。

（3）介电常数

对于一定形状、尺寸的压电元件，其固有电容与介电常数有关；而固有电容又影响着压电传感器的频率下限。

（4）机械耦合系数

在压电效应中，其值等于转换输出能量（如电能）与输入能量（如机械能）之比的平方根；它是衡量压电材料机电能量转换效率的一个重要参数。

(5) 绝缘电阻

压电材料的绝缘电阻能减少电荷泄漏，从而改善压电传感器的低频特性。

(6) 居里点

压电材料开始丧失压电特性的温度称为居里点。

2. 常用压电材料

在自然界中大多数晶体都有压电效应，但压电效应十分微弱。随着对材料的深入研究，发现石英晶体、钛酸钡、锆钛酸铅等材料是性能优良的压电材料。应用于压电式传感器中的压电元件材料一般有三类：压电晶体、经过极化处理的压电陶瓷、高分子压电材料。

(1) 石英晶体

石英晶体是一种性能良好的压电晶体，如图 14-4 所示，它的突出优点是性能非常稳定，介电常数与压电系数的温度稳定性特别好，且居里点高，达到 575℃。此外，它还具有很高的机械强度和稳定的机械性能，绝缘性能好，动态响应快，线性范围宽，迟滞小。但石英晶体的压电常数小，灵敏度低，且价格较贵，所以只在标准传感器、高精度传感器或高温环境下工作的传感器中作为压电元件使用。石英晶体分为天然与人造晶体两种。天然石英晶体性能优于人造石英晶体，但天然石英晶体价格较贵。

(a) 石英晶体切片　　　　(b) 封装的石英晶体

图 14-4　石英晶体

(2) 压电陶瓷

压电陶瓷是人工制造的多晶体压电材料，如图 14-5 所示，与石英晶体相比，压电陶瓷的压电系数很高，具有烧制方便、耐湿、耐高温、易于成型等特点，制造成本很低。因此，实际应用中的压电传感器大多采用压电陶瓷材料。压电陶瓷的弱点是居里点较石英晶体要低 200～400℃，性能没有石英晶体稳定。随着材料科学的发展，压电陶瓷的性能正在逐步提高。常用的压电陶瓷材料有以下几种。

图 14-5　压电陶瓷

① 钛酸钡压电陶瓷（$BaTiO_3$）。钛酸钡由 $BaCO_3$ 和 TiO_2 在高温下合成，具有较高的压电常数和相对介电常数，但居里点较低（约为 120℃），机械强度也不如石英晶体，目前使用较少。

② 锆钛酸铅系列压电陶瓷（PZT）。锆钛酸铅压电陶瓷是钛酸铅和锆酸铅材料组成的固熔体。它有较高的压电常数和居里点，工作温度可达 250℃，是目前经常采用的一种压电材料。在上述材料中掺入微量的镧（La）、铌（Nb）或锑（Sb）等，可以得到不同性能的材料。PZT 是工业中应用较多的压电材料。

③ 铌酸盐系列压电陶瓷。铌酸铅具有很高的居里点和较低的介电常数；铌酸钾的居里

点为 435℃，常用于水声传感器；铌酸锂具有很高的居里点，可作为高温压电传感器。

④ 铌镁酸铅压电陶瓷（PMN）。铌镁酸铅具有较高的压电常数和居里点，它在压力大至 70MPa 时也能正常工作，因此可作为高压下的力传感器。

（3）高分子压电材料

某些合成高分子聚合物薄膜经延展拉伸和电场极化后，具有一定的压电性能，这类薄膜称为高分子压电薄膜，如图 14-6 所示。目前出现的压电薄膜有聚二氟乙烯（PVF_2）、聚氟乙烯（PVF）、聚氯乙烯（PVC）等，这些都是柔软的压电材料，不易破碎，可以制成较大的面积。

(a) 压电薄膜　　　　(b) 压电薄膜传感器

图 14-6　高分子压电材料

如果将压电陶瓷粉末加入到高分子压电化合物中，可制成高分子压电陶瓷薄膜，这种复合材料保持了高分子压电薄膜的柔韧性，又具有压电陶瓷材料的优点，是一种很有发展前途的材料。

三、压电式传感器的等效电路

将压电晶片产生电荷的两个晶面封装上金属电极后，就构成了压电元件。当压电元件受力时，就会在两个电极上产生电荷，因此，压电元件相当于一个电荷源；两个电极之间是绝缘的压电介质，因此它又相当于一个以压电材料为介质的电容器，其电容值为

$$C_a = \varepsilon_R \varepsilon_0 A / \delta \tag{14-3}$$

式中　A——压电元件电极面面积；
　　　δ——压电元件厚度；
　　　ε_R——压电材料的相对介电常数；
　　　ε_0——真空的介电常数。

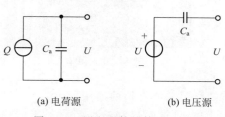

(a) 电荷源　　　　(b) 电压源

图 14-7　压电元件的等效电路

因此，可以把压电元件等效为一个与电容相并联的电荷源，也可以等效为一个与电容相串联的电压源，如图 14-7 所示。

压电传感器与检测仪表连接时，还必须考虑电缆电容 C_c，放大器的输入电阻 R_i 和输入电容 C_i，以及传感器的泄漏电阻 R_a，图 14-8 为压电传感器实际等效电路。由于外力作用在压电传感元件上所产生的电荷只有在无泄漏的情况下才能保存，即需要测量回路具有无限大的内阻抗，这实际上是达不到的，所以压电式传感器不能用于静态测量。压电元件只有在交变力的作用下，电荷才能源源不断地产生，供给测量回路以一定的电流，故只适用于动态测量。

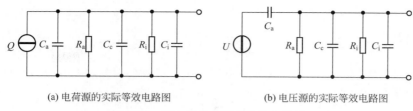

(a) 电荷源的实际等效电路图　　　　(b) 电压源的实际等效电路图

图 14-8　压电元件实际的等效电路图

四、压电式传感器测量电路

压电式传感器的内阻很高，而输出的信号微弱，因此一般不能直接显示和记录。它要求与高输入阻抗的前置放大电路配合，然后再与一般的放大、检波、显示、记录电路连接，这样才能防止电荷迅速泄漏，使测量误差减小。

压电式传感器的前置放大器的作用有两个：一是把传感器的高阻抗输出变为低阻抗输出；二是把传感器的微弱信号进行放大。

根据压电式传感器的工作原理，它的输出可以是电荷信号，也可以是电压信号，因此与之配套的前置放大器也有电荷放大器和电压放大器两种形式。由于电压前置放大器的输出电压与电缆电容有关，故目前多采用电荷放大器。

1. 电荷放大器

电荷放大器实际上是一个具有反馈电容 C_f 的高增益运算放大器，如图 14-9 所示。当放大器开环增益 A 和输入电阻 R_i、反馈电阻 R_f（用于防止放大器直流饱和）相当大时，可以把输入电阻 R_i 和反馈电阻 R_f 忽略，放大器的输出电压 U_o 正比于输入电荷 Q。

设 C 为总电容，则有

$$U_a = -AU_i = -AQ/C \tag{14-4}$$

根据密勒定理，反馈电容 C_f 折算到放大器输入端的等效电容为 $(1+A)C_f$，则

$$U_o = -AQ/[C_a + C_c + C_i + (1+A)C_f] \tag{14-5}$$

当 A 足够大时，则 $(1+A)C_f \gg (C_a + C_c + C_i)$，这样式(14-5) 可写成

$$U_a \approx -AQ/(1+A)C_f \approx -Q/C_f \tag{14-6}$$

由式(14-6) 可见，电荷放大器的输出电压仅与输入电荷和反馈电容有关，电缆电容等其他因素的影响可以忽略不计。

2. 电压放大器（阻抗变换器）

串联输出型压电元件可以等效为电压源，但由于压电效应引起的电容量 C_a 很小，因而其电压源等效内阻很大，在接成电压输出型测量电路时，要求前置放大器不仅有足够的放大倍数，而且应具有很高的输入阻抗，如图 14-10 为电压放大器原理图。

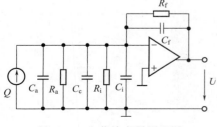

图 14-9　电荷放大器原理图

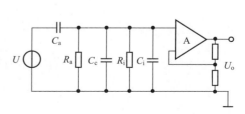

图 14-10　电压放大器原理图

【项目实施】

本实训项目需用器件与单元：振动源模块、压电传感器、移相/相敏检波/低通滤波器模块、压电式传感器实训模块、双线示波器，如图 14-11 所示。

(a) 压电传感器

(b) 移相/相敏检波/低通滤波器模块

(c) 压电式传感器实训模块

图 14-11 需用器件与单元

实训步骤如下。

① 首先将压电传感器装在振动源模块上，压电传感器底部装有磁钢，可和振动盘中心的磁钢相吸。

② 将低频振荡器信号接入振动源的低频输入源插孔。

③ 将压电传感器两输出端插入到压电传感器实训模块两输入端，按图 14-12 连接好实训电路，压电传感器黑色端子接地。将压电传感器实训模块电路输出端 V_{o1}（如增益不够大，则 V_{o1} 接入 IC2，V_{o2} 接入低通滤波器）接入低通滤波器输入端 V_i，低通滤波器输出端

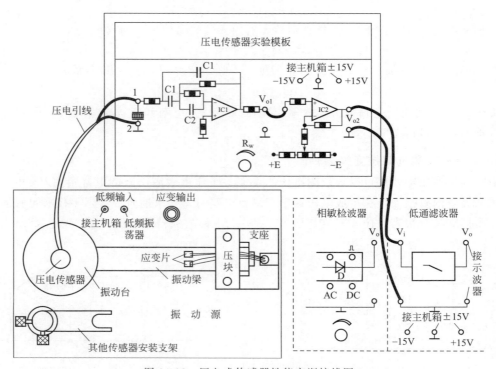

图 14-12 压电式传感器性能实训接线图

V_o 与示波器相连。

④ 合上主控箱电源开关,调节低频振荡器的频率与幅度旋钮,使振动台振动,观察示波器波形。

⑤ 改变低频振荡器频率,观察输出波形变化。

⑥ 用示波器的两个通道同时观察低通滤波器输入端和输出端波形。

【项目拓展】

一、压电传感器的基本连接

在压电式传感器中,为了提高灵敏度,往往将多片压电晶片粘结在一起,其中最常用的是两片结构。由于压电元件上的电荷是有极性的,因此接法有串联和并联两种,如图 14-13 所示。串联接法输出电压高,本身电容小,适用于以电压为输出量及测量电路输入阻抗很高的场合;并连接法输出电荷大,本身电容大,因此时间常数也大,适用于测量缓变信号,并以电荷量作为输出的场合。

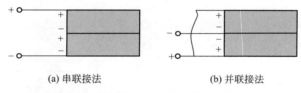

(a) 串联接法　　　　(b) 并联接法

图 14-13　压电元件的串联和并连接法

并连电路如图 14-14(a) 所示,图 14-14(b) 为等效电路图。其总面积及输出电容 C 是单片电容 C 的两倍,但输出电压仍等于单片电压。

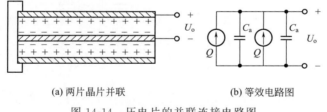

(a) 两片晶片并联　　　　(b) 等效电路图

图 14-14　压电片的并联连接电路图

由上可知,压电晶片并联可以增大输出电荷,提高灵敏度。具体使用时,两片晶片上必须有一定的预紧力,以保证压电元件在工作时始终受到压力,同时可以消除两压电晶片之间因接触不良而引起的非线性误差,保证输出与输入作用力之间的线性关系。但是这个预紧力不能太大,否则将影响其灵敏度。

二、压电传感器的应用

1. 压电式力传感器

压电式力传感器是以压电元件为转换元件,输出的电荷与作用力成正比的力—电转换装置,常用的形式为荷重垫圈式,它由基座、盖板、石英晶片、电极以及引出插座等组成。图 14-15 为 YDS-78 型压电式单向动态力传感器的结构,它主要用于变化频率不太高的动态力的测量。测力范围达几十 kN 以上,非线性误差小于 1%。

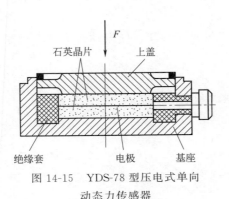

图 14-15 YDS-78 型压电式单向动态力传感器

被测力通过传力上盖使压电元件受压力作用而产生电荷。由于传力上盖的弹性形变部分的厚度很薄，只有 0.1～0.5mm，因此灵敏度很高。这种力传感器的体积小，重量轻（10kg 左右），分辨力可达 10^{-3}g，固有频率为（50～60）kHz，主要用于频率变化小于 20kHz 的动态力测量。压电元件装配时必须施加较大的预紧力，以消除各部件与压电元件之间、压电元件与压电元件之间因接触不良而引起的非线性误差，使传感器工作在线性范围。

2. 压电式加速度传感器

图 14-16 为一种压电式加速度传感器的外形图和结构图。它主要由压电元件、质量块、预压弹簧、基座及外壳等组成。整个部件装在外壳内，并用螺栓加以固定。当加速度传感器和被测物一起受到冲击振动时，压电元件受质量块惯性力的作用，根据牛顿第二定律，此惯性力是加速度的函数，惯性力 F 作用于压电元件上，因而产生电荷 Q，传感器输出电荷与加速度 a 成正比，因此测得加速度传感器输出的电荷便可知加速度的大小。

(a) YD 系列压电式加速度传感器实物图

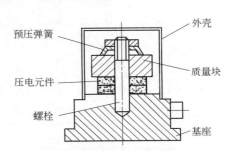
(b) 压电式加速度传感器内部结构示意图

图 14-16 压电式加速度传感器

3. 声振动报警器

声振动报警器电路如图 14-17 所示。它广泛应用于各种场合下的振动报警，如脚步声、敲打声、喊叫声、车辆行驶于路面引起的振动声等。

(a) 声振动报警器实物

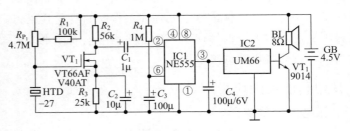
(b) 声振动报警器电路

图 14-17 声振动报警器

该电路主要由 IC1（NE555）、IC2（UM66）及声传感器 HTD 等组成。其中 HTD 与场

效应管 VT_1 构成声振动传感接收与放大电路；R_{P_1} 为声控灵敏度调整电位器，IC1 与 R_4、C_3 组成单稳态触发延时电路；IC2 及其外围元件构成报警电路。

当 HTD 未接收到声振动信号时，电路处于守候状态，场效应管 VT_1 截止。此时 C_3 经 R_4 充电为高电平，故 IC1 的③脚输出低电平，IC2 报警音乐电路不会工作；当 HTD 接收到声振动信号后，将转换的电信号加到 VT_1 栅极，经放大后加到 IC2 的②脚（经电容器 C_1），使 IC1 的状态翻转，③脚输出高电平加到 IC2 上，IC2 被触发，从而驱动扬声器发出音乐声。经过 2min 左右，由于电容 C_3 的充电使 IC1 的⑥脚为高电平，电路翻转，③脚输出低电平，IC2 报警电路随之停止报警。但若 HTD 有连续不断的触发信号，则报警声会连续不断，直到 HTD 无振动信号 2min 后，报警声才会停止。

【项目小结】

本项目主要介绍了压电效应和逆压电效应的概念、常用的压电材料以及压电传感器的前置放大器及其应用等。

某些电介质，当沿着一定方向对它施加压力时，内部会产生极化现象，同时在它的两个表面上产生相反的电荷；当外力去掉后，电介质又重新恢复为不带电状态，这种现象称为压电效应。相反，当在电介质极化方向施加电场时，这些电介质也会产生变形，这种现象称为"逆压电效应"（电致伸缩效应）。

自然界中大多数晶体具有压电效应，但压电效应十分微弱。应用于压电式传感器的压电材料一般有三类：压电晶体、经过极化处理的压电陶瓷、高分子压电材料。

压电传感器的前置放大器有两个作用：一是把传感器的高阻抗输出转换为低阻抗输出；二是把传感器的微弱信号进行放大。前置放大器也有两种形式：电压放大器和电荷放大器。

在压电式传感器中，为了提高灵敏度，往往采用多片压电晶片粘结在一起。其中最常用的是两片结构。由于压电元件上的电荷是有极性的，因此接法有串联和并联两种。

【项目训练】

一、简答

1. 什么是压电效应和逆压电效应？
2. 以石英晶体为例，当沿着晶体的光轴（Z 轴）方向施加作用力时，会不会产生压电效应？为什么？
3. 应用于压电式传感器的压电元件材料一般有几类？各类的特点是什么？
4. 与压电式传感器配套的前置放大器有哪两种？各有什么特点？
5. 为什么压电传感器只能应用于动态测量而不能用于静态测量？

二、分析

1. 根据图 14-18 所示石英晶体切片上的受力方向，标出晶体切片上产生的电荷的符号。
2. 如图 14-19 所示，两根高分子压电电缆相距若干米，平行埋设于柏油公路的路面下约 5cm，可以用来测量车速及汽车的载重量，并根据存储在计算机内部的档案数据判定汽车的车型。请分析其工作过程。
3. 图 14-20 为压电式煤气灶电子点火装置示意图，请分析其工作过程。

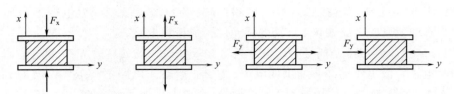

图 14-18 石英晶片的受力示意图

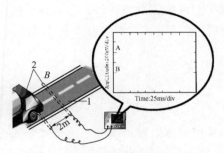

图 14-19 压电电缆的交通监测

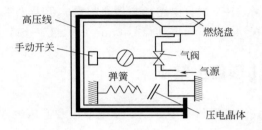

图 14-20 压电式煤气灶点火装置

项目十五

超声波测距传感器的安装与调试

【项目描述】

超声波测距传感器采用超声波回波测距原理,运用精确的时差测量技术,检测传感器与目标物之间的距离。采用小角度、小盲区超声波传感器,具有测量准确、无接触、防水、防腐蚀、低成本等优点。

通过本项目的学习,大家应掌握超声波的概念和基本特性,了解超声波探头产生、接收超声波原理;掌握超声波探头结构,了解超声波探头耦合剂的作用,熟练应用超声波探头对相应物理量进行检测。

【相关知识与技能】

一、超声波的概念和波形

机械振动在弹性介质内的传播称为波动,简称为波。人能听见的声音的频率范围为 20Hz~20kHz,20Hz 以下的声波称为次声波,20kHz 以上的声波称为超声波,声波频率的界限划分如图 15-1 所示。

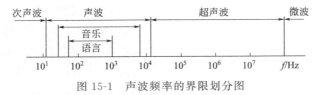

图 15-1 声波频率的界限划分图

超声波为直线传播方式,频率越高,绕射能力越弱,但反射能力越强。利用超声波的这种性质可制成超声波传感器。

超声波的传播通常有以下三种类型。

① 纵波——质点振动方向与波的传播方向一致的波。

② 横波——质点振动方向垂直于传播方向的波。

③ 表面波——质点的振动介于横波与纵波之间,沿着表面传播的波。

横波只能在固体中传播,纵波能在固体、液体和气体中传播,表面波随深度增加衰减很快。为了测量各种状态下的物理量,多采用纵波。

二、声速、波长与指向性

1. 声速

纵波、横波及表面波的传播速度取决于介质的弹性系数、介质的密度以及声阻抗。声阻抗是描述介质传播声波特性的一个物理量,介质的声阻抗 Z 等于介质的密度 ρ 和声速 c 的乘积,即

$$Z = \rho c \tag{15-1}$$

由于气体和液体的剪切模量为零,所以超声波在气体和液体中没有横波,只有纵波。在固体中,纵波、横波和表面波三者的声速有一定的关系,通常可认为横波声速为纵波声速的一半,表面波声速约为横波声速的90%。如表15-1所示。

表 15-1 常用材料的密度、声阻抗与声速(环境温度为 0℃)

材料	密度 /10^3 kg·m^{-3}	声阻抗 /10^3 MPa·s^{-1}	纵波声速 /km/s	横波声速 /km/s
钢	7.8	46	5.9	3.23
铝	2.7	17	6.32	3.08
铜	8.9	42	4.7	2.05
有机玻璃	1.18	3.2	2.73	1.43
甘油	1.26	2.4	1.92	—
水(20℃)	1.0	1.48	1.48	—
油	0.9	1.28	1.4	—
空气	0.0013	0.0004	0.34	—

2. 波长

超声波的波长 λ 与频率 f 乘积等于声速 c,即

$$\lambda f = c \tag{15-2}$$

例如,将一束频率为5MHz的超声波(纵波)射入钢板,查表15-1可知,纵波在钢中的声速 $c_L = 5.9$km/s,所以此时的波长 λ 为1.18mm。

3. 指向性

超声波声源发出的超声波束以一定的角度逐渐向外扩散,如图15-2所示。在声束横截面的中心轴线上,超声波最强,指向角 θ 与超声源的直径 D、波长 λ 之间的关系为

$$\sin\theta = 1.22\lambda/D \tag{15-3}$$

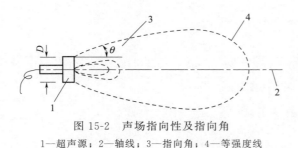

图 15-2 声场指向性及指向角

1—超声源;2—轴线;3—指向角;4—等强度线

设超声源的直径 $D=20\text{mm}$，射入钢板的超声波（纵波）频率为 5MHz，则根据式(15-3)可得 $\theta=4°$，可见该超声波的指向性是十分尖锐的。

三、超声波的反射和折射

超声波从一种介质传播到另一介质，在两个介质的分界面上一部分能量被反射回原介质，称为反射波，另一部分透过界面，在另一种介质内部继续传播，称为折射波。如图15-3所示。

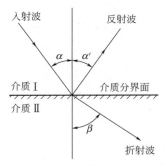

图 15-3 波的反射和折射

当纵波以某一角度入射到第二介质（固体）的界面上时，除有纵波的反射、折射以外，还发生横波的反射及折射，在某种情况下还能产生表面波。各种波型都符合反射及折射定律。

1. 反射定律

入射角 α 的正弦与反射角 α' 的正弦之比等于波速之比。当入射波和反射波的波型相同、波速相等时，入射角 α 等于反射角 α'。

2. 折射定律

入射角 α 的正弦与折射角 β 的正弦之比等于超声波在入射波所处介质的波速 c_1 与在折射波中介质的波速 c_2 之比，即

$$\sin\alpha/\sin\beta=c_1/c_2 \tag{15-4}$$

四、超声波的衰减

超声波在介质中传播时，随着传播距离的增加，能量逐渐衰减，其衰减的程度与超声波的扩散、散射及吸收等因素有关。其声压和声强的衰减规律如下：

$$P_x=P_0\text{e}^{-\alpha x} \tag{15-5}$$

$$I_x=I_0\text{e}^{-2\alpha x} \tag{15-6}$$

式中　P_x、I_x——距声源 x 处超声波的声压和声强；
　　　P_0、I_0——$x=0$ 处超声波的声压和声强；
　　　α——衰减系数；
　　　x——声波与声源间的距离。

超声波在介质中传播时，能量的衰减程度决定于声波的扩散、散射和吸收，在理想介质中，声波的衰减仅来自于声波的扩散，即随声波传播距离增加声能减弱。散射衰减是固体介质中的颗粒或流体介质中的悬浮粒子使声波散射，吸收衰减是由介质的导热性、黏滞性及弹性滞后造成的，介质吸收声能并将其转换为热能。

五、超声波探头

1. 超声波探头工作原理

超声波探头有压电式、磁致伸缩式、电磁式等，在检测技术中主要采用压电式。超声波探头常用的材料是压电晶体和压电陶瓷，这种探头统称为压电式超声波探头，它是利用压电材料的压电效应来工作的。

(1) 超声波发生器原理

在压电材料切片上施加交变电压，使它产生电致伸缩振动，而产生超声波，如图 15-4 所示。

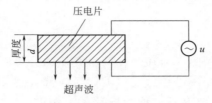

图 15-4 超声波发生器原理

压电材料的固有频率与晶片厚度 d 有关，即

$$f = n\frac{c}{2d} \tag{15-7}$$

式中 n——谐波的级数；

c——波在压电材料里的传播速度，$c = \sqrt{\dfrac{E}{\rho}}$；

E——杨氏模量；

ρ——压电材料的密度。

外加交变电压频率等于晶片的固有频率时，产生共振，这时产生的超声波能量最强。共振压电效应换能器可以产生几十千赫到几十兆赫的高频超声波。

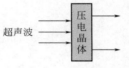

图 15-5 超声波接收器原理

(2) 超声波接收器原理

如图 15-5 所示，接收器的结构和超声波发生器基本相同，有时用同一个换能器兼做发生器和接收器。

2. 超声波探头

根据其结构不同，超声波探头可分为直探头、斜探头、双探头、表面波探头、聚焦探头、冲水探头、水浸探头、空气传导探头以及其他专用探头等，如图 15-6 所示。

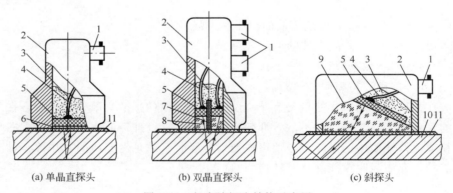

(a) 单晶直探头　　(b) 双晶直探头　　(c) 斜探头

图 15-6 超声波探头结构示意图

1—接插件；2—外壳；3—阻尼吸收块；4—引线；5—压电晶片；6—保护膜；
7—隔离层；8—延迟块；9—有机玻璃斜楔块；10—试件；11—耦合剂

(1) 单晶直探头

用于固体介质的单晶直探头（俗称直探头）的结构如图 15-6(a) 所示。压电晶片采用

PZT压电陶瓷材料制作，外壳用金属制作，保护膜用于防止压电晶片磨损，保护膜可以用三氧化二铝（刚玉）、碳化硼等硬度很高的耐磨材料制作。阻尼吸收块用于吸收压电晶片背面的超声脉冲能量，防止杂乱反射波产生，提高分辨力，阻尼吸收块用钨粉、环氧树脂等浇注。

发射超声波时，将500V以上的高压电脉冲加到压电晶片5上，利用逆压电效应，使晶片发射出一束频率在超声范围内、持续时间很短的超声振动波。向上发射的超声振动波被阻尼块所吸收，而向下发射的超声波垂直透射到试件内。假设该试件为钢板，其底面与空气交界，在这种情况下，到达钢板底部的超声波的绝大部分能量被底部界面所反射。反射波经过一短暂的传播时间回到压电晶片5。利用压电效应，晶片将机械振动波转换成同频率的交变电压。由于衰减等原因，该电压通常只有几十毫伏，还要加以放大才能在显示器上显示出该脉冲的波形和幅值。

从以上分析可知，超声波的发射和接收虽然均是利用同一块晶片，但时间上有先后之分，所以单晶直探头是处于分时工作状态，必须用电子开关来切换这两种不同的状态。

（2）双晶直探头

双晶直探头结构如图15-6(b)所示。它是由两个单晶探头组合而成，装配在同一壳体内。其中一片晶片发射超声波，另一片晶片接收超声波。两晶片之间用一片吸声性能强、绝缘性能好的薄片加以隔离，使超声波的发射和接收互不干扰。略有倾斜的晶片下方还设置延迟块，它用有机玻璃或环氧树脂制作，能使超声波延迟一段时间后才入射到试件中，可减小试件接近表面处的盲区，提高分辨能力。双晶探头的结构虽然复杂些，但检测精度比单晶直探头高，且超声波信号反射和接收控制电路较单晶直探头简单。

（3）斜探头

有时为了使超声波能倾斜入射到被测介质中，可选用斜探头，如图15-6(c)所示。压电晶片粘贴在与底面成一定角度（如30°、45°等）的有机玻璃斜楔块上，压电晶片的上方用吸声性强的阻尼吸收块覆盖。当斜楔块与不同材料的被测介质（试件）接触时，超声波产生一定角度的折射，倾斜入射到试件中去，折射角可通过计算求得。

（4）聚焦探头

由于超声波的波长很短，所以它也像光波一样可以被聚焦成十分细的声束，其直径可小到1mm左右，可以分辨试件中细小的缺陷，这种探头称为聚焦探头，是一种很有发展前途的新型探头。

聚焦探头采用曲面晶片来发出聚焦的超声波，还可利用类似光学反射镜的原理制作声凹面镜来聚焦超声波。双晶直探头的延迟块经特殊加工也可具有聚焦功能。

（5）箔式探头

利用压电材料聚偏二氟乙烯（PVDF）高分子薄膜制作出的薄膜式探头称为箔式探头，它可以获得0.2mm直径的超细声束，可以获得高清晰度的图像。

（6）空气传导型探头

由于空气的声阻抗是固体声阻抗的几千分之一，所以空气传导型探头的结构与固体传导探头有很大的差别，此类超声探头的发射换能器和接收换能器一般是分开设置的，两者结构也略有不同。图15-7为空气传导型的超声波发生器和接收器的结构示意图。发射器的压电片上粘贴了一只锥形共振盘，以提高发射效率和方向性。接收器共振盘上还增加了一只阻抗匹配器，以滤除噪声，提高接收效率。空气传导型探头的有效工作范围可达几米至几十米。

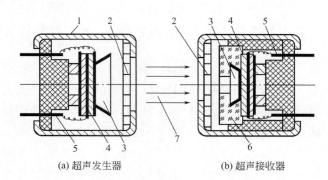

(a) 超声发生器　　　　　(b) 超声接收器

图 15-7　空气传导型超声波发生器、接收器结构示意图
1—外壳；2—金属丝网罩；3—锥形共振盘；4—压电晶体片；5—引脚；
6—阻抗匹配器；7—超声波束

六、超声波探头耦合剂

无论是直探头还是斜探头，一般不能直接将其放在被测介质（特别是粗糙金属）表面来回移动，以防磨损。更重要的是，由于超声探头与被测物体接触时，在工件表面不平整的情况下，探头与被测物体表面间必然存在一层空气薄层，空气的密度很小，将引起界面间强烈的杂乱反射波干扰，而且空气也对超声波造成很大的衰减。为此，必须将接触面之间的空气排挤掉，使超声波能顺利地入射到被测介质中。在工业中，经常使用一种称为耦合剂的液体物质，使之充满在接触层中，起到传递超声波的作用。常用的耦合剂有水、机油、甘油、水玻璃、胶水、化学糨糊等。耦合剂的厚度应尽量薄一些，以减小耦合损耗。

有时为了减少耦合剂的成本，还可在单晶直探头、双晶直探头或斜探头的侧面加工一个自来水接口，在使用时，自来水通过此孔压入保护膜和试件之间的空隙中，使用完毕，将水迹擦干即可，这种探头称为水冲探头。

【项目实施】

超声波测距仪由超声波传感器（超声波发射探头 T 和接收探头 R）及相应的测量电路组成。超声波常用频率在 20kHz～60kHz 之间，超声波在介质中可以产生三种形式的振荡波：横波、纵波、表面波。本实训采用空气介质，用纵波测量距离。超声波发射探头的发射频率为 40kHz，在空气中波速为 344m/s。当超声波在空气中传播，碰到不同界面时会产生一个反射波和折射波，从界面反射回来的波由接收探头接收，送入测量电路放大处理。通过测量超声波从发射到接收之间的时间差 Δt，就能根据 $S = v_0 \times \Delta t$ 算出相应的距离。式中 v_0 为超声波在空气中传播速度。

本实训项目需用器件与单元：主机箱、超声波传感器实验模板（装有超声波传感器）、反射挡板。

实训步骤如下：

① 将超声探头装在实训模板的右上端，它的引线 VT、公共端（⊥）、VR 在实训模板的左上端。

② 将实训模板上的 VT 与 VT 端、VR 与 VR 端及 ⊥ 端相应连接，再将实训模板的

±15V、⊥及输出端 V_{o2} 与主机箱的相应电源和电压表(量程 20V 挡)相连,如图 15-8 所示。

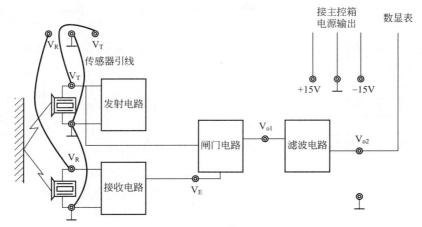

图 15-8 超声波测距实训接线图

③ 在离超声波传感器 20cm(0~20cm 左右为超声波测量盲区)处放置反射挡板,调节挡板对准探头角度,合上主机箱电源。

④ 平行移动反射板,依次递增 3cm 并依次记录电压表数据,填入表 15-2。

表 15-2 超声波传感器测距实训数据表

x/mm					
U/V					

⑤ 根据表 15-2 中实训数据,作出实验 x-U 曲线,计算测量误差。

【项目拓展】

1. 超声波测厚

利用超声波可测量金属零件的厚度,具有测量精度高、测试仪器轻便、操作安全简单、易于读数及可实行连续自动检测等优点。但是对于声衰减很大的材料以及表面凹凸不平或形状很不规则的零件,利用超声波测厚比较困难。超声波测厚常用脉冲回波法。图 15-9 为脉冲回波法检测厚度的工作原理。超声波探头与被测物体表面接触。主控制器产生一定频率的脉冲信号,送往发射电路,经电流放大后激励压电式探头,以产生重复的超声波脉冲。脉冲波传到被测工件另一面被反射回来,被同一探头接收。如果超声波在工件中的声速 v 是已知的,设工件厚度为 δ,脉冲波从发射到接收的时间间隔 t 可以测量,则可求出工件厚度为

$$\delta = vt/2 \tag{15-8}$$

为测量时间间隔 t,可用图 15-9 所示的方法,将发射和回波反射脉冲加至示波器垂直偏转板上。标记发生器输出的已知时间间隔的脉冲也加在示波器垂直偏转板上。线性扫描电压加在水平偏转板上。可以从显示器上直接观察发射和回波反射脉冲,并求出时间间隔 t。当然也可用稳频晶振产生的时间标准信号来测量时间间隔 t。

2. 超声波物位传感器

超声波物位传感器是利用超声波在两种介质的分界面上的反射特性而制成的。如果从发

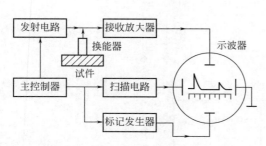

图 15-9 脉冲回波法测厚工作原理

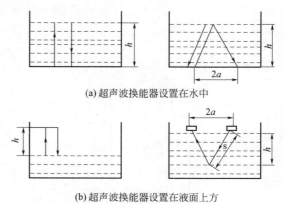

(a) 超声波换能器设置在水中

(b) 超声波换能器设置在液面上方

图 15-10 几种超声物位传感器的结构示意图

射超声波脉冲开始到接收换能器接收到反射波为止的这段时间间隔为已知，则可以求出分界面的位置，利用这种方法可以对物位进行测量。

图 15-10 给出了几种超声物位传感器的结构示意图。超声波换能器可设置在水中，让超声波在液体中传播。由于超声波在液体中衰减比较小，所以即使超声脉冲幅度较小也可以传播。超声波发射和接收换能器也可以安装在液面的上方，让超声波在空气中传播，这种方式便于安装和维修，但超声波在空气中的衰减比较严重。

对于单换能器来说，超声波从发射到液面，又从液面反射到换能器的时间为

$$t = 2h/v \tag{15-9}$$

则

$$h = vt/2 \tag{15-10}$$

式中　h——换能器距液面的距离；

　　　v——超声波在介质中传播的速度。

对于双换能器来说，超声波从发射到被接收经过的路程为 $2s$，有

$$s = vt/2 \tag{15-11}$$

因此液位高度为

$$h = \sqrt{s^2 - a^2} \tag{15-12}$$

式中　s——超声波反射点到换能器的距离；

　　　a——两换能器间距的一半。

超声物位传感器具有精度高和使用寿命长的特点，但若液体中有气泡或液面发生波动，便会有较大的误差，在一般使用条件下，它的测量误差为 ±0.1%，检测物位的范围为 $10^2 \sim 10^4$ m。

3. 超声波流量传感器

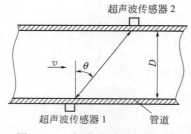

图 15-11 超声波测流量原理图

超声波流量传感器的测定方法是多样的，包括传播速度变化法、波速移动法、多勒效应法等。

超声波在静止流体和流动流体中的传输速度是不同的，利用这一特点可以求出流体的速度，再根据管道流体的截面积，便可知道流体的流量。

如果在流体中设置两个超声波传感器，它们既可以发射超声波，又可以接收超声波，一个装在上游，一个装在下游，其距离为 L，如图 15-11 所示。如设顺流方

向的传输时间为 t_1,逆流方向的传输时间为 t_2,流体静止时的超声波传输速度为 c,流体流动速度为 v,则

$$t_1 = L/(c+v) \tag{15-13}$$
$$t_2 = L/(c-v) \tag{15-14}$$

一般来说,流体的流速远小于超声波在流体中的传播速度,那么超声波传播时间差为

$$\Delta t = t_2 - t_1 = 2Lv/(c^2-v^2) \tag{15-15}$$

由于 $c \gg v$,从上式便得到流体的流速,即

$$v = (c^2/2L)\Delta t \tag{15-16}$$

则液体的流量为

$$Q = v\pi(D/2)^2 \tag{15-17}$$

在实际应用中,超声波传感器安装在管道的外部,从管道的外面透过管壁发射和接收,超声波不会给管内流动的流体带来影响,此时超声波的传输时间将由下式确定,即

$$t_1 = \frac{D/\cos\theta}{c+v\sin\theta} \tag{15-18}$$

$$t_2 = \frac{D/\cos\theta}{c-v\sin\theta} \tag{15-19}$$

超声波流量传感器具有不阻碍流体流动的特点,可测流体种类很多,只要能传输超声波的流体都可以进行测量。超声波流量计可用来对自来水、工业用水、农业用水等进行测量。还可用于下水道、河流等流速的测量。

4. 超声波探伤

超声波探伤是目前应用十分广泛的无损探伤手段,它既可检测材料表面的缺陷,又可检测内部几米深的缺陷。

超声波探伤仪的基本结构和原理如图 15-12 所示。

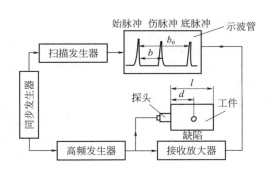

(a) 超声波探伤仪　　　　　　　　(b) 超声波探伤原理

图 15-12　超声波探伤

5. 汽车倒车探测器

将封闭型的超声波发射传感器 MA40EIS 和超声波接收传感器 MA40EIR 安装在汽车尾部的侧角处,按图 15-13 所示电路连接,即可构成一个汽车倒车探测器。

如图 15-13(a) 所示,超声发射电路由时基电路 555 组成,555 振荡电路的频率可以调整,调节电位器 R_{P_1} 可将超声波接收传感器的输出电压频率调至最大,通常可调至 40kHz。超声波接收电路使用超声波接收传感器 MA40EIR,MA40EIR 的输出信号由集成比较

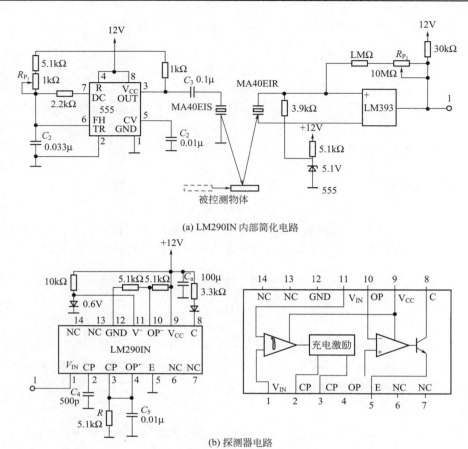

(a) LM290IN 内部简化电路

(b) 探测器电路

图 15-13　汽车倒车探测器原理图

器 LM393 进行处理。LM393 输出的是比较规范的方波信号。

6. 超声波清洗

超声波清洗是指利用超声波的空化作用对物体表面上的污物进行撞击、剥离,以达到清洗目的,它具有清洗洁净度高、清洗速度快等特点,特别是对盲孔和复杂几何形状物体,具有其他清洗手段所无法达到的洗净效果。

图 15-14 所示为超声波清洗机。

图 15-14　超声波清洗机

图 15-15　超声波塑料焊接机

7. 超声波焊接

超声波焊接是将超声波传递到两个需焊接的物体表面,在加压的情况下使两个物体表面相互摩擦而形成分子层之间的熔合。图 15-15 所示为超声波焊接机。

8. 超声多普勒诊断仪

超声多普勒诊断仪是利用多普勒效应原理,对运动的脏器和血流进行探测。

【项目小结】

本项目主要介绍了超声波的概念和基本特性,超声波探头的结构类型及使用方法,超声波探头耦合剂的作用以及超声波的应用。

20kHz 以上的声波称为超声波,超声波具有反射和折射特性。

产生和接收超声波的装置叫做超声波传感器,习惯上称为超声波换能器,或超声波探头。超声波探头又分为直探头、斜探头、双探头、表面波探头、聚焦探头、冲水探头、水浸探头、空气传导探头以及其他专用探头等。

为使超声波能顺利地入射到被测介质中,经常使用一种称为耦合剂的液体物质,使之充满在接触层中起到传递超声波的作用。

【项目训练】

一、单项选择

1. 声波在下列材料中传播速度最低的是_____。
   A. 空气　　　　　　B. 水　　　　　　C. 铝　　　　　　D. 不锈钢
2. 超过人耳听觉范围的声波称为超声波,它属于_____。
   A. 电磁波　　　　　B. 光波　　　　　C. 机械波　　　　D. 微波
3. 波长 λ、声速 c、频率 f 之间的关系是_____。
   A. $\lambda = c/f$　　　B. $\lambda = f/c$　　　C. $c = f/\lambda$
4. 可在液体中传播的超声波波型是_____。
   A. 纵波　　　　　　B. 横波　　　　　C. 表面波　　　　D. 以上都可以
5. 同一介质中,超声波反射角_____入射角。
   A. 等于　　　　　　　　　　　　　　B. 大于
   C. 小于　　　　　　　　　　　　　　D. 同一波型的情况下相等
6. 晶片厚度和探头频率是相关的,晶片越厚,则_____。
   A. 频率越低　　　　B. 频率越高　　　C. 无明显影响

二、简答

1. 什么是次声波、声波和超声波?
2. 超声波的传播波形有哪些形式?各有什么特点?
3. 超声波在介质中传播时,能量逐渐衰减,其衰减的程度与哪些因素有关?
4. 超声波探测中的耦合剂的作用是什么?
5. 超声波有哪些特点?超声波传感器有哪些用途?

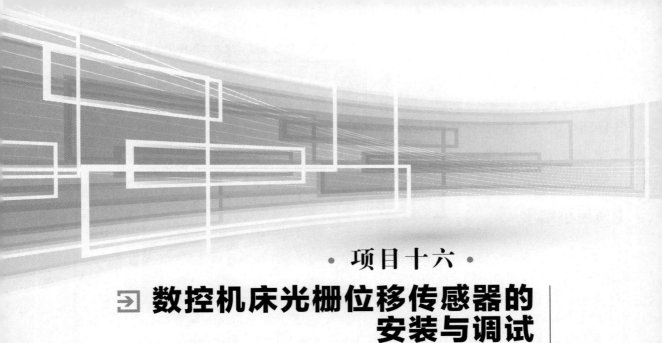

项目十六

数控机床光栅位移传感器的安装与调试

【项目描述】

随着现代制造业的迅速发展,数控机床被广泛应用,数控机床定位精度也日益提高。为满足越来越高的精度要求,必须使用检测精度较高的数字传感器。

通过本项目的学习,大家应熟悉常用的数字传感器的基本结构,了解数字传感器的基本工作原理,掌握数字传感器的特性,正确选用、安装、调试、操作和维护数字传感器。

【相关知识与技能】

一、栅式数字传感器

栅式数字传感器可分为光栅和磁栅两种。光栅是由很多等节距的透光缝隙和不透光的刻线均匀相间排列构成的光电器件,按其原理和用途,它又可分为物理光栅和计量光栅。物理光栅利用光的衍射现象,主要用于光谱分析和光波长等量的测量,计量光栅主要利用莫尔现象,测量位移、速度、加速度等物理量。

1. 光栅的结构

光栅主要由光栅尺(光栅副)和光栅读数头两部分构成。光栅尺包括主光栅(标尺光栅)和指示光栅,主光栅和指示光栅的栅线的刻线宽度和间距完全一样。将指示光栅与主光栅重叠在一起,两者之间有很小的间隙,主光栅和指示光栅中一个固定不动,另一个安装在运动部件上,两者之间可以形成相对运动。光栅读数头包括光源、透镜、指示光栅、光电接收元件、驱动电路等。

在计量工作中应用的光栅为计量光栅。计量光栅可分为透射式光栅和反射式光栅两大类,均由光源、光栅副、光敏元件三大部分组成。透射式光栅一般用光学玻璃做基体,在其上均匀地刻划等间距、等宽度的条纹,形成连续的透光区和不透光区。反射式光栅用不锈钢做基体,在其上用化学方法制作出黑白相间的条纹,形成强反光区和不反光区,如图 16-1 所示,光栅上栅线的宽度为 a,线间宽度 b,一般取 $a=b$,而光栅栅距 $W=a+b$。长光栅的栅线密度一般有 10 线/mm、25 线/mm、50 线/mm、100 线/mm 和 200 线/mm 等几种。

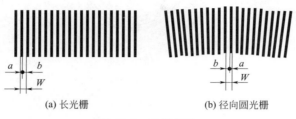

图 16-1 光栅刻线

计量光栅按其形状和用途可分为长光栅和圆光栅两类。

(1) 长光栅

长光栅又称为光栅尺,用于长度或直线位移的测量。

按栅线形状不同,长光栅可分为黑白光栅和闪耀光栅。黑白光栅是指只对入射光波的振幅或光强进行调制的光栅,所以也称为振幅光栅,黑白光栅如图 16-2 所示。闪耀光栅是对入射光波的相位进行调制,也称相位光栅,按其刻线的断面形状可分为对称形和不对称形两种,如图 16-3 所示。

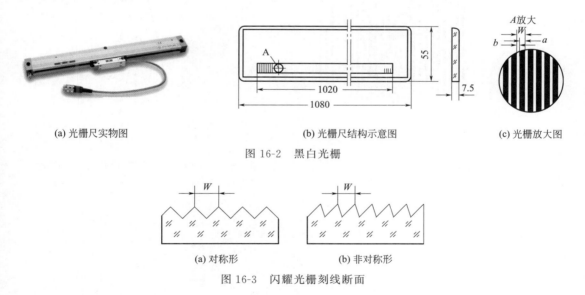

图 16-2 黑白光栅

图 16-3 闪耀光栅刻线断面

(2) 圆光栅

圆光栅又称为光栅盘,用来测量角度或角位移。根据刻线的方向可分为径向光栅和切向光栅,如图 16-4 所示。径向光栅的延长线全部通过光栅盘的圆心,切向光栅栅线的延长线全部与光栅盘中心的一个小圆(直径为零点几到几毫米)相切。

圆光栅的两条相邻栅线的中心线之间的夹角称为角节距,每周的栅线数从 100 线到 21600 线不等。

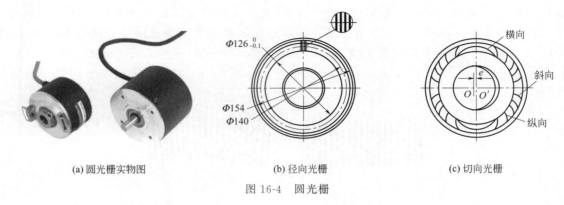

(a) 圆光栅实物图 (b) 径向光栅 (c) 切向光栅

图 16-4　圆光栅

2. 光栅的工作原理

(1) 莫尔条纹

计量光栅的基本元件是主光栅和指示光栅。主光栅的刻线一般比指示光栅长，如图16-5所示。若将两块光栅（主光栅、指示光栅）叠合在一起，并且使它们的刻线之间成一个很小的角度 θ，由于遮光效应，两块光栅的刻线相交处形成亮带，而在一块光栅的刻线与另一块栅的缝隙相交处形成暗带，在与光栅刻线垂直的方向，将出现明暗相间的条纹，这些条纹就称为莫尔条纹。

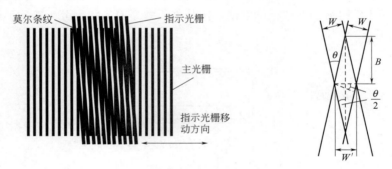

图 16-5　光栅与莫尔条纹示意图（$\theta \neq 0$）

如果改变 θ 角，莫尔条纹间距 B 也随之变化。由图 16-6 可知，条纹间距 B 与栅距 W 和夹角 θ 有如下关系：

$$\tan\frac{\theta}{2}=\frac{\frac{W'}{2}}{B},\quad W'=\frac{W}{\cos\frac{\theta}{2}}$$

所以

$$B=\frac{\frac{W'}{2}}{\tan\frac{\theta}{2}}\approx\frac{W}{\theta} \tag{16-1}$$

当指示光栅沿着主光栅刻线的垂直方向移动时，莫尔条纹将会沿着这两个光栅刻线夹角的平分线的方向移动，光栅每移动 W，莫尔条纹也移动一个间距 B。

(2) 莫尔条纹的特点

由式(16-1)可知，θ 越小，B 越大，这相当于把栅距 W 放大了 $1/\theta$ 倍，说明光栅具有位移放大作用,从而提高了测量的灵敏度。

通过莫尔条纹所获得的精度比光栅本身栅线的刻划精度还要高。

当两光栅沿与栅线垂直的方向做相对运动时,莫尔条纹则沿光栅刻线方向移动(两者运动方向垂直),光栅反向移动,莫尔条纹亦反向移动。莫尔条纹的亮带与暗带将顺序自上而下不断掠过光敏元件,光敏元件接收到的光强变化近似于正弦波变化,光栅移动一个栅距 W,光强变化一个周期,如图 16-6 所示。

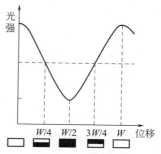

图 16-6 光栅位移与光强关系

莫尔条纹移过的条纹数等于光栅移过的栅线数。例如采用 100 线/mm 光栅时,若光栅移动了 x mm,则从光电元件前掠过的莫尔条纹数为 $100x$ 条。由于莫尔条纹间距比栅距大得多,所以能够被光敏元件识别。将莫尔条纹产生的电脉冲信号计数,就可知道移动的实际位移。

3. 光栅传感器

光栅传感器如图 16-7 所示,指示光栅比主光栅短得多。主光栅一般固定在被测物体上,且随被测物体一起移动,指示光栅相对于光电元件固定。

主光栅移动一个栅距 W,光强变化一个周期,若用光电元件接收莫尔条纹移动时光强的变化,则将光信号转换为电信号,以电压信号形式输出,则

$$u_o = U_O + U_m \sin\left(\frac{\pi}{2} + \frac{2\pi x}{W}\right) \tag{16-2}$$

输出电压反映了位移量的大小,如图 16-8 所示。

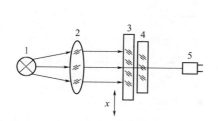

图 16-7 光栅传感器结构示意图
1—光源;2—透镜;3—主光栅;
4—指示光栅;5—光电元件

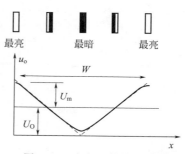

图 16-8 光电元件输出波形

采用一个光电元件的光栅传感器,无论光栅是正向移动还是反向移动,莫尔条纹都做明暗交替变化,光电元件总是输出按同一规律变化的电信号,此信号只能计数,不能辨向。

通常可以在与莫尔条纹相垂直的方向上,在相距 $B/4$(相当于电角度 1/4 周期)的距离处设置两套光电元件,这样就可以得到两个相位相差 $\pi/2$ 的电信号 u_{os} 和 u_{oc},经放大、整形后得到 u'_{os} 和 u'_{oc} 两个方波信号,分别送到图 16-9(a) 所示的辨向电路中。从图 16-9(b) 可以看出,在指示光栅向右移动时,u'_{os} 的上升沿经 R_1、C_1 微分后产生的尖脉冲 U_{R1} 正好与 u'_{oc} 的高电平相与,IC_1 处于开门状态,与门 IC_1 输出计数脉冲,并送到计数器的加法端,作加法计数。而 u'_{os} 经 IC_3 反相后产生的微分尖脉冲 U_{R2} 正好被 u'_{oc} 的低电平封锁,与门 IC_2 无

法产生计数脉冲,始终保持低电平。

反之,当指示光栅向左移动时,由图 16-9(c) 可知,IC_1 关闭,IC_2 产生计数脉冲,并被送到计数器的减法端,作减法计算。从而达到辨别光栅正、反方向移动的目的。

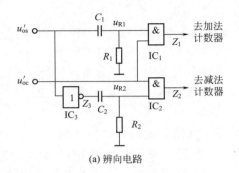

(a) 辨向电路

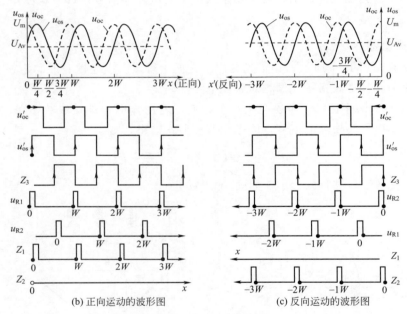

(b) 正向运动的波形图　　　　　(c) 反向运动的波形图

图 16-9　辨向电路原理图

为了提高分辨力,可以增加刻线密度,减小栅距,也可以通过细分技术,在不增加刻线密度的情况下提高光栅的分辨力。

实现细分的方法有两种,一种是在莫尔条纹宽度内依次放置四个光电元件,采集不同相位的信号,从而获得相位依次相差 90°的四个正弦信号,再通过细分电路,分别输出四个脉冲。另一种方法是采用在相距 $B/4$ 的位置上,放置两个光电元件,首先得到相位差 90°的两路正弦信号 S 和 C,然后将此两路信号送入图 16-10(a) 所示的细分辨向电路。这两路信号经过放大器放大,再由整形电路整形为两路方波信号。把这两路方波各反向一次,就可以得到四路相位依次为 90°、180°、270°、360°方波信号,它们经过 RC 微分电路,就可以得到四个尖脉冲信号。当指示光栅正向移动时,四个微分信号分别和有关的高电平相与。可以在一个 W 的位移内,在 IC_1 的输出端得到四个加法计数脉冲,如图 16-10(b) 中 U_{Z1} 波形,而 IC_2 保持低电平。当指示光栅反向移动一个栅距 W 时,就在 IC_2 的输出端得到四个减法脉冲。这样,计数器的计数结果就能正确地反映光栅副的相对位置。

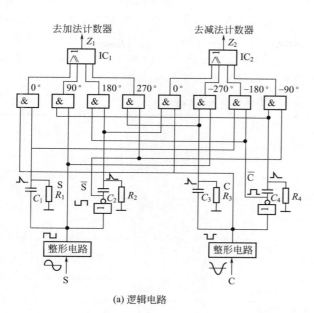
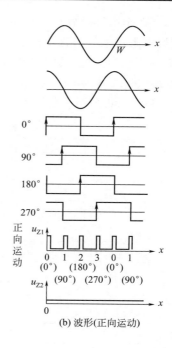

(a) 逻辑电路 (b) 波形(正向运动)

图 16-10 四倍频细分原理

二、数字编码器

将机械转动的模拟量（位移）转换成以数字代码形式表示的电信号，这类传感器称为数字编码器，数字编码器以其高精度、高分辨率和高可靠性被广泛用于各种位移的测量。

编码器主要分为脉冲盘式和码盘式两大类。脉冲盘式编码器不能直接输出数字编码，需要增加有关数字电路才可能得到数字编码。码盘式编码器也称为绝对编码器，它将角度或直线坐标转换为数字编码，能方便地与数字系统（如微机）连接。码盘式编码器按其结构可分为接触式、光电式和电磁式三种，后两种为非接触式编码。

1. 码盘式编码器

（1）接触式码盘编码器

接触式码盘编码器由码盘和电刷组成，适用于角位移测量。下面以四位二进制码盘为例，如图 16-11 所示，说明其结构和工作原理。

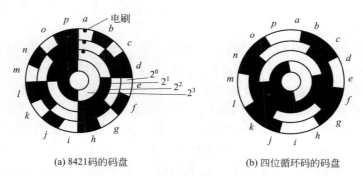

(a) 8421码的码盘   (b) 四位循环码的码盘

图 16-11 接触式四位二进制码盘

涂黑处为导电区，将所有导电区连接到高电位（"1"），空白处为绝缘区，为低电位

("0")。四个电刷沿着某一径向安装。四位二进制码盘上有四圈码道,每个码道有一个电刷,电刷经电阻接地。当码盘转动其一角度后,电刷就输出一个数码;码盘转动一周,电刷就输出 16 种不同的四位二进制数码,如表 16-1 所示。由此可知,二进制码盘所能分辨的旋转角度为 $\alpha=360/2^n$,若 $n=4$,则 $\alpha=22.5°$。位数越多,分辨的角度越小,若取 $n=8$,则 $\alpha=1.4°$。当然,可分辨的角度越小,对码盘和电刷的制作和安装要求越严格。

表 16-1 电刷在不同位置时对应的数码

角度	电刷位置	二进制码(B)	循环码(R)	十进制数
0	a	0000	0000	0
1α	b	0001	0001	1
2α	c	0010	0011	2
3α	d	0011	0010	3
4α	e	0100	0110	4
5α	f	0101	0111	5
6α	g	0110	0101	6
7α	h	0111	0100	7
8α	i	1000	1100	8
9α	j	1001	1101	9
10α	k	1010	1111	10
11α	t	1011	1110	11
12α	m	1100	1010	12
13α	n	1101	1011	13
14α	o	1110	1001	14
16α	p	1111	1000	16

由于电刷安装不可能绝对精确,必然存在机械偏差,这种机械偏差会产生非单值误差。例如,由二进制码 0111 过渡到 1000 时(电刷从 h 区过渡到 i 区),即由 7 变为 8 时,如果电刷进出导电区的先后不一致,此时就会出现 8~16 间的某个数字,这就是所谓的非单值误差。消除非单值误差的办法一般是采用循环码(格雷码),循环码盘结构如图 16-11(b)所示。循环码的特点是任意一个半径线上只可能一个码道上会有数码的改变,其编码如表 16-1 所示。这一特点可以避免制造或安装不精确带来的非单值误差,因此采用循环码盘,准确性和可靠性要高得多。

消除非单值误差还可以采用扫描法,扫描法有 V 扫描、U 扫描以及 M 扫描三种。其中 V 扫描是在最低值码道上安装一电刷,其他位码道上均安装两个电刷,一个电刷位于被测位置的前边,称为超前电刷;另一个放在被测位置的后边,称为滞后电刷。这种方法是根据二进制码的特点设计的。由于 8421 码制的二进制码是从最低位向高位逐级进位的,最低位变化最快,高位逐渐减慢。当某一个二进制码的第 i 位是 1 时,该二进制码的第 $i+1$ 位和前一个数码的 $i+1$ 位状态是一样的,故该数码的第 $i+1$ 位的真正输出要从滞后电刷读出。相反,当某个二进制码的第 i 位是 0 时,该数码的第 $i+1$ 位的输出要从超前电刷读出。

(2)光电式编码器

接触式编码器的分辨率受电刷的限制,不可能很高;而光电式编码器由于使用了易于集成的光电元件代替机械的接触电刷，其测量精度和分辨率能达到很高水平。

光电式编码器如图 16-12 所示。它是一种绝对编码器，是几位编码器，码盘上就有几个码道，编码器在转轴的任何位置都可以输出一个固定的与位置相对的数字码。光电编码器的码盘采用照相腐蚀工艺，在一块圆形光学玻璃上刻有透光和不透光的码形。在几个码道上，装有相同个数的光电转换元件，代替接触式编码器的电刷，并将接触式码盘上的高、低电位用光源代替。当光源经光学系统形成一束平行光投射在码盘上时，光经过码盘的透光和不透光区，脉冲光照射在码盘的另一侧的光电元件上，这些光电元件就输出与码盘上的码形（码盘的绝对位置）相对应的（开关/高低电平）电信号。光电编码器与接触式码盘编码器一样，可以采用循环码或 V 扫描法来解决非单值误差的问题。

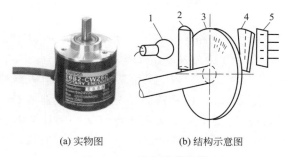
图 16-12 光电式编码器
1—光源；2—透镜；3—码盘；4—窄缝；5—光电元件组

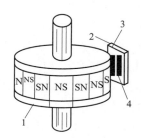
图 16-13 电磁式编码器的基本结构
1—磁鼓；2—气隙；3—磁敏传感部件；4—磁敏电阻

（3）电磁式编码器

电磁式编码器是近几年发展起来的新型传感器。它主要由磁鼓与磁阻探头组成，如图 16-13 所示。

电磁式编码器的码盘上按照一定的编码图形做成磁化区（磁导率高）和非磁化区（磁导率低）。采用小型磁环或微型马蹄形磁芯作磁头，磁环或磁头紧靠码盘，但又不与码盘表面接触。每个磁头上绕两组绕组，原边绕组用恒幅恒频的正弦信号激励，副边绕组用作信号输出。副边绕组感应码盘上的磁化信号，并转化为电信号，其感应电势与两绕组匝数比和整个磁路的磁导有关。当磁头对准磁化区时，磁路饱和，输出电压很低，若磁头对准非磁化区，它就类似于变压器，输出电压会很高，因此可以区分状态"1"和"0"。几个磁头同时输出，就形成了数码。

电磁式编码器由于精度高、寿命长、工作可靠，因此对环境条件要求较低，但成本较高。

2. 脉冲盘式编码器

脉冲盘式编码器又称为增量编码器。增量编码器一般只有三个码道，它不能直接产生编码输出，故它不具有绝对码盘码的含义，这是脉冲盘式编码器与绝对编码器的不同之处。

（1）脉冲盘式编码器的结构和工作原理

脉冲盘式编码器的圆盘上等角距地开有两道缝隙，内外圈（A、B）的相邻两缝错开半条缝宽；另外在某一径向位置（一般在内外两圈之外），开有一狭缝，表示码盘的零位。在它们相对的两侧面分别安装光源和光电接收元件，如图 16-14 所示。当转动码盘时，光线经过透光和不透光的区域，每个码道将有一系列光电脉冲由光电元件输出，码道上有多少缝

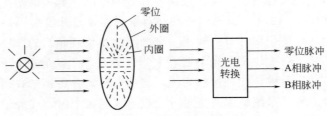

图 16-14 脉冲盘式编码器示意图

隙，每转过一周就将有多少个相差 90°的两相（A、B 两路）脉冲和一个零位（C 相）脉冲输出。

（2）旋转方向的判别

为了辨别码盘旋转方向，可以采用图 16-15 所示的电路来实现，光电元件 A、B 输出信号经放大整形后，产生 P_1 和 P_2 脉冲。将它们分别接到 D 触发器的 D 端和 CP 端，由于 A、B 两相脉冲（P_1 和 P_2）相差 90°，D 触发器在 CP 脉冲（P_2）的上升沿触发。正转时 P_1 脉冲超前 P_2 脉冲，D 触发器的 Q="1"，表示正转；当反转时，P_2 超前脉冲 P_1，D 触发器的 Q="0"，表示反转。C 相脉冲（零位脉冲）接至计数器的复位端，实现码盘转动一圈计数器复位一次的目的。码盘无论正转还是反转，计数器每次反映的都是相对于上次角度的增量，故这种测量称为增量法。

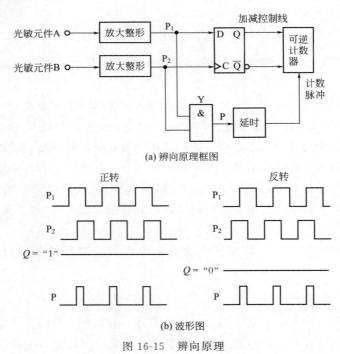

图 16-15 辨向原理

三、感应同步器

感应同步器是 20 世纪 60 年代末发展起来的一种高精度位移（直线位移、角位移）传感器。按其用途可分为两大类：①测量直线位移的直线式同步器；②测量角位移的旋转式同步器，其类型和特性如表 16-2 所示。

表 16-2　感应同步器分类

类　　型		特　　性
直线式同步器	标准型	精度高、可扩展，用途最广
	窄型	精度较高，用于安装位置不宽敞的地方，可扩展
	带型	精度较低，定尺长度达 3m 以上，对安装面要求精度不高
旋转式同步器		精度高，极数多，易于误差补偿，精度与极数成正比

1. 直线式同步器的结构和工作原理

直线式同步器的基本原理是两个平面矩形线圈相互作用，它们相当于变压器的初、次级绕组，通过两个线圈绕组间的互感值随位置变化来检测位移量。载流线圈中通过直流电流 I 时的磁场分布如图 16-16 所示，线圈内外的磁场方向相反。如果线圈中通过的电流为交流电流 i ($i=I\sin\omega t$)，并使一个与该线圈平行的闭合探测线圈贴着这个载流线圈从左至右（或从右至左）移过，通过闭合探测线圈的磁通量恒为零时，在探测线圈内感应出来的电动势为零；通过闭合探测线圈的磁通量最大时，在探测线圈内感应出来的交流电压也最大，见图 16-17。

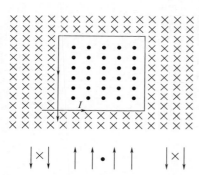

图 16-16　载流线圈产生的磁场分布图

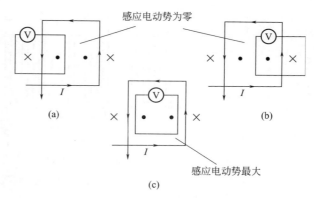

图 16-17　探测线圈内的感应电动势

直线式同步器结构如图 16-18 所示，主要由定尺和滑尺两部分组成，定尺和滑尺的绕组如图 16-18(b)、(c) 所示。滑尺上有两个绕组，一个是正弦绕组 1—1′，另一个是余弦绕组 2—2′，彼此相距 π/2 或 3π/4。当定尺栅距为 W_2 时，滑尺上的两个绕组间的距离 L_1 应满足如下关系：$L_1=(n/2+1/4)W_2$。

滑尺上的正弦绕组和余弦绕组相对于定尺绕组在空间错开 1/4 节距，如图 16-19(a) 所示，工作时，当在滑尺两个绕组中的任一绕组加上激励电压时，由于电磁感应，在定尺绕组中会感应出相同频率的感应电压，通过对感应电压进行测量，可以精确地测量出位移量。

图 16-19(b) 为滑尺在不同位置时定尺上的感应电压。在 A 点时，定尺与滑尺余弦绕组重合，这时感应电压最大；当滑尺余弦绕组相对于定尺平行移动后，感应电压逐渐减小，在错开 1/4 节距的 B 点时，感应电压为零；再继续移至 1/2 节距的 C 点时，得到感应电压的最小值。这样，滑尺余弦绕组在移动一个节距的过程中，感应电压变化了一个余弦波形，如图 16-19(b) 中的曲线 2 所示。同理，当滑尺正弦绕组移动一个节距后，在定尺中将会感应出一个余弦电压波形，如图 16-19(b) 中的曲线 1 所示。

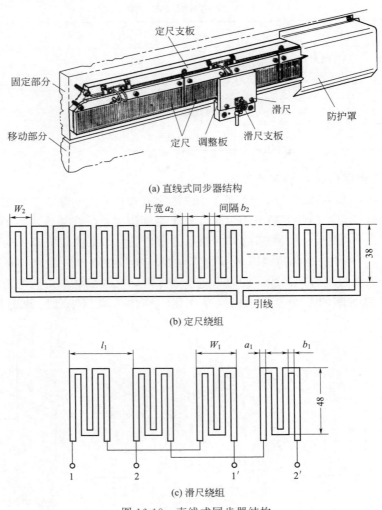

图 16-18 直线式同步器结构

2. 旋转式同步器

旋转式同步器由定子和转子两部分组成,它们呈圆片形状,如图 16-20 所示。定子、转子分别相当于直线式同步器的定尺和滑尺。目前旋转式同步器的直径一般有 50mm、76mm、178mm 和 302mm 等几种。径向导体数(极数)有 360、720 和 1080 几种。旋转式同步器在极数相同情况下,直径越大,其精度越高。

图 16-21 为感应同步器鉴相测量方式数字位移测量装置方框图。脉冲发生器输出频率一定的脉冲序列,经过脉冲—相位变换器进行 N 分频后,输出参考信号方波 θ_0 和指令信号方波 θ_1。参考信号方波 θ_0 被转换成振幅和频率相同而相位差为 90°的正弦、余弦电压,送给感应同步器滑尺的正弦、余弦绕组励磁。感应同步器定尺绕组中产生的感应电压经放大和整形后成为反馈信号方波 θ_2。指令信号 θ_1 和反馈信号 θ_2 同时送给鉴相器,鉴相器既能判断 θ_2 和 θ_1 相位差的大小,又能判断指令信号 θ_1 的相位超前还是滞后于反馈信号 θ_2。

假定开始时 $\theta_1=\theta_2$,当感应同步器的滑尺相对定尺平行移动时,将使定尺绕组感应电压的相位 θ_2(即反馈信号的相位)发生变化,此时 $\theta_1 \neq \theta_2$,由鉴相器判别之后,将有相位差 $\Delta\theta=\theta_2-\theta_1$ 作为误差信号输出给门电路,此误差信号 $\Delta\theta$ 控制门电路"开门"的时间,使

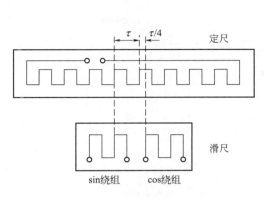
(a) 直线感应同步器的定尺和滑尺

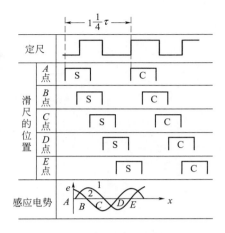
(b) 定尺上的感应电压与滑尺的关系

图 16-19　定尺与滑尺工作原理

(a) 旋转式同步器实物图

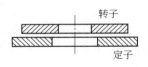
(b) 旋转式同步器结构示意图

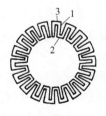
(c) 转子绕组

(d) 定子绕组

图 16-20　旋转式同步器
1—有效导体；2—内端面；3—外端面

门电路允许脉冲发生器产生的脉冲通过。通过门电路的脉冲，一方面送给可逆计数器去计数并显示出来，另一方面作为脉冲—相位变换器的输入脉冲，在此脉冲作用下，脉冲—相位变换器将修改指令信号的相位 θ_1，使 θ_1 随 θ_2 而变化。当 θ_1 再次与 θ_2 相等时，误差信号 $\Delta\theta = 0$，门电路被关闭。当滑尺相对定尺继续移动时，又有 $\Delta\theta = \theta_2 - \theta_1$ 作为误差信号去控制门电路的开启，门电路又有脉冲输出，供可逆计数器去计数和显示，并继续修改指令信号的相位 θ_1，使 θ_1 和 θ_2 在新的基础上达到 $\theta_1 = \theta_2$。因此在滑尺相对定尺连续不断的移动过程中，可以实现把位移量准确地用可逆计数器计数和显示出来。

四、频率式数字传感器

频率式数字传感器能将被测非电量转换为脉冲量，然后在给定的时间内，通过电子电路累计这些脉冲数，或者通过测量与被测量有关的脉冲周期的方法来测得被测量。

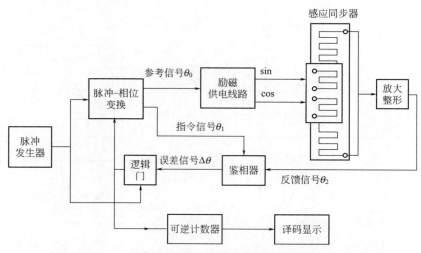

图 16-21 感应鉴相测量方式数字位移测量装置方框图

频率式数字传感器体积小、重量轻、分辨率高，由于传输的信号是一列脉冲信号，所以具有数字化技术的许多优点，是传感器技术发展的方向之一。

频率式数字传感器根据测量原理基本上有三种类型：

① 利用力学系统固有频率的变化反映被测参数的值。

② 利用电子振荡器的原理，使被测量的变化转化为振荡器的振荡频率的改变。

③ 将被测非电量先转换为电压量，然后再用此电压去控制振荡器的振荡频率。

1. 改变力学系统固有频率的频率传感器

任何弹性体都具有固有频率，若激励力的频率与弹性体的固有频率相同，并且大小刚好可以补充阻尼损耗时，该弹性体即可作等幅连续振动，振动频率为其自身的固有频率。弹性振动体频率传感器就是利用这一原理来测量有关物理量的。

弹性振动频率传感器有振弦式、振膜式、振筒式和振梁式等，下面以振弦式频率传感器为例介绍。如图16-22所示，振弦式传感器包括振弦、激励电磁铁、夹紧装置等三个主要部分。将一根细的金属丝置于激励电磁铁所产生的磁场内，振弦的一端固定，另一端与被测量物体的运动部分连接，并使振弦拉紧。作用于振弦上的张力就是传感器的被测量。振弦的张力为 F 时，其固有振动频率可用下式表示：

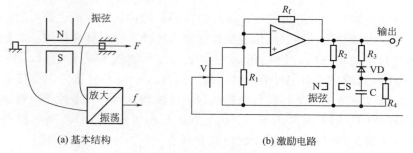

(a) 基本结构　　　　　　　(b) 激励电路

图 16-22　振弦式传感器

$$f_0 = \frac{1}{2L}\sqrt{\frac{F}{\rho}}$$

(16-3)

式中　L——振弦的有效长度；
　　　ρ——振弦的线密度。

激振应力传感器测量电路如图 16-22(b) 所示。当电路接通时，有一个初始电流流过振弦，振弦在磁场作用下产生振动，激励电路中选频正反馈网络不断提供振弦振动所需要的能量，于是振荡器产生等幅的持续振荡。

电阻 R_2 和振弦支路形成正反馈回路，R_1、R_f 和场效应管 FET 组成负反馈电路。R_3、R_4、二极管 VD 和电容 C 组成的支路给 FET 管提供控制信号，由负反馈支路和场效应管控制支路控制起振条件和自动稳幅。

2. RC 振荡器式频率传感器

RC 振荡器式频率传感器如图 16-23 所示，这里利用热敏电阻 R_T 测量温度，R_T 作为 RC 振荡器的一部分，该电路是由运算放大器和反馈网络构成的

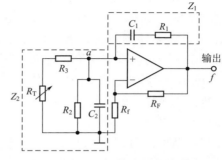

图 16-23　RC 振荡式频率传感器

一种 RC 文氏电桥正弦波发生器。当外界温度 T 变化时，R_T 的阻值也随之变化，RC 振荡器的频率因此而改变。RC 振荡器的振荡频率由下式决定：

$$f = \frac{1}{2\pi}\sqrt{\frac{R_3+R_T+R_2}{C_1C_2R_1R_2(R_3+R_T)}} \tag{16-4}$$

其中 R_T 与温度 T 的关系为

$$R_T = R_0 e^{B(T-T_0)} \tag{16-5}$$

式中　B——热敏电阻的温度系数；
　　　R_T、R_0——温度在 T 和 T_0 时的阻值。

电阻 R_2、R_3 的作用是改善其线性特性，使流过 R_T 的电流尽可能小，以防其自身发热对温度测量产生影响。

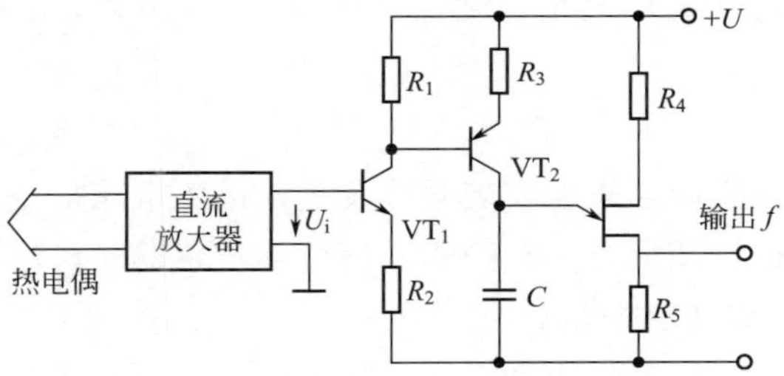

3. 压控振荡器式频率传感器

这类传感器首先将被测非电量转换为电压量，然后去控制振荡器的频率。图 16-24 为一个热电偶压控振荡器，由于热电偶输出的电动势仅为几毫伏到几十毫伏，所以先进行放大，然后再转换成相应的频率。

图 16-24　热电偶压控振荡器

【项目实施】

光栅位移传感的安装比较灵活，可安装在机床的不同部位，一般将主尺安装在机床的工作台（滑板）上，随机床走刀而动，读数头固定在床身上，尽可能使读数头安装在主尺的下方。其安装方式的选择必须注意切屑、切削液及油液的溅落方向。如果由于安装位置限制，必须采用读数头朝上的方式安装时，则必须增加辅助密封装置。另外，一般情况下，读数头应尽量安装在相对机床静止的部件上，此时输出导线不移动，易固定，而尺身则应安装在相对机床运动的部件上（如滑板）。

(1) 安装基面

安装光栅位移传感器时，不能直接将传感器安装在粗糙不平的机床身上，更不能安装在打底涂漆的机床身上。光栅主尺及读数头分别安装在机床相对运动的两个部件上。用千分表检查机床工作台的主尺安装面与导轨运动方向的平行度。千分表固定在床身上，移动工作台，要求达到平行度为 0.1mm/1000mm 以内。如果不能达到这个要求，则需设计加工一件光栅尺基座，要求：①应加一根与光栅尺尺身长度相等的基座（最好基座长出光栅尺 50mm 左右）；②该基座通过铣、磨工序加工，保证其平面平行度 0.1mm/1000mm 以内。另外，还需加工一件与尺身基座等高的读数头基座。读数头的基座与尺身的基座总共误差不得大于 ±0.2mm。安装时，调整读数头位置，达到读数头与光栅尺尺身的平行度为 0.1mm 左右，读数头与光栅尺尺身之间的间距为 1～1.5mm 左右。

(2) 主尺安装

将光栅主尺用 M4 螺钉固定在工作台安装面上，但不要拧紧。把千分表固定在床身上，移动工作台（主尺与工作台同时移动），用千分表测量主尺平面与机床导轨运动方向的平行度。调整主尺 M4 螺钉位置，使主尺平行度满足 0.1mm/1000mm 以内，把 M2 螺钉彻底拧紧。在安装光栅主尺时，应注意如下三点：

① 安装超过 1.5m 以上的光栅时，不能只安装两端，还需在整个主尺尺身中有支撑；
② 安装好后，最好用一个卡子卡住尺身中点（或几点）；
③ 不能安装卡子时，最好用玻璃胶粘住光栅尺身。

(3) 读数头的安装

在安装读数头时，首先应保证读数头的基面达到安装要求，然后再安装读数头，其安装方法与主尺相似。最后调整读数头，使读数头与光栅主尺平行度保证在 0.1mm 之内，其读数头与主尺的间隙控制在 1～1.5mm 以内。

(4) 限位装置

光栅位移传感器全部安装完以后，一定要在机床导轨上安装限位装置，以免机床加工产品移动时读数头冲撞到主尺两端，从而损坏光栅尺。另外，在选购光栅位移传感器时，尽量选用超出机床加工尺寸 100mm 左右的光栅尺，以留有余量。

(5) 检查光栅位移传感器

安装完毕后，可接通数显表，移动工作台，观察数显表计数是否正常。在机床上选取一个参考位置，来回移动工作点至该位置，数显表读数应相同（或回零）。另外也可使用千分表（或百分表），使千分表与数显表同时调至零，往返多次后回到初始位置，观察数显表与千分表的数据是否一致。通过以上工作，光栅传感器的安装就完成了。

对于一般的机床加工环境来讲，铁屑、切削液及油污较多，光栅传感器应加装护罩，护罩的设计按照光栅传感器的外形确定，护罩通常采用橡皮密封，使其具备一定的防水防油能力。

【项目拓展】

1. 光栅位移传感器的应用

由于光栅位移传感器测量精度高（分辨率为 0.1μm），动态测量范围广（0～1000mm），可进行无接触测量,而且容易实现系统的自动化和数字化,因而在工业中得到了广泛的应用,特别是在量具、数控机床的闭环反馈控制、工作主机的坐标测量等方面,光栅位移传感器起着重要的作用。图 16-25 所示为安装直线光栅的数控机床。

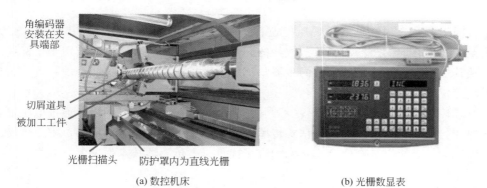

(a) 数控机床　　　　　　　　　　　(b) 光栅数显表

图 16-25　安装直线光栅的数控机床

2. 感应同步器在数控机床闭环系统中的应用

随着机床自动化程度的提高,感应同步器已成为数控机床闭环系统中最重要的位移检测元件之一。图 16-26 为鉴幅型滑尺励磁定位控制的原理框图,由输入装置产生指令脉冲给可逆计数器,经译码、D/A 转换、放大后送执行机构驱动滑尺。由数显表变压器输出幅值为 $U_{\sin\varphi}$ 和 $U_{\cos\varphi}$ 的余弦信号分别给滑尺的正弦、余弦绕组,定尺输出幅值为 $U_m \sin(\varphi-\theta_0)$ 的信号到数显表,并向可逆计数器发出脉冲。如果可逆计数器不为零,执行机构就一直驱动滑尺,数显表不断计数,并发出减脉冲送可逆计数器,直到滑尺位移值和指令信号一致时,可逆计数器为零,执行机构停止驱动,从而达到定位控制的目的。

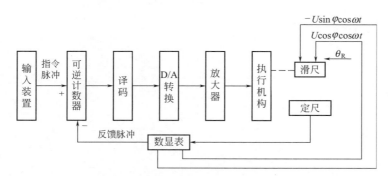

图 16-26　鉴幅型滑尺励磁定位控制的原理框图

【项目小结】

常用的数字传感器有四类:栅式数字传感器、数字编码器式数字传感器、频率式数字传感器和感应同步器式数字传感器,本项目简要介绍了他们的结构、特性及工作原理。

计量光栅可分为透射式光栅和反射式光栅两大类,它们均由光源、光栅副、光敏元件三大部分组成,它利用光栅莫尔条纹现象测量,具有结构简单、测量精度高等优点。

光电编码器分为绝对式和增量式两种类型。增量式光电编码器具有结构简单、体积小、价格低、精度高、响应速度快、性能稳定等优点，应用更为广泛。绝对式编码器能直接给出对应于每个转角的数字信息，便于计算机处理，但当进给数大于一转时，须作特别处理，而且必须用减速齿轮将两个以上的编码器连接起来，组成多级检测装置，造成结构复杂、成本高。

  感应同步器是应用电磁感应现象把位移量转换成电量的传感器，按其用途可分为两大类：测量直线位移的同步器和测量角位移的同步器。直线式同步器广泛应用于坐标镗床、坐标铣床及其他机床的定位，旋转式同步器常用于精密机床或测量仪器的分度装置等，也用于雷达天线定位跟踪。

  频率式传感器是将被测非电量转换为脉冲量，然后在给定的时间内，通过电子电路累计这些脉冲数，从而测得被测量。频率式传感器体积小、重量轻、分辨率高，由于传输的信号是一列脉冲信号，所以具有数字化技术的许多优点，是传感器技术发展的方向之一。

【项目训练】

1. 什么是莫尔效应？简述莫尔条纹的放大作用。
2. 简述光栅读数头的结构，说明其工作原理。
3. 简述光栅辨向电路的工作原理。
4. 简述脉冲盘式编码器和码盘式编码器的区别。
5. 简述脉冲盘式编码器的辨向原理。
6. 简述直线式同步器的工作原理。
7. 简述频率传感器的基本工作原理。
8. 频率式传感器有几种类型？各有何特点？

参考文献

[1] 谭秋林. 红外光学气体传感器及检测系统. 北京：机械工业出版社，2014.
[2] 陈黎敏. 传感器技术及其应用. 北京：机械工业出版社，2009.
[3] 孙余凯等. 传感器应用电路300例. 北京：电子工业出版社，2008.
[4] 宋雪臣. 传感器原理与应用. 郑州：黄河水利出版社，2015.
[5] 王俊峰等. 传感器原理与应用. 第2版. 北京：电子工业出版社，2011.
[6] 戴焯. 传感器原理与应用. 北京：北京理工大学出版社，2010.
[7] 于彤. 传感器原理及应用. 北京：机械工业出版社，2007.
[8] 武昌俊. 自动检测技术及应用. 北京：机械工业出版社，2007.